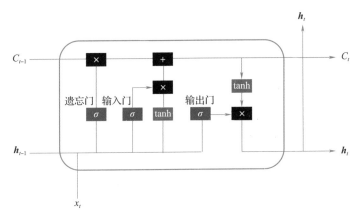

图 3-10　LSTM 循环单元结构

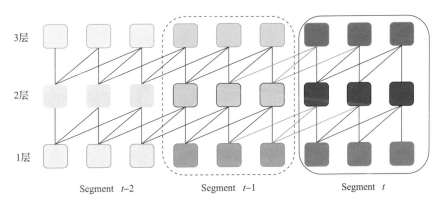

图 4-5　Transformer-XL 示意图

注：图中网络结构为 3 层，每个块（segment）的长度为 3，蓝色实线表示当前块与上一时刻块中的隐状态拼接，从而利用历史块的信息。

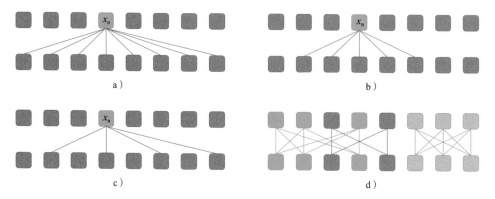

图 4-6 稀疏注意力机制

注：a) 标准自注意力机制，对序列中任意元素都计算与其他元素的注意力；b) 局部自注意力机制，此例中 $k=2$，窗口大小为 5；c) 跨步自注意力机制，此例中 $k=2$；d) 基于元素聚合的自注意力机制，此例中将元素分为 3 组（红、蓝、绿），每组中的元素在组内两两计算注意力。

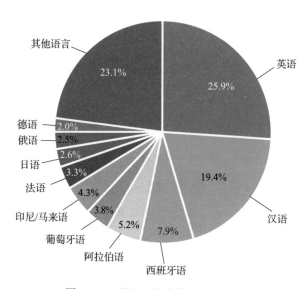

图 5-1 互联网上语言使用人数分布

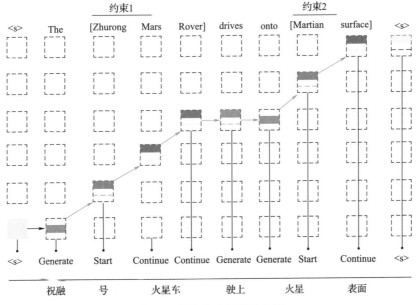

图 6-4　网格柱式解码示意图

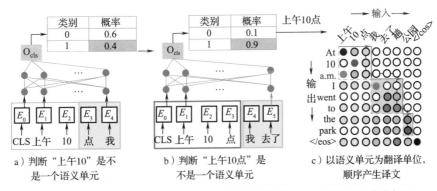

a) 判断"上午10"是不　　　b) 判断"上午10点"是　　　c) 以语义单元为翻译单位,
是一个语义单元　　　　　不是一个语义单元　　　　　顺序产生译文

图 7-5　语义单元切分及翻译。CLS 是预训练模型加在句子前面的分类标记

注:a) 模型判断"上午10"不是一个语义单元(分类概率小于设定阈值);b) 继续读入下一个词,并扩展语义单元的判断范围,此时"上午10点"的分类概率大于设定阈值,则识别为一个语义单元;c) 一旦一个语义单元识别完成,则调用机器翻译模型输出翻译结果,图中蓝色方块代表语义单元。

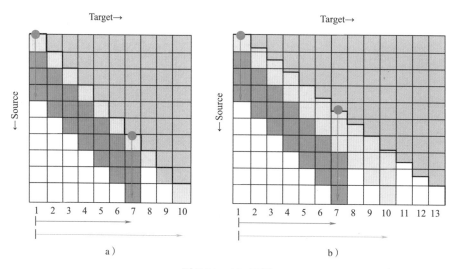

图 7-23　AL 示例

计算机企业核心技术丛书

Neural Machine Translation
Technologies and Industrial Applications

神经网络机器翻译技术及产业应用

王海峰 何中军 吴华 编著

机械工业出版社
CHINA MACHINE PRESS

本书以产业需求为牵引,介绍了新时期机器翻译的产业需求特点、神经网络机器翻译的原理与方法、最新技术进展及产业应用。内容包括大规模翻译语料获取技术、机器翻译质量评价方法、神经网络机器翻译原理及主流方法、高性能机器翻译、多语言机器翻译、领域自适应、机器同声传译、大规模产业化应用等,兼具理论与实践,既有对原理与方法的介绍,又有丰富的产业应用案例。

本书可作为人工智能、自然语言处理、机器翻译等专业的高等院校高年级本科生及研究生、科研人员、技术开发人员以及语言服务行业从业人员的参考用书。

图书在版编目(CIP)数据

神经网络机器翻译技术及产业应用 / 王海峰,何中军,吴华编著.
—北京:机械工业出版社,2023.1
(计算机企业核心技术丛书)
ISBN 978-7-111-72520-6

Ⅰ.①神… Ⅱ.①王… ②何… ③吴… Ⅲ.①人工神经网络-应用-机器翻译 Ⅳ.①TP183②H085

中国国家版本馆 CIP 数据核字(2023)第 010913 号

机械工业出版社(北京市百万庄大街 22 号 邮政编码 100037)
策划编辑:梁 伟   责任编辑:梁 伟 游 静
责任校对:张昕妍 陈 越   责任印制:李 昂
北京联兴盛业印刷股份有限公司印刷
2023 年 4 月第 1 版第 1 次印刷
186mm×240mm・18.75 印张・3 插页・298 千字
标准书号:ISBN 978-7-111-72520-6
定价:89.00 元

电话服务   网络服务
客服电话:010-88361066   机 工 官 网:www.cmpbook.com
        010-88379833   机 工 官 博:weibo.com/cmp1952
        010-68326294   金 书 网:www.golden-book.com
封底无防伪标均为盗版   机工教育服务网:www.cmpedu.com

丛书序 Preface

　　科技始终是人类发展过程中绕不开的话题，它诞生于人类认知物质世界的过程中，是人类智慧的结晶，为人类创造了巨大的物质财富和精神财富。"科技"包含"科学"与"技术"，二者密不可分，但又区别明显。科学是人类解决理论问题的手段，技术则是人类解决实际问题的工具。科学和技术是辩证统一的：科学注重发现，为技术提供理论指导；技术注重实践，助科学实现实际应用。科学技术是第一生产力，这是一个老生常谈的话题，已经到了入学孩童都知晓的程度。何以称之为第一生产力？纵观人类发展史，我们可以发现，人类社会的每一次进步都离不开科技的进步，可以说科学技术是推动人类社会进步的重要因素。

　　人类文明的发展同样离不开科学技术的发展。现代科技显著加快了人类文明的发展速度，提高了社会生产力，为人类开拓了更加广阔的发展空间，社会和经济在现代科技的助力下突飞猛进地发展。科学技术的进步和普及为人类发展精神文明提供了新的温床，为人类传播思想文化提供了更加快捷、简便的手段。在科学技术的影响下，人们的精神生活逐渐丰富，思想观念发生巨大变化。发展科学技术对人类文明发展和社会生产力进步都至关重要。

　　人类对科学和技术关系的认知在不同历史时期有不同的表现形式。人类科技的发展先后经历了优先发展技术、优先发展科学、科学技术独立发展等多个阶段，直到现代科技的科学技术精密结合发展。现代科技缩短了科学研究和技术开发之间的间隔时间，越来越多的技术开始应用于产业，并实现了技术的产业化发展。当代科技革命的核心是信息技术，人类开始由工业社会向信息社会迈进，计算机技术、通信技术、光电子技术等信息技术成为当代科技革命的标志。20世纪90年代后，信息技术迅速发展，高新技术变革的浪潮已经开始，科技创新成为我国科学技术发展的主旋律。

企业核心技术是企业的立身之本，更是企业把握市场主动权、扩大自身竞争优势的关键。同时，企业发展核心技术有利于我国产业发展，推动科技创新，建设自立自主的科技发展环境。因此，为了推动我国科技创新的发展进程，计算机企业可以寻求一条共同发展、彼此促进、相互融合的道路。发展科技之路在于共享，在于交流，在于研究。各计算机企业可以将自己独具竞争力的核心技术用于交流和探讨，并向学术界和企业界分享具有价值的专业性研讨成果，为企业核心技术发展探索新的思路，为行业领域发展贡献自己的力量，为其他同行企业指引方向，推动整个行业的创新与进步。更重要的是，企业向相关领域分享自己的核心技术成果，有利于传播前沿科学知识，增强人才培养的针对性和专业性，为企业未来发展奠定人才基础。

　　企业和企业之间的交流固然重要，但也不可忽视企业界和学术界之间的交流。学术界和企业界共同成为科学发展与技术应用的主力军。学术界的学者们醉心于科学研究，不断提出新的理论并付诸行动；企业界的专家们根据现有的技术成果不断推陈出新，将其应用于实际生产中。学术界和企业界的关系正如科学与技术的关系，密不可分，辩证统一。

　　出版"计算机企业核心技术丛书"正是出于这种目的。企业界与学术界的专家共聚一堂，从企业和学术的视角共同探讨未来技术的发展方向和技术应用的新途径，将理论知识和应用技术归纳整理，以出版物的形式呈现出来，向相关领域从业人员传播前沿知识，向全社会分享科技创新成果，以图书、数字出版物等为载体，在企业、高校内培养系统级人才、底层硬件人才、交叉型人才等企业亟需的专业人才。

中国工程院院士

清华大学教授

2022 年 4 月

推荐序一

人工智能技术的诞生可以追溯到 20 世纪 50 年代。在六十余年的发展历程中，人工智能的主流核心技术由早期的逻辑和规则驱动，进化到知识和推理驱动，再到近年的数据和深度神经网络模型驱动，理论和应用不断创新与突破，与产业发展和社会发展相互影响、相互作用，正成为引领本轮科技革命和产业变革的战略大技术与驱动大力量。

机器翻译是人工智能的一个重要领域，长期以来备受关注。一方面，人类语言的复杂性、灵活性、多样性，决定了机器翻译是一项挑战性极高的任务，需要综合诸如计算机科学、语言学、认知科学等多个学科、多种领域的知识，包含丰富的科学研究内容；另一方面，随着经济社会的国际交流合作日益密切，人们迫切需要高质量、高效率的跨语言信息获取和传播，因此，机器翻译又有着巨大的应用价值。

近年来，随着深度学习技术的发展，机器翻译在理论和应用创新上取得了巨大进步，我们能够明显感受到，翻译质量越来越高了，体验也越来越好了。设在中国工程院的国际工程科技知识中心（IKCEST）每年都召开理事会和顾问委员会的会议，我们坚持使用人工智能同传来进行翻译。2022 年的会议上，百度的机器同传给我留下了深刻印象，无论是翻译的准确度还是实时性，都达到了新的水平，中外专家可以依靠机器同传进行顺畅的交流。另外，IKCEST 各平台也都使用了机器翻译技术进行多语言书面翻译，极大地提高了工程科技信息的全球传播效率。

当前，机器翻译面临前所未有的发展机遇。随着我国综合国力的不断增强，在世界舞台上的合作朋友圈越建越大，对于高质量、高效率的机器翻译的需求越发旺盛。我国在《新一代人工智能发展规划》中将机器翻译列为人工智能新兴产业重点突破领域。近年来，机器翻译在多语言舆情分析、推动产业智能化升级、促进跨国合作交往等方面发挥了巨大作用。

《神经网络机器翻译技术及产业应用》一书的作者王海峰博士等从产业实践出

发，梳理了新时期机器翻译的需求特点和面临的挑战，对当前主流的神经网络机器翻译理论与方法进行了介绍，并进一步结合百度多年来丰富的产业需求，对实用高性能机器翻译、多语言翻译、面向行业领域的定制翻译、机器同传等关键技术进行了详细论述。该书难能可贵之处在于：一方面作者立足实际，从产业需求出发探索技术前沿，兼具理论创新与实用价值；另一方面，作者不局限于百度自身的技术，而是从更宏观的技术发展和产业应用角度去思考，既有对历史的回顾和对现状的介绍，也有对未来发展方向的展望。该书内容丰富，深入浅出，理论与实践相结合，对相关领域科技人员来说是一本很好的参考书。

客观来说，机器翻译现阶段仍然面临一些挑战，有些是人工智能领域普遍面临的问题。例如，依赖大数据的训练而对知识的利用还不够充分；此外，在跨模态翻译方面，对语音情感、视觉场景等跨媒体知识的研究还有待深入。这也恰恰孕育着更多的创新机会和新的方向，在大模型、大数据之外，大知识同样重要。数据和知识双轮驱动将为人工智能发展注入新的动力。

科技是第一生产力。这是一个人工智能科技可以大显身手的时代，理论创新与产业需求的双重引擎驱动技术和产业浪潮蓬勃地发展。我们要抓住机遇，协同创新，为实现我国高水平科技自立自强贡献力量！

中国工程院院士

浙江大学教授

2022 年 11 月

推荐序二

王海峰和他的同事何中军、吴华写了这本《神经网络机器翻译技术及产业应用》，请我作序。我不禁想起 1999 年海峰的博士毕业论文的工作就集中在将神经网络引入汉语口语分析和机器翻译中。在当时统计机器翻译如日中天的时候，海峰很早就关注将神经网络用于机器翻译，难能可贵。毕业以后，他投身产业，将技术与具体应用相结合，为社会创造价值。这本书，正是他和同事们多年来从事学术研究和产业实践的成果。

语言智能是人工智能的最高层次或者最高阶段，而机器翻译则是自然语言处理中难度最大的问题。在早期基于规则的研究阶段，要依靠专家来写规则，需要掌握和了解语言特点、语法结构等，研发成本高，周期长。后来，出现了统计机器翻译，可以直接让机器从大量数据中自动学习所需的翻译知识，这一时期，翻译质量有了很大进步，研发效率也提高了很多，不过统计机器翻译没有很好地解决语义层面的问题。近年来，深度学习方法及大规模预训练模型成为自然语言处理研究的主流，语言建模深入到了语义层面。基于这一思想的神经网络机器翻译则在翻译质量上取得了明显的提升，应用也越来越广泛。

该书正是在这一背景下完成的。全书从产业需求出发，深入剖析了当前产业需求特点以及技术发展现状，形成写作框架。其中，对神经网络机器翻译基本原理和主流技术的介绍使得读者能够迅速了解技术现状。在此基础上，紧密围绕产业化需求，从高性能系统、多语言翻译、领域自适应、机器同声传译等方面介绍最新的方法和实际系统，使得读者能够知其然并知其所以然，学以致用。全书语言简练，深入浅出，通顺易懂。有兴趣的读者还可以根据书中的示例，动手实践，开发系统。该书不落窠臼，理论与实践兼备，无论是对于本专业的学生、科研人员、技术开发人员，还是语言服务行业的从业人员等，都能够开卷有益。

我在 20 世纪 80 年代就开展了机器翻译相关研究工作，经历了机器翻译发展的多个阶段。作为一名长期从事自然语言处理方面研究的科技工作者，我非常高兴看到近年来机器翻译取得的进步，以及应用于人们的生产生活，帮助人们跨越语言障碍进行交流和沟通。同时，我们也应该清楚地看到，机器翻译仍然面临诸多难点，有些甚至是人工智能面临的普遍问题，例如常识性问题和逻辑推理。在这方面，现在有一些研究，但是还不够深入，还需要多下功夫。在方法上，也可以有更多的探索。除了深度学习之外，还可以探索其他人工智能算法和模型，不断地提高机器学习能力以及分析问题、解决问题的能力，为人们提供更好的服务。

　　我曾经说过，面对机器翻译事业乃至自然语言处理领域，我就像《愚公移山》中的愚公。我和我的学生们，一代人接着一代人努力，相信终究会实现机器翻译的目标，甚至实现让计算机真正理解语言的梦想！

中国中文信息学会名誉理事长

哈尔滨工业大学教授

2022 年 11 月

前言 Foreword

语言是人类区别于其他生物最重要的特征之一，是人类沟通和交流的主要方式。地球上有数千种语言，体现了人类的社会多元化和文明多样性。但同时，跨越语言障碍、自由沟通交流也是人类长久以来的梦想。机器翻译技术的进步正在让梦想成为现实。尤其是近年来神经网络翻译快速发展，机器翻译质量大幅提高，能够为更广泛的应用提供高品质、高效率的翻译服务，同时也激发了丰富多样的翻译需求。技术的进步、时代的召唤加速了机器翻译的大规模产业应用，机器翻译在经济社会进步、文化交流拓展等方面发挥着越来越大的作用。

本书作者多年来致力于机器翻译技术研究和产业化工作。在本书中，作者以产业需求为牵引，分析了新时期机器翻译的产业需求特点和挑战，介绍了神经网络翻译的基本理论、前沿技术，以及面向产业应用的实用系统开发方法。本书特色如下：第一，紧扣产业需求特点和产业应用实践，厘清技术发展脉络；第二，着重介绍现阶段主流技术，力图使读者能够快速了解和掌握最新方法；第三，注重实践，读者可以按照书中讲述，在开源平台上快速搭建实用的机器翻译系统，学以致用；第四，力求语言简洁，辅以图表帮助读者理解相关原理和方法。

全书共9章。第1章结合时代背景，简要概述机器翻译的发展历程，分析机器翻译的产业需求特点及技术挑战。第2章主要探讨机器翻译语料获取技术，大规模高质量语料是构建机器翻译系统的重要基础。此外，该章还将讨论机器翻译常用的评价方法，包括人工评价、自动评价以及面向产业应用的评价等。第3章介绍目前主流的机器翻译方法——神经网络机器翻译，包括基本原理、主要模型结构（循环神经网络、卷积神经网络、全注意力机制网络、非自回归网络等），以及如何利用开源工具搭建神经网络机器翻译系统。第4章结合产业化实践，分析高性能机器翻译系统，包括模型结构优化、模型压缩、系统部署等。第5章讲述多语言机器翻译，针对资源稀缺、语言数量多、部署难度大等技术挑战，从数据增强、多语言翻译统一建模、多语言预训练等方面展开分析，并结合百度、谷歌、脸书等公司的实践，介绍大规模多语言机器翻译系统。第6章探讨领域自适应技术，介绍如何通过数据增强、优化训练、术语翻译、记忆库等，进一步提升翻译模型在具体领域上的翻译质量，满足不同场景的实际需求。第7章分析机器同声传译，包括机器同传的主要挑战、发展现状、主流技术（级联模型以及端到端模型等）、开放数据集、评价方式等，同时介绍如何使用开源工具搭建机器同传系统。第8章介绍机器翻译丰富的产品形式和广泛的产业应用。第9章对全书进行总结，并对机器翻译的未来发展进行展望。

本书由王海峰、何中军、吴华编著。本书编写过程中，还得到很多专家、朋友的大力帮助。宗成庆研究员、刘挺教授、周明博士对本书的结构和写作思路提出了宝贵建议。刘占一、刘璇、孙萌、张睿卿、高鹏至、张力文对本书的部分内容进行了校对，并在参考文献整理、开源系统实现等方面做了细致工作。在此表示衷心的感谢！希望本书能够对相关领域的学生、科研人员、技术开发人员以及语言服务行业从业人员等有所帮助。

技术发展日新月异，写作过程如履薄冰。受作者水平所限，挂一漏万，错谬难免。欢迎读者提出宝贵意见，不胜感激！

作者

2022 年 8 月于北京

目录 Contents

第 1 章

绪 论

语言是人们沟通交流的最重要工具，是人类区别于其他动物的本质特征之一。语言和文字的产生，极大地提升了人们的沟通效率和想象空间，进而推动了人类文明进步。正如尤瓦尔·赫拉利在《人类简史》中所提到的，语言赋予人类可以集体想象的能力，从而构筑共同信念，进行大规模的团结合作。《圣经》中就有这样的记载，传说上帝造人之后，人们操着同样的口音、说着同样的语言，齐心协力要建造一座直插云霄的通天高塔。此举惊动了上帝，人们要是把这件事做成了，还有什么做不成的呢？上帝认为正是由于人们语言相通，便于沟通协作，从而壮大了力量。于是，他改变了人类的语言，使得人们分散各处，不同地域的语言互不相通。人们希望建造的通天高塔就此半途而废。这座塔被称为"巴别塔"，"巴别"在希伯来语中就是"变乱、混乱"的意思。

　　这当然是一个传说了，但在漫长的人类进化和社会发展中，人类语言不断演变确是不争的事实。不同的种族、文化、地域孕育出丰富多样的语言。世界上现有数千种语言，其中，汉语和英语的使用人数约占全球总人口的 38.5%（截止至 2020 年 3 月）。而有些濒危语言的使用者不足百人。这些丰富多样的语言犹如散布在人类文明长河中闪闪发亮的珍珠，与灿烂多彩的文明相伴而生，融合发展。同时，不同语言所形成的语言鸿沟也为人们的交流带来了巨大障碍。

　　有意思的是，人类并未屈服于所谓上帝的安排，而是通过各种实践活动打开了互通交流的大门。张骞出使西域、郑和下西洋，跨越千年的联袂，开辟了陆上与海上丝绸之路，国际贸易繁荣开展；玄奘西行、鉴真东渡、"洋和尚"利玛窦来到中国……，不同的文化交融互通；三次工业革命促进了科技和社会的深刻变革，极大地提升了生产力和生产效率；而以人工智能为主要驱动力的新一轮科技变革正发生在我们身边。随着全球化进程的加速，国际交流日益密切频繁，计算机网络将现实世界与虚拟世界紧密相连，信息井喷式爆发，人们的交流突破了时空限制，迫切需要高效地跨语言沟通协作。

　　机器翻译是突破语言屏障的核心技术。简言之，机器翻译是研究如何利用计算机来进行不同语言之间的翻译的一门学科。1946 年世界上第一台电子计算机 ENIAC（Electronic Numerical Integrator And Computer，电子数字积分计算机）的诞生宣告了一个新时代的到来。尽管 ENIAC 是为数值计算而研发的（从它的名字就可以看出来），但在它诞生的第二年即 1947 年，美国洛克菲勒基金会自然科学部主任沃伦·韦弗（Warren Weaver）和英国工程师布斯（A. D. Booth）就敏锐地发现了计算机的巨大潜能，提出了利用计算机自动翻译人类语言的想法。在 70 多年的发展历程中，伴随着社会的发展、互联网的发明、人工智能技术的进步，机器翻译取得了令人瞩目的成就。经历了基于规则的方法、基于统计的方法、基于神经网络的方法等主要范式的演进，翻译质量持续提升，应用场景不断拓展，机器翻译在多个领域达到了实用化的程度，广泛应用于外语学习、跨境商务、旅游等场景。近年来，结合计算机视觉、语音处理等技术的跨模态翻译也进展迅速，例如图文翻译、机器同声传译等，已经开始服务于人们的生产、生活。可以说，随着机器翻译技术的进步以及翻译质量的不断提升，机器翻译已经发展到大规模产业化应用阶段，在促进跨语言文化、经济、政治交流等方面扮演着越来越重要的角色。

本章首先结合社会、技术发展等时代背景，简要介绍机器翻译从萌芽到产业化应用的发展历程，然后介绍代表性的机器翻译方法、机器翻译产业需求特点及技术挑战，最后介绍本书结构。

1.1 机器翻译发展简介

机器翻译是自然语言处理领域研究最早也是最典型的应用技术之一，涉及语言学、计算机科学、认知科学、信息论等多门学科，极具复杂性和挑战性。自诞生之初，它就散发出迷人的科学魅力。70 多年来，伴随着技术革新、社会发展等诸多因素，机器翻译走过了坎坷但成就不凡的发展历程。

机器翻译研究之初，主要服务于国防军事。利用计算机进行自动翻译，可以极大地提高获取多语言信息的效率。彼时，第二次世界大战刚刚结束，世界进入冷战时期，大国之间开展科技和军备竞赛，高效地获取情报对于国家安全至关重要。美、苏两个超级大国均对机器翻译项目提供大力支持。1954 年，美国乔治敦大学（Georgetown University）在 IBM 公司协同下，使用 IBM-701 计算机首次完成了俄英机器翻译试验[1]，展示了机器翻译设想的可行性，拉开了机器翻译走进现实的序幕。

值得一提的是，我国在机器翻译领域的研究几乎也同时起步。1956 年，全国科学发展工作规划就设立了名为"机器翻译、自然语言翻译规则的建设和自然语言的数学理论"研究课题，并在 1957 年由中国科学院语言研究所和计算技术研究所合作开展俄汉机器翻译的研究[2]。

然而，机器翻译短暂而乐观的繁荣发展由于一篇报告而跌落谷底。1964 年，美国科学院成立了"自动语言处理咨询委员会"（Automatic Language Processing Advisory Committee，ALPAC），对机器翻译的研究进展进行了为期两年的调查分析。彼时采用的是基于规则的机器翻译方法，依靠人类专家总结语言规律，并转换为机器语言让计算机执行翻译。1966 年，ALPAC 发表了题为《语言与机器：翻译和语言学领域的计算机》（"Language and Machines：Computers in Translation and Linguistics"）的报告[3]，指出"机器翻译遇到了难以克服的语义障碍"，全面否定了机器翻译的可行性并建议停止对机器翻译项目的支持。这一报告给蒸蒸日上的机器翻译研究泼了一盆冷水。受此影响，机器翻译研究陷入低潮。

"沉舟侧畔千帆过，病树前头万木春。"语言学理论的发展、计算机算力的提升以及各国交流的日趋频繁，为机器翻译的复苏提供了技术和应用层面的驱动力。尤其是冷战结束后，世界格局发生了重大变化，各国之间逐渐摒弃对抗，转而寻求共赢的合作机会，双边、多边合作关系逐渐升温，全球化进程空前加速发展。20 世纪 90 年代以后，机器翻译进入了新的发展高潮。基于大规模数据训练的统计机器翻译成为主流，翻译质量大幅提升。

1993 年，欧盟正式成立，随着不断壮大，目前欧盟有 24 个官方和工作语种，给语言翻译带来了巨大的挑战。当然，这也意味着巨大的市场需求。尽管欧委会的翻译服务部门拥有超过 1700 多名语言学家和 3600 多名全职及兼职译员，但面对每年超过 60 多万页文件、约 1.5 亿个词汇的各类翻译需求，仍然捉襟见肘。每年多达 10 亿欧元的翻译支出成为欧盟财政的一个沉重负担。为此，欧盟框架计划（Framework Programme）投入巨额资金开展机器翻译研究。欧洲矩阵项目（EuroMatrix、EuroMatrixPlus）⊖投入 594 万欧元（约合 5000 万元人民币）研究机器翻译相关技术，项目目标是"将机器翻译带给用户"（bring MT to the user）。该项目构

⊖　http：//www.euromatrixplus.net。

　神经网络机器翻译技术及产业应用

建了一个包含89×89个语言方向的巨大语言资源矩阵，同时每年举行机器翻译比赛，发布了影响深远的统计机器翻译开源系统"摩西"（Moses）[一]，极大地促进了机器翻译技术的发展和应用。

机器翻译在实时获取多语言情报方面更显示出巨大的作用。由美国国防高级研究计划局（DARPA）资助，美国国家标准与技术研究所（National Institute of Standards and Technology，NIST）自2001年开始组织机器翻译评测[二]，评测主要聚焦在英文与中文、阿拉伯语、乌尔都语的翻译上，翻译内容集中在新闻领域，带有鲜明的军事、政治色彩。进入信息时代后，各个国家在网络空间的博弈日趋白热化。面对浩如烟海的多语言数据，单靠人来翻译显然是远远不够的，人工翻译成本高、效率低，无法保证实时性。此外，用于军事、政治等目的的翻译系统还必须要保证信息安全。因此，研发自主可控的机器翻译系统具有重要的战略意义。

技术发展日新月异，2014年左右，基于深度学习的神经网络机器翻译逐渐兴起。此时，统计机器翻译经过20多年的快速发展，已经步入平台期，在译文准确度、流畅度等核心问题上很难再有较大的突破。神经网络机器翻译不是对统计机器翻译的修补，而是从基本方法上进行了革新，即通过建立神经网络模型，对原文进行分析和理解，在充分利用上下文信息的基础上生成译文。神经网络翻译模型模拟了人类翻译的过程，翻译质量大幅跃升，展现出强大的潜力，很快完成了对统计机器翻译的超越并成为主流方法。受到技术进步的鼓舞，互联网巨头公司、语言服务公司等纷纷投入巨大力量研发神经网络机器翻译系统，机器翻译创业公司也如雨后春笋般涌现。机器翻译跨入新时期。

随着社会、经济的发展，个人对翻译的需求也急剧增长，外语学习、出国旅游、跨境购物等都成为生活中重要的组成部分。中国互联网络信息中心（CNNIC）发布的第44次《中国互联网络发展状况统计报告》[三]显示，截至2019年6月，我国网民规模达8.54亿人。通过互联网，人们可以实时地获取世界各地的资讯、与各国人交朋友，真正做到了"秀才不出门，便知天下事"。据不完全统计，互联网上有80%的网页是非中文网页，语言鸿沟是大家面临的共同难题。从1995到2019

[一] http://www.statmt.org/moses/。

[二] https://www.nist.gov/itl/iad/mig/open-machine-translation-evaluation。

[三] http://www.cac.gov.cn/2019-08/30/c_1124938750.htm。

年，中国出境旅游人数由每年 0.05 亿人次增至每年 1.5 亿人次，旅游目的地覆盖全球大部分国家和地区，对于多语种的翻译需求急剧上升。智能手机、平板电脑等移动设备的普及，使得人们可以将机器翻译系统装进口袋，犹如一位贴身翻译家，随时随地提供翻译服务。越来越多的语言服务公司也开始接纳并使用机器翻译提高效率。据《2020 中国语言服务行业发展报告》，有 42.4% 的受访企业总是以及经常使用机器翻译，从不使用机器翻译的受访企业仅占 2.0%。

随着综合国力持续增强，中国在世界舞台上的话语权不断提升，在国际社会扮演着越来越重要的角色，中文正逐步在世界话语体系中占据越来越重要的地位。2013 年，中国提出了"一带一路"倡议。随着"一带一路"的深入发展，截至 2021 年 12 月，我国已与 145 个国家和 32 个国际组织签署了 200 多份共建"一带一路"的合作文件，语言种类超过 110 种，对多语言翻译的需求急剧增加。在国际话语体系建设中，机器翻译将进一步发挥语言互通的桥梁作用，助力国际传播能力建设。

国务院发布的《新一代人工智能发展规划》及工信部发布的《促进新一代人工智能产业发展三年行动计划（2018—2020 年）》均将机器翻译列为重要的发展方向。研发以中文为核心的大规模、高质量机器翻译系统是时代赋予我们的重要任务。

1.2 机器翻译代表性方法

在 70 多年的发展历程中，机器翻译技术一直在寻求突破和变革，在不同的发展阶段都涌现出一大批优秀的方法。这些方法的演进与所处历史时期的社会发展情况、整体技术水平、数据量大小、算力能力等因素密不可分。本节简要介绍其中有代表性的三种方法，分别是基于规则的机器翻译、统计机器翻译以及近年来兴起并占据主流的神经网络机器翻译。

1.2.1 基于规则的机器翻译

从机器翻译设想提出，到 20 世纪 80 年代，基于规则的翻译方法处于主导。基于规则方法的主要思想是，人类专家将翻译知识总结为翻译规则，计算机按照规则执行相应的指令，完成翻译。在这一时期，既没有大规模的数据积累，也没有强大的算力支持，虽然条件艰苦，但是基于规则的翻译方法却打开了机器翻译从设想走向实践的大门。直至今日，基于规则的方法仍然有许多可以借鉴的地方，并与其他方法相结合继续在实际系统中发挥作用。

前文提到的乔治敦大学俄英机器翻译系统就是早期基于规则的翻译系统，其中使用了 6 条规则和包含 250 个词的词典。图 1-1 展示了该系统将一个俄文句子（第 1 列）翻译为英文的过程[1]。其词典结构是一个三元组，〈原文单词，译文单词，代码区〉。其中，原文、译文单词可以是词干或者是词缀，并且译文可以有多个候选（在该例中，一个俄文单词最多可以对应两个英文译文 Eng_1 和 Eng_2）。代码区包括：PID（Program Initiating Diacritic），决定应用 6 条规则中的哪一条；CDD（Choice Determining Diacritic），用来根据上下文选择对应的译文单词（CDD_1），以及是否进行顺序调整（CDD_2）。程序执行时，根据原文到词典中查找对应的记录，并根据代码区的指示应用规则。6 条规则包括查找译文、根据后文选择译文、根据前文选择译文、交换单词顺序、忽略单词、插入单词。

俄文输入	英文译文		第1代码区	第2代码区	第3代码区	规则
	Eng_1	Eng_2	（PID）	（CDD_1）	（CDD_2）	
vyelyichyina	magnitude	---	***	***	**	6
ugl-	coal	angle	121	***	25	2
-a	of	---	131	222	25	3
opryedyelyayetsya	is determined	---	***	***	**	6
otnoshyenyi-	relation	the relation	151	***	**	5
-yem	by	---	131	***	**	3
dlyin-	length	---	***	***	**	6
-i	of	---	131	***	25	3
dug-	arc	---	***	***	**	6
-yi	of	---	131	***	25	3
k	to	for	121	***	23	2
radyius-	radius	---	***	221	**	6
-u	to	---	131	***	**	3

图 1-1　Georgetown-IBM 机器翻译系统翻译过程示例

虽然现在看来，Georgetown-IBM 机器翻译系统像一个玩具模型，但对于机器翻译研究意义重大，它将机器翻译的设想向实际系统研发推进了一大步。1968 年，

SYSTRAN 公司⊖在美国圣迭戈成立，公司名字由 "SYStem"（系统）和 "TRANs-lation"（翻译）两个单词拼接而成，它采用的就是基于规则的翻译方法。公司成立之初主要服务于军事，在冷战期间为美国空军翻译俄文资料，在 1975 年服务美苏 "阿波罗–联盟号" 飞船任务，将俄文指令翻译为英文。1978 年，SYSTRAN 推出了商用翻译系统。直至今天，SYSTRAN 公司仍然是全球著名的机器翻译公司之一。当然，它采用的翻译方法也不再局限于基于规则的机器翻译，而是伴随技术进步，不断融合多种方法。

20 世纪 70 年代，乔姆斯基的语言学理论逐渐为大家所广泛研究和接受，进一步为基于规则的机器翻译提供了理论支持。然而，随着机器翻译应用规模的增长，基于规则的方法瓶颈逐渐凸显。一方面，随着规则的不断增加，规则冲突问题加剧。往往为了解决某个问题引入新的规则，导致更多问题的产生，进而需要引入更多的规则，形成恶性循环。另一方面，人工总结翻译规则成本高、周期长，难以实现语种快速扩展，无法满足多语言翻译的需求。

20 世纪 80 年代末至 90 年代初，统计机器翻译走上历史舞台。

1.2.2　统计机器翻译

早在 1949 年，韦弗在《翻译》备忘录中就提到[4]："当我阅读一篇用俄文写的文章时，我可以说这篇文章实际上是用英文写的，只不过用了一种奇怪的符号（俄文）进行了编码。我在阅读的时候，是在进行解码。"这个想法其实就是噪声信道（noisy channel）模型（如图 1-2 所示）的一种直观表达，将机器翻译看作对信息进行解码的过程，成为统计机器翻译的重要理论依据。不过当时由于规则方法的兴起，统计方法并未进入研究视野。

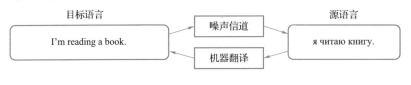

图 1-2　噪声信道模型示意图

⊖　https://www.systransoft.com/。

到了 20 世纪 80 年代末期，语音识别领域的先驱弗莱德里克·贾里尼克（Frederick Jelinek）与其同事们开创了统计机器翻译时代。他们起初将基于统计的方法应用到语音识别任务，使得语音识别模型可以自动地从大量数据中学习所需知识，而无须依靠人类专家撰写规则。这一方法在语音识别任务中取得了巨大成功，显著提升了语音识别质量。因此，贾里尼克认为专家知识在基于统计的方法中作用不大。不过他的这一认知也随着技术的发展而发生了改变。2004 年，他以"Some of my Best Friends are Linguists"（我很多好朋友就是语言学家）为题做了一次特邀报告[5]，将语言学家与物理学家的作用做了类比。最后总结道，"物理学家研究物理现象，工程师基于物理学家的研究发现开展工作；语言学家研究语言现象，而我们（计算机工程师）的任务是如何利用语言学家的研究成果。"

在 2009 年获得计算语言学学会（Association for Computational Linguistics，ACL）终身成就奖时，贾里尼克回忆当时进行统计机器翻译研究的情景[6]。他与同事鲍勃·墨瑟（Bob Mercer）常常在午餐后散步时讨论基于统计的语音识别模型能否用于其他领域。他们很快想到了两个新领域：机器翻译和股票预测。然而起初的研究并不顺利，他们将在 1988 年提出的基于统计的翻译方法投稿到自然语言处理领域著名会议 COLING（International Conference on Computational Linguistics），同行评审专家甚至给出了这样的意见"利用计算机的蛮力（意指利用统计方法从数据中训练模型）算不上科学"（The crude force of computers is not science）（如图 1-3 所示）。

然而研究人员坚信这一方法的潜力。奠基性的工作出现在 20 世纪 90 年代初期，IBM 的研究人员彼得·布朗（Peter Brown）等人发表文章系统地阐述了将统计方法用于机器翻译的思想和实验结论[7]，提出了著名的 IBM 模型（IBM Model1-5）[8]，基于香农信息论用严谨的数学模型刻画机器翻译过程。这一工作对于统计机器翻译影响深远，可以说是统计机器翻译的基石。

有趣的是，在发表上述论文后，墨瑟和布朗以及十多位同事先后离开了 IBM 加入了著名的对冲基金公司"复兴科技"（Renaissance Technologies），将统计模型应用于散步时谈到的第二领域——股票预测，据说非常成功。

统计机器翻译是一种数据驱动的方法，翻译模型从大量的数据中自动学习翻译知识。理论上来说，数据量越大，模型训练就越充分，翻译质量也就越高。然而，受限于当时的算力和数据量，以及 IBM 模型的复杂性，在该论文发表的 6 年内，统计机器翻译发展得不温不火。大家对于统计方法在机器翻译任务上的有效性持怀疑态度，甚至一度将其戏谑为"石头汤"（stone soup）[9]。因为在 IBM 的实验中，还是使用了一些规则用来进行形态分析和词语顺序的调整。人们认为对翻译质量起主要作用的还是规则，而非统计模型。就像"石头汤"中起作用的是加入的那些佐料而非石头一样。

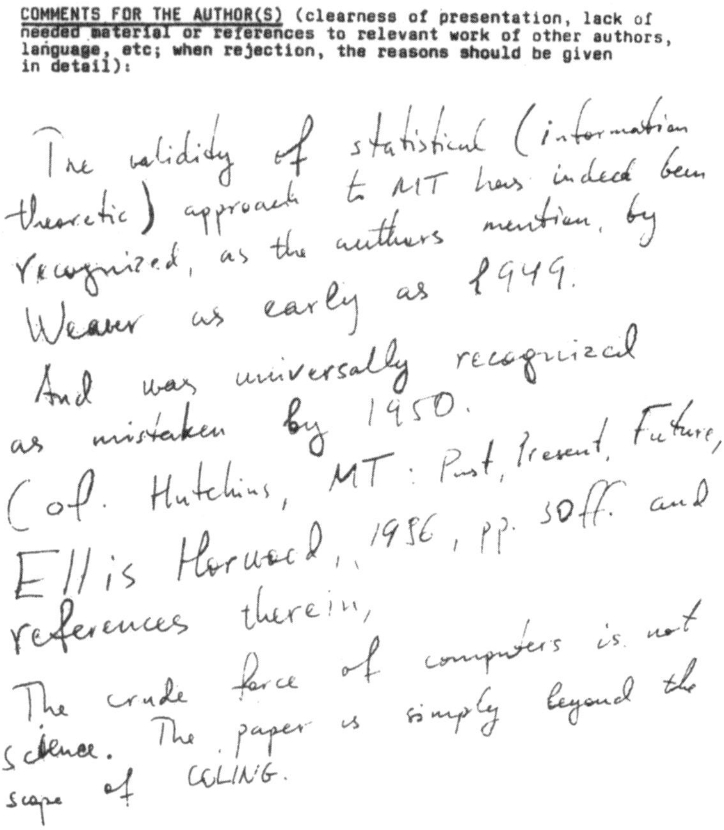

COMMENTS FOR THE AUTHOR(S) (clearness of presentation, lack of needed material or references to relevant work of other authors, language, etc; when rejection, the reasons should be given in detail):

The validity of statistical (information theoretic) approach to MT has indeed been recognized, as the authors mention, by Weaver as early as 1949.
And was universally recognized as mistaken by 1950.
(cf. Hutchins, MT: Past, Present, Future, Ellis Horwood, 1986, pp. 50ff. and references therein.
The crude force of computers is not science. The paper is simply beyond the scope of COLING.

图 1-3　IBM 论文投稿到 COLING 的审稿意见

注："正如作者所提到的，早在 1949 年，韦弗就已经认识到统计学（信息论）方法对机器翻译的有效性。到 1950 年被普遍认为是错误的……"

直到 1999 年，研究人员在约翰斯·霍普金斯大学（Johns Hopkins University，JHU）召开了夏季讨论班[10]，复现了 IBM 的 5 个模型并将一整套统计机器翻译工具包——EGYPT 开放出来$^{\ominus}$，大大降低了统计机器翻译的研发门槛。而此时互联网的发展也使得大规模数据的获得成为可能，算力也得到大幅增强，统计机器翻译逐渐进入发展的快车道。基于短语的方法[11]、基于句法的方法[12-13]等一大批创新方法都显著地提升了翻译质量。与此同时，开源的统计机器翻译工具"法老"（Pharaoh）$^{\ominus}$（基于短语的统计机器翻译解码器）及其升级版"摩西"（Moses）（包含从训练到解码的一整套工具包）极大地促进了统计机器翻译的发展。此时，国内的统计机器翻译研究也如火如荼地开展。2006 年，由中国科学院计算技术研究所、自动化研究所、软件研究所、哈尔滨工业大学、厦门大学、北京大学等研发的统计机器翻译开源系统"丝路"（SilkRoad）正式发布[14]，包含了语料处理、模型训练、解码等各个模块，对于促进国内统计机器翻译研究起到重要作用。同样在 2006 年，谷歌推出了互联网机器翻译系统，主要引擎就是统计机器翻译模型。此后近十年的时间里，统计机器翻译一直占据主流地位。

统计机器翻译对翻译模型进行数学建模，基于大数据训练，不依赖具体的语言，可以迅速低成本地扩充语种，实现多语言翻译。在经历了一系列技术迭代、高歌猛进之后，统计机器翻译逐渐遇到天花板，翻译质量难以进一步提升。

此时，新的方法蓄势待发。正所谓"山重水复疑无路，柳暗花明又一村"。

1.2.3　神经网络机器翻译

实际上，在 20 世纪 90 年代统计机器翻译被提出的同时，研究人员也开始了使用人工神经网络来构建机器翻译模型的探索。[15-17] 随着深度学习技术在语音、图像等领域取得大幅进展，人们开始将深度学习技术应用于自然语言处理，首先尝试的就是机器翻译。

2014 年，雅克布（Jacob）等人发表了基于深度学习的联合翻译模型[18]，获得了当年 ACL 年会的最佳论文。不过，他们的方法还是在统计机器翻译框架下，引入词向量（word embedding）。同年，Bahdanau 等人[19] 以及 Sutskever 等人[20] 基

$\ominus$　包括语料处理工具、词语对齐工具、系统可视化界面以及解码器。
$\ominus$　https://www.isi.edu/licensed-sw/pharaoh/。

于循环神经网络构建机器翻译模型，正式使用神经网络机器翻译（Neural Machine Translation，NMT）这一名词。其基本思想是通过构建人工神经网络将源语言映射为高维度向量语义表示（编码），然后再对该向量进行解码，生成译文。在 Bahdanau 等人提出的模型中，使用了后来被广泛应用的注意力机制（attention mechanism）[⊖]。注意力机制刻画了译文单词与原文单词的强弱对应关系，使得产生的译文更加流畅自然。

不过，在神经网络机器翻译发展初期，人们对于该方法的有效性还存在较大的疑问和争议。一方面，统计机器翻译已经有 20 多年的发展历史，并且取得了令人瞩目的成就，研究的惯性使得人们试图继续在基于统计的框架内寻求改进。另一方面，神经网络机器翻译模型还面临一系列国际公认难题，例如因为模型计算量大，而不得不限制词表的大小，导致集外词（Out-of-Vocabulary，OOV）无法翻译。此外，由于神经网络是在对源语言句子进行整体抽象表示后再进行解码，有些情况下存在漏翻译问题。在性能方面，模型复杂度高、解码速度慢，翻译一个句子通常要花费十几秒甚至更长的时间，无法满足海量实时翻译需求。这些问题如大山一般横亘眼前，如果不解决，神经网络机器翻译就无法大规模应用。

2015 年 5 月 20 日，百度发布了互联网神经网络机器翻译系统，拉开了神经网络机器翻译大规模产业化应用的序幕。百度在集外词翻译、漏译、快速解码算法等问题上提出了一系列解决方案。在系统上线后，翻译质量显著提升，显示出神经网络机器翻译方法的巨大威力和发展潜力。2016 年 9 月 28 日，谷歌推出了神经网络机器翻译系统，随后国内外巨头公司纷纷加大投入，研发神经网络机器翻译系统。

短短几年时间，神经网络机器翻译就取代了统计机器翻译，成为主流技术。神经网络机器翻译将机器翻译质量带上了一个新的台阶。在很多场景下，机器翻译系统产生的译文质量媲美人类。这一现象甚至引发了机器翻译是否会取代人类翻译的大讨论。我们当然需要清醒地认识到机器翻译的优势和不足，但这从侧面反映出机器翻译质量的提升给人们带来了巨大的冲击。

⊖ 在其论文中，Bahdanau 等人并未使用"attention"这一名词，仍然沿用统计机器翻译使用的"align"（对齐）一词。这一机制在后来的神经网络模型中被称作注意力机制，并广泛使用。

1.3 发展现状

回想 1964 年，我国的科学家在《机器翻译浅说》[21] 一书中，就描绘了未来机器翻译的应用场景："有一天，当你在北京人民大会堂和世界各国友人聚会的时候，你会发现，无论哪个国家的人在台上讲话，与会者都能从耳机里听到自己国家的语言；同时你会觉察到，在耳机里做翻译的不是人，而是我们的'万能翻译博士'；此外，当你去国外旅行的时候，随身可以带一个半导体和其他材料制成的小型万能博士。当我们跟外国朋友交谈的时候，博士就立刻给你翻译出各自国家的语言……"现在看来，这些设想正逐步变为现实，机器同传系统已经在国际会议中得到应用，翻译机也装进了人们的口袋成为"随身翻译家"。机器翻译已经开始为社会创造价值，为人们的沟通交流带去极大便利。

相比于 70 多年前的刚起步阶段，目前的机器翻译在翻译质量、系统性能、实用性、规模化应用等方面，均有了比较大的飞跃。机器翻译呈现百花齐放、满园春色的蓬勃发展新态势，产业应用也呈现一派欣欣向荣的景象。

我们从以下几点来概括机器翻译的发展现状：

第一，机器翻译进入以神经网络机器翻译为主流方法的时代。近年来机器翻译的快速进步主要得益于深度学习技术。从 2014 年左右的萌芽期开始，神经网络机器翻译迅速茁壮成长，步入发展的快车道。借助于深度神经网络模型在语义理解和表示的优势，以及大数据、大算力的支持，神经网络机器翻译在译文质量上取得大幅跃升，在短短几年内就完成了对统计机器翻译的超越和替换，将机器翻译带入新的发展阶段。

第二，翻译模式由单一文本翻译扩展到跨模态翻译。传统上，机器翻译一般用来做纯文本翻译，输入的是一段文字，输出也是一段文字。随着智能设备的迅速普及，翻译需求和场景日趋多样。同时，人工智能技术在图像、语音等领域的进步为跨模态翻译提供了技术支持。如结合图像技术的拍照翻译和增强现实翻译，被广泛用于票据翻译、商品翻译、外语学习等场景，提升了用户体验；结合语音技术的语音翻译，使得输入更加方便快捷，广泛用于出国旅游、日常会话、会议演讲等场景。此外，文档翻译需求旺盛。相比于纯文本，文档中包含了丰富的格式信息和内容，如字体、颜色、表格、公式、图形等。在文档翻译时，需要对丰富的格式信息进行解析，翻译完成以后再进行回填，以保证文档的内容和格式与原文一致。这在翻译手册、合同、报表等文档时可以极大地提升效率。

第三，翻译质量显著提升，研发门槛降低，机器翻译进入规模化应用阶段。翻译质量是衡量机器翻译的核心指标。神经网络机器翻译带来翻译质量的大幅提升，在很多领域达到实用程度。在新闻、学术文献、口语等领域和场景，经过大规模高质量语料训练的机器翻译的译文准确度可以达到90%以上。高质量机器翻译也得到了语言服务公司和专业译员的青睐，机器翻译被广泛使用以提高翻译效率。受技术进步、市场需求等多种因素影响，国内外公司热情高涨，均投入巨大力量研发大规模翻译系统。国际上有谷歌、微软、脸书、亚马逊等，国内有百度、阿里巴巴、腾讯、有道、讯飞等。值得一提的是，国内公司的机器翻译系统在技术上具有很强的竞争力，多次在国际机器翻译系统评测中夺得第一。先进技术通过开源开放平台共享，使得大家可以充分享受已有的技术成果，站在巨人的肩膀上研发新的技术。在深度学习平台方面，国外有脸书的 PyTorch、谷歌的 Tensor-Flow，国内有百度的"飞桨"（PaddlePaddle）等，都集成了最新的机器翻译技术。无论是研究人员还是开发者，都无须从头做起。理论上，只要有数据，就可以很快地利用开源平台搭建一个不错的翻译系统，从而使机器翻译的研发门槛大幅降低。

综上，机器翻译发展至今，取得了令人瞩目的成果，在实际应用中发挥越来越重要的作用。同时，我们也需要客观看待，机器翻译还远未达到人们所期望的理想目标。神经网络机器翻译仍然面临诸多难题，对于神经网络究竟如何工作、在多大程度上模拟了人脑的工作机理，人们至今无法给出清晰合理的解释。数据驱动的翻译方法依赖大量数据，对于资源稀缺的语言和领域，机器翻译面临严重的数据稀疏问题。如何在神经网络中有效地引入知识还需要深入研究。由于缺乏对语言的充分理解，当前机器翻译系统的鲁棒性有待进一步提升。很多时候，句子在表达意思不变的情况下稍微做一些改动，可能会导致整个译文发生很大变化。在未来发展的道路上，机器翻译还有很长的路要走。

1.4 产业应用需求特点及挑战

如今，机器翻译可以说进入了寻常百姓家，无论是通过计算机，还是通过手机等移动设备，人们都能够方便地享受机器翻译服务。机器翻译产品形态和应用场景不断丰富，市场需求越来越大。总体来说，机器翻译的产业应用具有大规模、高质量、高性能、多语言、定制化、跨模态等需求特点。

1.4.1 高翻译质量

高翻译质量是大规模应用的前提，大规模应用是机器翻译产生高质量译文以及市场需求的必然结果。

神经网络机器翻译带来了翻译质量跨越式的提升。图 1-4a 展示了在同一份中英翻译测试集上，百度机器翻译系统翻译质量的持续提升。以国际上常用的机器翻译质量自动评价指标 BLEU ⊖来衡量，11 年间，百度机器翻译系统的翻译质量提升了 30 多个百分点。尤其值得注意的是，2015 年神经网络机器翻译上线以后，翻译质量的提升明显加速，并且随着技术进步，保持高速增长的势头。这主要得益于神经网络机器翻译的一系列方法和模型的发展，突破了神经网络机器翻译发展初期面临的词表受限、解码速度慢、漏译现象严重等问题，进一步地提升了神经网络机器翻译模型的语义理解、表示和生成能力。无独有偶，图 1-4b 则是爱丁堡大学机器翻译系统在国际机器翻译评测 WMT 英德翻译测试集上（WMT newstestset2013）的翻译质量变化⊖。从 2013 到 2016 年，统计机器翻译系统在翻译质量上几乎没有明显的提升，显示了统计机器翻译在这一时期已经处于增长乏力的平台期。而在 2016 年，所使用的神经网络机器翻译系统较统计机器翻译系统的 BLEU 分数显著提升了 2.6 个百分点，验证了神经网络机器翻译方法的有效性。

翻译质量的提升增强了人们使用机器翻译的信心，供需双方均表现出对机器

⊖ 将在第 2 章详细介绍该指标的原理。通常来说，BLEU 值提升 1 个百分点意味着翻译质量显著提升。
⊖ http://www.meta-net.eu/events/meta-forum-2016/slides/09_sennrich.pdf。

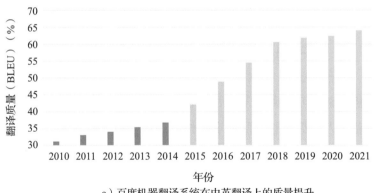

a）百度机器翻译系统在中英翻译上的质量提升

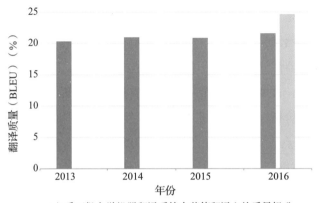

b）爱丁堡大学机器翻译系统在英德翻译上的质量提升

■ 统计机器翻译系统　■ 神经网络机器翻译系统

图 1-4　神经网络机器翻译带来翻译质量巨大提升

翻译的认可。在全球化不断深化的背景下，获取全球信息与对外交流的效率成为制约社会发展的重要因素，高质量、高效率的机器翻译正发挥其重要作用。根据2019 年《中国语言服务行业发展报告》，有 75% 的语言服务需求方受访企业对机器翻译持积极的态度。而对于语言服务提供方，对比 2019 年和 2020 年的数据可以发现，从不使用机器翻译的语言服务提供方减少了 1.7 个百分点，而总是使用机器翻译的语言服务提供方则上升了 4.3 个百分点（如图 1-5 所示）。2022 年《中国翻译及语言服务行业发展报告》则指出，机器翻译在行业中的应用持续扩

　神经网络机器翻译技术及产业应用

大，90%以上的调研企业认可"机器翻译+译后编辑"的模式能够提高翻译效率、改善翻译质量和降低翻译成本。IT 研究与顾问咨询机构高德纳（Gartner）预测[⊖]，到 2025 年，全球 75%的翻译工作将从专注于翻译本身转向对机器翻译的结果进行审阅和编辑。由此可见，随着机器翻译质量的持续提升，机器翻译必将发挥越来越重要的作用。

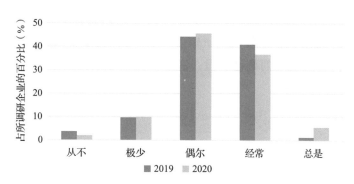

图 1-5　2019 年和 2020 年《中国语言服务行业发展报告》语言服务提供方使用机器翻译频率对比

1.4.2　高系统性能

机器翻译突破了传统人工翻译效率低、成本高的瓶颈。相比于人类译员，机器翻译的优势之一在于其不知疲倦。以百度翻译为例，每天来自世界各地的翻译请求字符量超过千亿字符，平均每秒钟就要翻译超过 100 万字符。而通常人类译员每天翻译约 3000 字，百度翻译一天的翻译量相当于 1700 万个人类译员一天的工作量。

在神经网络机器翻译发展之初，翻译一个句子需要十几秒的时间，这是完全无法满足实际系统需求的。随着技术演进，训练数据大幅增长，翻译模型日趋复杂。尽管有强算力的支持，但面对海量实时的翻译需求，也需要从模型、算法、平台、架构等多个角度入手提升系统性能。

高性能机器翻译系统存在几方面的挑战：

第一，大数据、大模型带来的高实时性挑战。翻译质量受数据量、模型大小

⊖　https：//www.gartner.com/en/documents/3994429。

等因素影响。一般来说，数据量越大、神经网络参数规模越大（层次深、维度高），翻译质量也越高。然而，这样计算复杂度也就随之上升，进而影响翻译效率。而如果翻译效率太低，十几秒乃至几十秒才能翻译完成一句话，就失去了机器翻译快速高效的优势，难以做到大规模应用。

第二，小型化移动设备的迅速发展和普及，在保证翻译质量的前提下，对低功耗、小模型提出了挑战。例如翻译笔、翻译耳机等小型设备，对功耗要求极高。同时由于小型移动设备算力低、内存小等因素，对模型大小也有严格限制。在这种条件下，如何保证较高的翻译质量，满足小型设备的需求，是需要解决的关键问题。

1.4.3 多语言翻译

当今世界是一个多元化、多文明的世界，全球有 200 多个国家和地区，不同的语言既异彩纷呈，又在世界舞台上交流融汇。开放共享、合作共赢，越来越成为各国共识，成为推动社会进步的重要力量。实现高效的多语言翻译，搭建不同语言顺畅交流的桥梁，是时代和社会的迫切需求。

多语言翻译并不是简单的增加语种数量，而是面临着资源分布不均衡、语言差异等客观难题。总结来说，有如下挑战：

第一，语言资源分布不均衡，非通用语种语言资源匮乏。尽管互联网的出现使我们可以很容易地获得海量数据，然而除了中文、英文等语言有较大规模的数据外，世界上大部分语言都面临数据资源稀缺的问题。根据 Internet World Stats 的统计[注]，截至 2020 年 3 月，全球互联网十大语种（英、中、西、阿、葡、印尼/马来、法、日、俄、德）使用人数占全球总人口的 67.6%，而仅英、中两大语种就占了 38.5%。另一个数字看起来更加令人震惊，据不完全统计，互联网网页仅使用了全球 5%的语言。换句话说，全球大部分的语言都不存在于互联网上。这些语言资源非常少，给构建机器翻译造成了巨大挑战。在全球互联互通的今天，这形成了一个恶性循环——使用这些稀缺语言的人们面临语言鸿沟，无法享受互联网带来的便利，而这使得该语言的使用进一步减少，面临消亡的危险。

㊀ https://www.internetworldstats.com/stats7.htm。

神经网络机器翻译技术及产业应用

第二，语言存在不对称性，语言差异大。语言与文化、地域、生活、生产等密切相关，在人类文明长期发展进化中，各种语言既互相影响，又各有特点。例如：①语法的不对称性，汉语中有量词，比如"一个苹果""一把椅子"等，而英语中没有量词的概念，表达为"an apple""a chair"。德语中名词有性（阴性、中性、阳性）、数（单数、复数）、格（主格、宾格、属格、与格），而中文是没有的。②语序的不对称性，汉语把动词放在主语、宾语之间，是"主谓宾"结构。而日语把动词放在句子末尾，是"主宾谓"结构。语序的不对称性是机器翻译长期面临的难题。人们经常感觉机器翻译句子生硬、读起来不通顺，很大一部分原因是没有很好地解决语序问题。翻译一方面要准确地传递信息，将一种语言所表述的内容完整准确地映射为另外一种语言，另一方面又要符合各自语言的表达习惯。不同语言之间的差异是翻译需要克服的一大难题。

第三，多语言翻译还面临部署上的挑战。如果要使得 100 种语言之间任意两种语言互相翻译，通常来说，需要为每一个翻译方向[⊖]训练一个翻译模型，则共需要训练 100×99＝9900 个翻译模型。无论是训练成本还是部署成本都面临极大的挑战。

如何解决多语言翻译数据资源少、训练不充分、模型数量多、部署成本高等难题，是机器翻译长期以来面临的挑战。

1.4.4 领域自适应

随着社会的发展，人们的分工也越来越细化，这一方面有利于从整体上提高生产效率，另一方面，也造成了不同行业之间"跨界"的难度。俗话说"隔行如隔山"，对于翻译而言，不同的领域有各自的行业术语以及文体风格，翻译也需要适应不同领域的要求。比如"mouse"常用的意思是"老鼠"，但是在计算机术语中表示"鼠标"。相对于通用的翻译，如日常会话、交流等，领域相关的翻译要求更高，不仅需要具备跨语言的能力，更重要的是，还需要具备相关的领域知识，结合上下文信息和背景知识，准确地翻译相关术语，并且用本领域的行文习惯表达出来。

领域自适应同样面临数据稀缺的难题。即便是像中文、英语等语言资源丰富

⊖ 以中英互译为例，中文翻译为英文、英文翻译为中文为两个不同的翻译方向。

的语种，也面临领域分布不均衡的问题。通常，新闻、口语领域有较多的数据，而医药、法律等领域数据量相对较少。如果把所有的数据放到一起训练翻译模型，就使得模型偏向于数据量多的领域，从而导致数据量较少的领域被"淹没"，出现术语翻译不准确、句式不规范等问题。

此外，开放的大规模机器翻译系统不仅面临翻译数据量大的问题，还面临翻译内容丰富多样的挑战，其中既有诗歌、小说，也有科技文献、新闻、专利、标书等。翻译系统需要对多文体做适应性翻译，而不是千篇一律。

在领域翻译需求中，文档翻译的需求越来越突出。文档翻译不仅要求译文准确，还需要保持原文档的格式。这对于文档的准确解析、篇章翻译、格式回填等都提出了更高的要求。

1.4.5 跨模态翻译

跨模态（或称多模态）翻译突破了文本翻译的范畴，综合了语音、视觉等多种模态。语音处理、计算机视觉等人工智能技术的进步和融合，为跨模态机器翻译提供了技术支持和动力。此外，市场需求也为跨模态翻译的应用提供了广阔的空间。

早期的翻译需求主要集中在文本翻译，随着智能手机等移动设备的出现以及人工智能技术的深入发展，人们的需求向多模态发展。相比计算机而言，移动设备具有小屏化甚至无屏化的特点，语音交互成为其标配功能，从而也对语音翻译产生了非常大的需求，如翻译机、同声传译等。另外，很多场景下人们很难依靠文字或者语音输入，例如路牌、菜单、景点介绍、商品标签等，这对拍照翻译也有极大的需求，即通过手机拍摄照片，进行文字、物体识别，然后进行翻译。结合语音、图像、文字等信息的跨模态翻译，进一步拓展了机器翻译的应用场景，也促进了多技术融合发展，随着技术的提升以及多种产品的出现，跨模态翻译倍受青睐。

跨模态翻译需要综合语音、视觉、自然语言处理等多种人工智能技术，面临的挑战主要有：

第一，多种模态信息的有效融合。理论上来说，多种模态信息的综合利用有助于提升翻译质量，如同人们学习外语时需要综合提升听、说、读、写等能力。

然而，多种模态信息难以做到统一表示和融合。以语音翻译为例，通常的做法是首先调用语音识别系统将语音信号识别为文字，然后再将识别后的文字翻译为目标语言。这种串行的连接方式虽然简单，但是一方面语音识别的错误会在后续的流程中进行传递和放大，导致翻译错误；另一方面，这种方式仅仅是简单地把语音处理和机器翻译串到一起，并没有对语音和文本两种模态进行深度的融合。

第二，跨模态翻译同样面临数据稀缺的难题。语音处理、计算机视觉、机器翻译等在长期的发展中都各自积累了大规模的训练数据，但是跨模态的训练数据极度匮乏。以中英同声传译为例，目前公开的训练数据仅有几十小时，这对于训练高质量机器同传模型是远远不够的。如何突破数据规模的限制，提升跨模态翻译质量，是亟待解决的问题。

第三，跨模态翻译面临系统整体性能的挑战。以同声传译为例，除了综合利用语音、文本信息外，还需要考虑同声传译的任务特点。为了达到同传的目标，需要在说话人还未说完一句话的时候，就开始翻译。一方面由于无法充分利用上下文信息，对于语音识别、翻译质量有较大影响；另一方面，对系统的整体性能提出了更高的要求，既需要达到较高的翻译质量，又需要做到较低的时间延迟。

1.5 本书结构

第1章 绪论

本章首先阐述机器翻译发展的时代背景和技术发展脉络，从社会需求、算法演进等方面回顾了机器翻译发展历程，介绍了目前机器翻译的发展现状，接下来介绍了产业应用需求特点和挑战。通过本章介绍，读者可以从整体上把握机器翻译的历史发展和当前技术水平，进一步厘清本书的写作脉络。

第2章 翻译语料获取与译文质量评价

传统的翻译知识主要来自人工构建词典、翻译规则等，成本高、周期长，数据量也相对比较少。在统计机器翻译出现以后，翻译模型依靠大规模数据进行训练，数据成为制约机器翻译质量的瓶颈之一。为了获得更多的数据，研究人员组建了数据联盟收集、加工和共享数据，基于这些数据开展研究，极大地促进了技术进步。然而这些数据的规模仍然无法满足构建大规模高质量机器翻译系统的需求。互联网存在大量的语言资源，这使得大规模翻译语料获取成为可能。然而，互联网网页存在数据规模大、数据噪声高、语言变迁快、形式不规范等特点，给大规模高质量翻译语料获取带来极大挑战。从互联网网页中挖掘双语资源，弃其糟粕，取其精华，是解决机器翻译训练数据不足的有效手段。本章将介绍翻译语料获取相关技术。此外，本章还将介绍机器翻译常用的评价方法，包括人工评价、自动评价，以及面向产业应用的评价。这将有助于读者理解后面章节所介绍的机器翻译模型和系统所能达到的水平。

第 3 章　神经网络机器翻译

神经网络机器翻译是目前主流的机器翻译技术。本章将首先介绍神经网络机器翻译的基本原理和模型结构，包括循环神经网络（RNN）及其变体长短时记忆（LSTM）网络和门控循环单元（GRU）网络。接下来介绍基于卷积神经网络（CNN）的翻译模型、基于全注意力机制的翻译模型（Transformer），以及非自回归网络翻译模型等。需要指出的是，基于全注意力机制的神经网络模型，不仅在机器翻译任务上效果显著，在自然语言处理其他任务以及语音、计算机视觉等领域也都取得了非常好的效果，是目前主流的神经网络结构。在本章的最后，我们将介绍如何利用开源工具搭建一个神经网络机器翻译系统。

第 4 章　高性能机器翻译

神经网络机器翻译的大规模产业化应用，除了翻译质量的优化之外，对于系统性能也提出了更高的要求。通常，机器翻译系统性能包含两个方面的要求，一是翻译速度快，二是存储空间小。本章结合百度、谷歌等公司的机器翻译系统实践，首先介绍神经网络机器翻译的产业化进程，接下来介绍常用的提升系统性能的方法，如模型优化、模型压缩、系统部署等，最后介绍开源工具平台中的高性能实现方案。

第 5 章　多语言机器翻译

针对多语言翻译面临的语言资源分布不均衡、语言资源稀缺、语种数量多、部署复杂度高等难题，本章首先介绍数据增强技术以扩充训练数据规模；然后介绍基于无监督的训练方法，使用少样本甚至零样本训练翻译模型；在翻译模型方面，介绍基于多任务学习的共享编码器模型、基于语言标签的多语言翻译模型，从而可以使用一个统一的神经网络模型进行多语言翻译。此外，本章还将介绍近年来快速发展的多语言预训练技术及其在多语言机器翻译上的应用。本章的最后，结合百度、谷歌、脸书等公司的实践，介绍大规模多语言机器翻译系统。

第6章　领域自适应

机器翻译技术进步和翻译质量的提升使得其更广泛地应用于各行各业。不同的行业和领域有着不同的行文风格和术语，同一个词语在不同的领域中所表达的意思也不尽相同。因此，在与行业结合的过程中，机器翻译模型必须进行领域自适应。领域自适应同样面临数据匮乏的难题。与多语言翻译相比，领域自适应对于翻译质量的要求更高，需要准确翻译领域内的术语、专业知识等内容。本章将介绍领域自适应技术，通过数据增强、优化训练、术语翻译、记忆库等手段，使得翻译模型在具体领域上能够获得较高的翻译质量，从而满足实际需求。

第7章　机器同声传译

同声传译的突出特点是时间延迟低，信息传递效率高，广泛应用于国际会议、新闻发布、商务会谈等场合。机器同声传译主要结合了语音处理技术和机器翻译技术，其面临的最大挑战是平衡翻译质量和时间延迟。本章将介绍机器同传的主要挑战和发展现状。目前主要有两种方法：一是级联模型，首先通过语音识别将语音信号转换为文字，然后利用机器翻译将其翻译为目标语言，最后以字幕或者语音的形式输出；二是端到端模型，直接对语音和翻译建模，具有模型小、时延低等优点。此外，本章还将介绍目前常用的机器同传数据集以及评价方式，最后介绍如何使用开源工具搭建一个机器同传系统。

第8章　机器翻译产业化应用

全球互联互通对于跨语言交流有着巨大需求，而机器翻译技术的进步使得其成为跨越语言鸿沟的有力工具。机器翻译应用场景不断扩展，从单一的文本翻译向语音翻译、拍照翻译、视频翻译等跨模态发展，从计算机平台向智能移动设备（如智能手机、翻译机、翻译笔、翻译耳机）等多平台、多终端发展，从通用翻译向领域定制化发展。机器翻译在人们生产生活中发挥越来越重要的作用，已经进入了大规模产业化应用阶段。本章将介绍机器翻译丰富的产品形式和广泛应用。

第9章　总结与展望

机器翻译是一个多学科交叉的研究领域，发展至今，凝聚了几代科学家、工程师们的心血，其中涌现出的各种方法交相辉映，无不显示出人类为探索新知识、新技术所做的努力。我们应该科学客观地看待机器翻译的历史、现在和未来，既不能因为一时的成绩而夸大成果，也不必因为面临诸多挑战而踌躇不前。本章将对全书进行总结，并对机器翻译的未来发展进行展望。虽任重道远，但坚定前行。

参考文献

［1］ HUTCHINS J. The first public demonstration of machine translation：the Georgetown-IBM system ［C］//Proceedings of the 6th Conference of the Association for Machine Translation in the Americas（AMAT）. Berlin：Springer，2004：102-114.

［2］ 宗成庆，高庆狮. 中国语言技术进展 ［J］. 中国计算机学会通讯，2008（8）：41-50.

［3］ PIERCE J R，CARROLL J B. Language and machines：computer in translation and linguistics ［M］. Washington DC：National Research Council，1966.

［4］ HUTCHINS J. From first conception to first demonstration：the nascent years of machine translation，1947-1954. a chronology ［J］. Machine translation，1997，12（3）：195-252.

［5］ JELINEK F. Some of my best friends are linguistics ［J］. Language resources and evaluation，2005，39（1）：25-34.

［6］ JELINEK F. ACL lifetime achievement award：The dawn of statistical ASR and MT ［J］. Computational linguistics，2009，35（4）：483-494.

［7］ BROWN P F，COCKE J，DELLA PIETRA S A，et al. A statistical approach to machine translation ［J］. Computational linguistics，1990，16（2）:79-85.

［8］ BROWN P F，DELLA PIETRA S A，DELLA PIETRA V J，et al. The mathematics of statistical machine translation：parameter estimation ［J］. Computational linguistics，1993，19（2）：263-311.

［9］ DAVIS P C，BREW C. Stone soup translation ［C］//Proceedings of the 9th

Conference on Theoretical and Methodological Issues in Machine Translation (TMI-02). Stroudsburg: ACL, 2002: 31-41.

[10] AL-ONAIZAN Y, CURIN J, JAHR M, et al. Statistical machine translation: final report [R]. Baltimore: Johns Hopkins university, 1999.

[11] KOEHN P, OCH F J, MARCU D. Statistical phrase-based translation [C]// Proceedings of the 2003 Human Language Technology Conference of the North American Chapter of the Association for Computational Linguistics. Stroudsburg: ACL, 2003:127-133.

[12] CHIANG D. A hierarchical phrase-based model for statistical machine translation [C]//Proceedings of the 43rd Annual Meeting of the Association for Computational Linguistics. Stroudsburg: ACL, 2005: 263-270.

[13] LIU Y, LIU Q, LIN S X. Tree-to-string alignment template for statistical machine translation [C]//Proceedings of the 21st International Conference on Computational Linguistics and 44th Annual Meeting of the Association for Computational Linguistics. Stroudsburg: ACL, 2006: 609-616.

[14] 刘群, 吕雅娟, 刘洋, 等. 中国科学院计算技术研究所的统计机器翻译研究进展 [J]. 信息技术快报, 2007, 5 (4): 1-9.

[15] MCLEAN I J. Example-based machine translation using connectionist matching [C]//Proceedings of the Fourth Conference on Theoretical and Methodological Issues in Machine Translation of Natural Languages. Montréal: TMIMTNL, 1992: 35-43.

[16] SCHELER G. Extracting semantic features for aspectual meanings from a syntactic representation using neural networks [C]//Proceedings of KI-94 workshop. 18. Dt. Jahrestagung fur Kunstliche Intelligenz. Berlin: Springer, 1994: 389-390.

[17] 王海峰. 汉语口语分析方法研究及其在机器翻译中的应用 [D]. 哈尔滨: 哈尔滨工业大学, 1999.

[18] DEVLIN J, ZBIB R, HUANG Z Q, et al. Fast and robust neural network joint models for statistical machine translation [C]//Proceedings of the 52nd

Annual Meeting of the Association for Computational Linguistics. Stroudsburg: ACL, 2014: 1370-1380.

[19] BAHDANAU D, CHO K H, BENGIO Y. Neural machine translation by jointly learning to align and translate [C]//Proceedings of the 3rd International Conference on Learning Representations(ICLR 2015). Ithaca: OpenReview.net, 2015.

[20] SUTSKEVER I, VINYALS O, LE Q V. Sequence to sequence learning with neural networks [C]//Proceedings of the 27th International Conference on Neural Information Processing Systems(volume 2). Cambridge: MIT Press, 2014: 3104-3112.

[21] 刘涌泉, 高祖舜, 刘倬. 机器翻译浅说 [M]. 北京: 科学普及出版社, 1964.

第 **2** 章

翻译语料获取与译文质量评价

目前，主流的人工智能技术是数据驱动的，即依靠大量的数据训练模型参数。数据的多寡好坏，直接影响模型的效果。因此，数据对于人工智能技术的重要性不言而喻。

机器翻译所用到的数据主要是语料库（corpus）。语料库实际是一个数据集合，根据任务的不同，存储的对象也不同。例如人们在学习外语时所用的字典，就可以认为是一种语料库，它建立了两种语言单词之间的对应关系。依靠字典，人们可以构建一个简单的机器翻译系统——通过查字典来对句子中的单词逐一翻译。但如果仅仅依靠这种方法翻译出来的句子质量是很差的。比如"How old are you?"，如果逐词翻译，译文是"怎么 老 是 你?"，与实际的意思"你多大年纪?"相去甚远。为了提高翻译质量，翻译模型不仅需要学习单词的互译关系，还需要学习词语搭配关系、位置关系、语义信息等，这样就可以产生较为流畅的译文了。达到这一目的需要建立句子级的双语语料库，也称为平行语料库（parallel corpus），通常由句对（sentence pair）构成，每个句对包含原文和其对应的译文。

双语平行语料库是训练机器翻译模型的最重要数据。通常来说，语料库的规模越大、质量越高，机器翻译系统所能学习到的翻译知识也越多，翻译质量也就越高。以汉英翻译为例，大规模翻译系统所需要的训练数据通常有数亿乃至数十亿句对，远远超过一个人一生的阅读量。如此巨大规模的数据，靠人工方式显然是无法构建的。互联网的普及使得大规模数据的获取成为可能。然而互联网上的数据良莠不齐，如何去粗取精地获取机器翻译所需要的数据是构建高质量机器翻译模型的关键。

本章将着重介绍语料库相关的知识以及大规模翻译语料获取技术。此外，本章还将介绍机器翻译质量的评价方式和评价指标。在后面的章节中，我们会使用这些指标来衡量机器翻译系统的译文质量。了解这些指标的含义，将有助于读者理解现在机器翻译系统所能达到的水平。

2.1 概述

数据规模和质量是影响机器翻译质量的关键因素之一。在英语到西班牙语翻译任务上的实验显示，随着数据规模（英语词数）从 40 万词增加到 3.8 亿词，神经网络机器翻译系统（使用爱丁堡大学研发的开源翻译系统 Nematus[1]）的翻译质量（使用 BLEU 指标衡量，将在 2.5 节详细介绍）提升了近 30 个百分点[2]，如图 2-1 所示。由此可见，数据规模对于翻译质量的重要性。

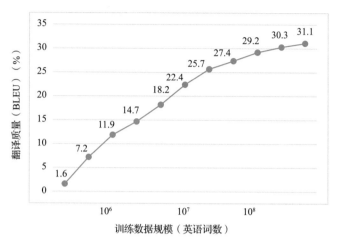

图 2-1　英西翻译质量随数据规模的变化趋势

概括来说，机器翻译数据与以下因素密不可分。

1）翻译范式的革新对大数据提出了迫切要求。 在统计机器翻译方法诞生之初，研究人员就意识到必须有大量的数据才能充分发挥该方法的威力。而在 Brown 等人最初的实验中[3]，仅用了 10 多万句对的双语数据来训练系统。受限于数据规模和机器处理能力，统计机器翻译的潜力很长一段时间内都被抑制。如果没有大数据的支持，统计机器翻译和神经网络机器翻译就是"无米之炊"。这激发了研究人员建设共享语料库的热情。其中，比较有代表性的有语言数据联盟（Linguistic Data Consortium，LDC）、欧洲议会语料库（Europarl）、中文语言资源联盟（Chinese LDC，CLDC）等。经过长期建设，这些共享数据的规模一般可以达到数千万条双语句对。同时研究人员还依托这些数据举办开放的机器翻译评测。这些共享数据与公开评测极大地促进了机器翻译的发展。

2）互联网的蓬勃发展为大数据提供了肥沃的土壤。 互联网突破了时空限制，只要有一台可以联网的设备，人们可以立即与世界上任何一个地方的人交流，例如在线学习、跨境商务、远程会议等，真正做到了"天涯咫尺"。网络这一虚拟空间成为人们现实生活的一个镜像，无时无刻不在产生巨大的数据。由 IDC 发布的《数据时代 2025》报告显示，到 2025 年全球每年产生的数据将达到 175 ZB [⊖]（泽字节）。互联网如同一座蕴含巨大宝藏的矿山，人们可以从中挖掘和获取各种数据和知识。对于机器翻译而言，全球互联网用户既用各自的语言生产数据，形成了海量的多语言语料，同时又对于跨语言交流有着巨大的需求。如今，机器翻译系统几乎成为国内外互联网公司的标配。

3）传统语言服务企业提供了高质量数据。语言服务企业有长期的人工翻译数据积累，数量大、质量高，是训练翻译系统的优质语料。然而长期以来，这些数据难以得到有效利用。一方面，语言服务提供商通常需要对其所翻译的内容保密，无法对外共享。另一方面，知识产权问题也是影响数据流通的重要因素，如何在充分保护知识产权的前提下，让语言服务行业产生的高质量语料流通起来，用以训练机器翻译系统、提升机器翻译质量，是亟待解决的问题。近些年，随着国际交流日益密切频繁，翻译人员供不应求，传统企业急需提升效率以应对不断扩大的市场需求。而机器翻译质量的持续提升也吸引了语言服务企业的目光，它们逐渐接纳并开始使用机器翻译提升效率。机器翻译系统在通用大数据训练基础上，可以继续用行业数据进行精细化训练，进一步提升翻译系统在具体领域上的翻译质量。同时，机器翻译系统可以提供灵活的服务，如定制化训练部署、可配置术语词典、辅助翻译等，为传统企业提供了优化翻译质量的便利。与语言服务企业的合作，是机器翻译规模化应用的重要一环，数据取之于企业，系统用之于企业，有利于建设良好的生态圈。

本章首先介绍机器翻译语料的类型，包括双语语料和单语语料；然后介绍常用的公开数据集，这些数据集是研究人员为了促进机器翻译技术进步长期建设并公开分享的语料库，利用这些公开语料库可以方便地训练机器翻译系统并与其他系统进行比较，便于开展科学研究；接下来，介绍互联网上语料存在的形式以及如何从中获取大规模翻译语料，用以训练产业级应用的机器翻译系统；最后，介绍机器翻译评价指标和评价方式，包括人工评价、自动评价，以及面向产业应用的评价。

⊖ 1 ZB = 2^{70} 字节。

2.2 机器翻译语料库类型

语料库可以看作机器翻译模型学习翻译知识的教科书。机器翻译系统从语料库中学习翻译知识（具体学习到何种知识则与翻译模型相关），例如单词或者短语之间的互译关系、词语在句子中的位置信息等，并利用其进行翻译。随着数据驱动的机器翻译技术的发展，语料的数量和质量对于机器翻译来说越来越重要。语料库作为一种数据资产也越来越受到大家的重视。对于机器翻译而言，通常语料库有两种主要类型：双语语料库（bilingual corpus）和单语语料库（monolingual corpus）。

2.2.1 双语语料库

顾名思义，双语语料库就是包含两种语言的语料库。它的主要作用就是使得机器翻译系统能够从中学习到两种语言之间的联系。其中最为常用的一种类型是双语平行语料库（parallel corpus）。所谓平行，是指两种语言所表述的内容互为翻译，在语义上是一致的。例如，我们市面上买到的双语对照书籍，就是一种平行语料，在阅读的时候可以同时学习外语。

机器翻译通常用到的是句子级别的平行语料库，也称为句对。每一个句对包含一个源语言（source language）句子和一个目标语言（target language）句子。如表 2-1 所示，语料库包含 5 个句对的中英平行语料。

表 2-1　句子对齐的中英平行语料库

句对编号	源语言句子	目标语言句子
1	我 正在 读书。	I am reading.
2	我 喜欢 钓鱼。	I like fishing.
3	我 正在 看 电视。	I am watching TV.
4	我 正在 吃 苹果。	I am eating an apple.
5	我 有 一个 梦想。	I have a dream.

机器翻译系统可以从句子对齐的平行语料中学到丰富的翻译知识。例如，这 5

个句子中，每个中文句子开始的第一个词都是"我"，而每一个英文句子开始的第一个词都是"I"。这样即便是不懂英文的人，也可以很容易地把这两个词联系起来，"我"的英文翻译是"I"。进一步地说，每当中文出现"我 正在"的时候，英文句子中都是"I am"，可以推测，"我 正在"的英文翻译是"I am"。此外，我们也可以根据两个句子所包含的单词个数进行推测，比如第 1 个句对，中英文都包含 4 个词（标点也算在内），那么可以猜测两个句子相应位置上的词是互译的，再结合前面根据单词出现次数的猜测，很容易得出"读书"对应的英文是"reading"。根据单词出现的次数和句子长度这两个信息，可以从上面 5 个句子中建立起中文和英文词语之间的对应关系。实际上，这个过程就是统计机器翻译的学习过程。只不过它用到的数据量更大，模型也更加复杂。

以上利用平行语料建模的思想被语言学家用来对古文字和语言进行解密，破译了 2000 多年前的古埃及文字。他们所用到的"语料库"是罗塞塔石碑（Rosetta Stone）所记载的内容（如图 2-2 所示）。这个石碑制作于公元前 196 年，上面用三种文字刻着古埃及国王托勒密五世的登基诏书。这三种文字分别是古埃及象形文字（又称为圣书体，代表献给神明的文字）、埃及草书（又称世俗体，是当时平民使用的文字）、古希腊文（代表统治者的文字——当时埃及臣服于希腊的亚历山大帝国）。公元 6 世纪前后，古埃及文明消亡，文字也随之荡然无存。长期以来，人们都无法解读这一古老文明。随着罗塞塔石碑在 1799 年被发现，上面的古希腊文

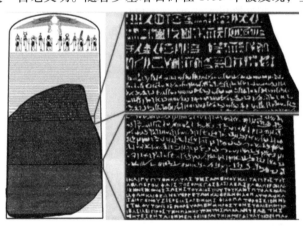

图 2-2　罗塞塔石碑（左）及其所记载的文字（右）

　神经网络机器翻译技术及产业应用

成为解开古埃及象形文字的一把关键钥匙。在社会发展过程中，希腊文变化不大，人们可以通过希腊文了解石碑上的内容。利用这一特点，法国学者商博良（Champollion）在19世纪20年代破解了罗塞塔石碑上的内容，使得古埃及文明重见天日，他也被称为"埃及学之父"。商博良所使用的方法，正是上文提到的利用平行语料对照分析的方法。

除了平行语料库外，还有一种形式的双语语料库，称为"可比语料库"（comparable corpus）。可比语料库在内容上也是包含两种语言的文本，与平行语料库不同的是，两种语言的文本虽然属于同一个领域，但文本内容不是严格对应的。比较典型的可比语料库是维基百科[⊖]，同一个条目有多种语言版本。不同语言的版本不存在严格的句子级别的对应关系，但内容上是描述的同一件事。从可比语料库中可以抽取不同语言之间词语或者短语级的对应关系。在缺少平行语料库的情况下，从可比语料库中挖掘翻译知识也是一种常用的方法。

2.2.2 单语语料库

所谓单语语料库，就是只包含一种语言的语料库。读者会奇怪，只有一种语言的语料库对翻译有什么用呢？我们知道，翻译不仅要求内容准确，还要求译文流利，符合语法和表达习惯。

利用目标语言的单语语料库，可以训练语言模型（language model），提升译文流利度。比如观察表2-1中的英文句子，可以发现，单词"I"的后面经常出现"am"。通过大量的单语语料分析，可以预测当英语句子出现"I"的时候，其后面的单词很大可能是"am"，而不会出现"I is"或者"I are"这种表达方式。通过大量的目标语言单语语料学习，在翻译时，语言模型可以根据已经产生的译文来预测下一个目标单词出现的可能性，选择概率最大的单词输出，从而提升译文的流利度。

源语言的单语语料库也是有用的，可以用来训练源语言的分析器，比如对源语言进行分词、分析句子的结构信息等。

此外还可以基于单语语料进行数据增强，使用已经训练好的翻译系统翻译单

⊖ https://www.wikipedia.org。

语语料，从而构造双语平行语料。实验表明，在双语平行语料资源稀缺的情况下，通过单语语料进行数据增强能够有效提升翻译质量。本书第5章将介绍相关内容。

2.3 公开语料库及系统评测

如前所述，为了推动机器翻译技术的发展，研究人员收集、整理了一定量的双语平行语料，并基于这些语料开展机器翻译评测。通常情况下，参加评测可以免费获得这些语料，当然，语料的使用范围受资源提供方的约束。下面介绍几个有代表性的语料库。

2.3.1 语言数据联盟与 NIST 评测

语言数据联盟⊖创建于 1992 年，由美国宾夕法尼亚大学主办，广泛联合了世界范围内的大学、研究所、公司、图书馆等，旨在解决自然语言处理研究中面临的严重数据稀缺问题。经过近 30 年的建设，LDC 建设了几乎包含自然语言处理所有任务的数据资源。其中用于机器翻译的多语言语料库高达数千万句对，主要集中在新闻领域，来源主要有联合国大会、世界各大报社（新华社、法新社、美国有线电视新闻网、英国广播公司等）的新闻报道等，语种以中、英、阿语居多，同时还包含俄、法、日、韩等数十种语言。

依托 LDC，美国国家标准技术研究所自 2001 年开始组织机器翻译评测。该项目受到美国国防部的大力资助，评测的语言集中在汉语、英语、阿拉伯语以及乌尔都语等语种。单从技术角度来看，该项目对于推动机器翻译技术的发展起到了重要作用。十多年间，该评测见证了统计机器翻译的高速发展，但近年来已经不再举办了。不过其积累下来的训练数据、评测数据，为评估机器翻译性能提供了基准数据集，一直被科研人员广泛使用。

⊖ https://www.ldc.upenn.edu。

2.3.2　欧洲议会语料库与 WMT 评测

绪论中提到，欧盟成员国众多，每年的翻译开支不菲，财政负担沉重。因此，机器翻译成为欧盟的"刚需"。欧洲框架计划将机器翻译作为重要项目，并起了一个非常"霸气"的名字，叫作"欧洲矩阵"（EuroMatrix）[⊖]，将欧洲语言按照行、列排列，为任意两种语言构建翻译系统，形成一个语言矩阵。欧洲矩阵项目进行了两期，从 2006 年 9 月~2009 年 2 月为第一期，2009 年 3 月~2012 年 4 月为第二期（EuroMatrixPlus）。该项目整合了众多高校、研究机构和语言服务公司，如爱丁堡大学、德国人工智能研究中心、约翰斯·霍普金斯大学、都柏林城市大学等，兼顾学术研究与实用系统研发。

该项目的一个重要成果是构建了大规模的开放语料库，其中最主要的是欧洲议会语料库（Europarl）[⊜]。该语料库内容来自欧洲议会，收集了 1996 年~2011 年的欧洲议会数据，并通过文档对齐、句子切分、句子对齐等处理后，形成句子对齐的多语平行语料库。2012 年，该语料库发布了第 7 版，包含 21 种欧洲语言。

基于该语料库，欧洲自 2006 年开始举办机器翻译研讨会（Workshop on Machine Translation，WMT）[⊜]，并举办机器翻译公开评测，一直持续至今，见证了统计机器翻译到神经网络机器翻译的跨越式发展。如今，WMT 评测翻译任务包含十余种欧洲语言。同时，鉴于中文在国际交往中的重要性越来越高，WMT 也与我国学术机构合作，添加了中文到英文的翻译任务。值得一提的是，在中英翻译任务上，最近几年的评测冠军都被我国的机器翻译系统包揽，显示了国内机器翻译的强大力量。

2.3.3　语音翻译语料库与 IWSLT 评测

为了促进语音翻译技术的发展，ACL（Association for Computational Linguistics）、ISCA（International Speech Communication Association）以及 ELRA（European Language Resources Association）联合成立了口语翻译特别兴趣小组（Special Interest

---

⊖　http://www.euromatrixplus.net/matrix/。

⊜　http://www.statmt.org/europarl/。

⊜　https://www.statmt.org/wmt06/。

Group on Spoken Language Translation，SIGSLT），自 2004 年起每年举办口语翻译年会（International Workshop on Spoken Language Translation，IWSLT）⊖，同时举办语音翻译评测。

在初期，评测主要面向旅游口语领域，发布了旅游日常用语数据集（Basic Travel Expression Corpus，BTEC），包含中、日、英三种语言，中英、日英各 2 万句对。近年来，随着语音翻译的需求不断增加以及技术的发展，IWSLT 评测的赛道和数据集也逐渐丰富，评测任务关注语音到语音的翻译、多语言语音翻译、低资源语音翻译等，评测领域由旅游口语扩展为演讲、会议语音翻译等，数据集则扩展为 TED 演讲、欧洲议会多语言语音数据集等。

此外，机器同声传译技术近年来发展迅速，数据集建设和相关评测也受到大家关注。关于机器同传的数据集我们将在第 7 章详细介绍。

2.3.4　中文语言资源联盟与 CCMT 评测

中文语言资源联盟（Chinese LDC，CLDC）由中国中文信息学会语言资源建设和管理工作委员会发起，旨在建成代表中文信息处理国际水平的、通用的中文语言语音资源库。在机器翻译方面，资源库主要涵盖中、英、日等语言，同时还包含了少数民族语言，如蒙、藏、维等。

中国机器翻译大会⊖（China Conference on Machine Translation，CCMT）的前身是中国机器翻译研讨会（China Workshop on Machine Translation，CWMT），由中科院计算技术研究所、自动化研究所、软件研究所、厦门大学在 2005 年发起，并持续至今。大会以中文为中心，设置了丰富的评测任务，包括中文与其他语言的翻译、自动译后编辑、低资源机器翻译等，极大地促进了我国机器翻译的研究和发展。

2.4 从互联网获取机器翻译语料

计算机网络的普及和迅速发展，为人们打开了信息时代的大门，如今，几乎

⊖　https://www2. nict. go. jp/astrec-att/workshop/IWSLT2004/archives/000196. html。
⊖　http://mteval. cipsc. org. cn：81/CCMT2022/index. html。

　　　　　　　　　神经网络机器翻译技术及产业应用

没有什么事情是通过网络无法解决的。犹记得 1999 年的 "72 小时网络生存测试"，从北京、上海、广州选出了 12 名志愿者，让他们足不出户，只依靠网络生存 3 天，当时饱受质疑。在今天，这已经不是什么新鲜事了。现在的问题反而是，人们的生产生活是否能够离开网络？世界各地的人们在网上聊天、购物、阅读、学习，无时无刻不在生产数据，这使得获取大规模翻译语料成为可能。

互联网数据成为构建大规模机器翻译系统的重要来源。双语平行语料库网站 OPUS⊖ 收集了互联网上挖掘的双语平行语料，包含数百种语言，语言的种类和语料的数量还在持续增加中。脸书发布的多语言机器翻译系统[4] 使用了从网络上挖掘的 75 亿个句对，共包含 100 种语言。谷歌从网络上收集了 102 种语言与英语的 250 亿句对来训练多语言翻译模型[5]。

然而，从浩如烟海的互联网数据中获取用于训练机器翻译模型的平行语料，这个过程并不简单，可谓是 "千淘万漉虽辛苦，吹尽狂沙始到金"。

2.4.1　互联网双语语料存在形式

双语语料对于翻译质量的影响至关重要，获取难度也比单语语料大得多。互联网网页林林总总，如何发现和识别双语语料是首要问题。我们可以概括地将双语语料的存在分为两种形式：双语语料在同一个网页上，以及双语语料不在同一个网页上。

很多网站都有双语页面，比如词典类、新闻类、学习类网站，如图 2-3a 所示。这类网页格式比较规范，内容质量也相对比较高。就对齐的粒度而言，单词、句子、段落、篇章级别的都有。

有些页面包含双语内容，但是格式比较自由，处理起来难度相对较大。如图 2-3b 所示，在很多专业性的词汇后面都有备注英文名称。就这个页面而言，其难点在于如何判断中文词汇的边界，比如 "冠状病毒属于套式病毒目（Nidovirales）"，

⊖ https：//opus.nlpl.eu。

究竟括号中的英文对应的是"冠状病毒属于套式病毒目"还是对应的"套式病毒目",还是"病毒目",对于计算机而言并不是一件容易识别和判断的事。

a）句子级对应的双语页面　　　　　　　　b）带有词语/短语注释的双语页面

图 2-3　双语内容在同一个网页

另外一种形式是双语内容不在一个页面上,这种类型的语料一般常见于跨国公司、国际性新闻网站、国际组织等,同一个内容具有多语言版本。通常其网站的 URL 具有一定的构成规律,可以通过这些规律发现对应的页面,从而进一步获取双语语料。如图 2-4 所示,可以发现,相比于中文页面,英文页面的 URL 多了一个"en"。在实际应用中,可以通过观察分析,总结一些模板,用来获取这种类型的双语数据。

图 2-4　双语内容不在同一个页面,但是双语内容对应

2.4.2 互联网语料常见问题

互联网上的语料可谓是良莠不齐，如果不加甄别，去粗取精，再大的语料库对于翻译质量的提升也没有作用，大量的低质语料反而会起到负面作用。常见的低质语料有如下几种：

1）人为造成的低质语料。 这通常又有两种类型，一是非主观意愿产生的低质语料，比如由于翻译水平有差异，译文质量参差不齐。同样的一个句子，高级专业的译员和初学者给出的译文肯定是有差别的。如果用初学者的语料来训练机器翻译，机器翻译系统所能达到的水平会受到限制。第二种类型是主观传播带来的低质语料，这种数据对于机器翻译的质量影响尤其大。而且很多情况下，这些低质语料大量传播。例如"人山人海"被翻译为"people mountain people sea"，这种玩笑式的译文被广为流传，乃至在网络上出现的频率超过其正确的译文。这样一来，机器学到的也是这种译文，这对翻译质量影响很大。表2-2列举了一些互联网上的低质双语语料。

表 2-2　互联网上的低质双语语料

We two who and who	咱俩谁跟谁啊
You me you me	彼此彼此
You give me stop	你给我站住
How are you	怎么是你

2）机器翻译造成的低质语料。 在机器翻译被广泛使用之前，这个问题几乎是不存在的。但是有了机器翻译系统，尤其是伴随着互联网机器翻译系统的大规模使用之后，这一问题变得尤为突出。客观地说，在互联网机器翻译系统刚推出时，译文质量还是比较低的，经常出现令人捧腹的译文。然而人们恰恰是因为不懂某种语言才使用机器翻译系统，因此对于译文的质量无法判断，抱着聊胜于无的心态，采纳了机器翻译的译文。例如图2-5所示，机器翻译系统将"对公业务"中的"公"翻译为表示男性性别的英文词"male"，将"开水房"中"开"翻译为表示打开意思的"open"。更有甚者，由于机器翻译系统故障，出现了将"餐厅"翻译为"Translate server error"（翻译服务故障）这样不可思议的译文。这样的错误译文在网上传播

之后，被重新抓取，进入训练语料中，产生了恶性循环。

图 2-5　早期机器翻译系统的错误译文

　　3）语料处理造成的低质语料。从网络上发现双语资源到最终整理为双语平行语料，每一个处理步骤都无法保证百分百准确。语料处理过程中的错误最终会影响语料质量。例如语言判断不准确，将日文句子判断为中文，从而在中英语料中引入日文句子，会造成中英翻译的时候出现日文字符。再比如，由于句子边界判断不准确，会造成平行语料中源语言句子和目标语言句子不对译的情形。如图 2-6所示，英文对应到第一句中文。而在实际对齐过程中，容易把两句中文都对齐到英文句子。这样训练出来的翻译系统在执行翻译的时候，容易造成过翻译（译文中含有原文没有的信息）。反之，则容易造成漏翻译。

> in private sectors, the annual average salary stood at 53,604 yuan, up 5.2 percent year on year after deducting price factors.
> 城镇私营单位就业人员年平均工资为53604元，扣除价格因素后比上年实际增长5.2%。
> 国家统计局人口和就业统计司副司长孟灿文说，2019年，我国经济运行总体平稳、稳中有进

图 2-6　不对译错误

2.4.3　双语语料挖掘与加工

　　如图 2-7 所示，从互联网获取翻译语料库可以分为两大步骤，双语语料挖掘和双语语料深加工。双语语料挖掘扫描所有的网页库并从中抽取可能的双语句对，得到粗对齐的双语语料库。双语语料深加工对粗对齐语料库进一步处理，去除噪声，抽取优质句对，最终得到高质量双语语料库。

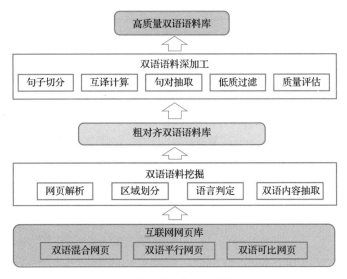

图 2-7　从互联网获取语料的流程

1. 双语语料挖掘

获取到含有双语数据的网页以后，需要进一步处理才能得到双语语料。如图 2-8 所示，该网页包含中英双语数据。那么，如何才能抽取双语内容。直观地来看，该网页包含导航栏、右边栏、标题、正文等信息，而包含双语内容的正文信息是我们所需要的。通过对网页进行解析，可以判断出各个区域所包含的内容，进而抽取含有双语的正文部分。图 2-9 展示了该网页正文部分源码，通过解析可以得到正文内容。需要注意的是，该网页正文部分既有双语对齐的数据，也有仅中文单语的数据，在抽取的过程中，可以通过判断每个段落"〈p〉〈/p〉"中是否包含 2 种语言来过滤掉单语内容。

最终，可以得到如下 2 个双语句对（英文与中文用"‖"分割）：

1. Oxidation is a natural process. Be it your tools or any metal, for that matter, rust is something that will happen when it reaches a certain moisture level. ‖ 氧化是一种自然现象。不管是工具还是任何金属制品,只要空气中的水分到达一定水平就会生锈。

2. However, you can prevent rust by simply using chalk! Keep some pieces of chalk in your toolbox and let them absorb all the moisture in the air. ‖ 但是,粉笔能防止生锈! 在工具箱中放一些粉笔,让它们吸干空气中的水分。

图 2-8　包含双语数据的网页

```
▼<div class="mian_txt" id="Content">
  ▼<p>
    <br>
    <strong>防止工具生锈</strong>
  </p>
  ▼<p>
    <br>
    " Oxidation is a natural process. Be it your tools or any metal, for that matter, rust is
    something that will happen when it reaches a certain moisture level. "
    <br>
    " 氧化是一种自然现象。不管是工具还是任何金属制品，只要空气中的水分到达一定水平就会生锈。 "
  </p>
  ▼<p>
    <br>
    " However, you can prevent rust by simply using chalk! Keep some pieces of chalk in your
    toolbox and let them absorb all the moisture in the air. "
    <br>
    " 但是，粉笔能防止生锈！在工具箱中放一些粉笔，让它们吸干空气中的水分。 "
  </p>
```

图 2-9　网页正文部分源码

2. 双语语料深加工

上一步得到的双语数据还是比较粗糙的，可能包含很多噪声数据。此时需要进一步对这些数据进行过滤，去粗取精，最终得到高质量的句子对齐的双语语料。

　神经网络机器翻译技术及产业应用

这里所谓的高质量，主要是指一个句对中包含的源语言句子和目标语言句子是互为翻译的，并且符合各自语言的语法。

常用的过滤方法如下。

1）基于规则的预过滤策略：例如，利用编码信息过滤掉包含乱码的句子；利用长度信息过滤掉过短或者过长的句子；利用长度比例过滤掉句子长度差距过大的句对。该策略可以过滤掉比较明显的噪声。

2）计算句子的互译程度：简单来说，可以通过一个双语词典来评估两个句子的互译程度，如果源语言句子中的词对应的释义在目标句子中出现，则这两个句子很有可能是互译的，反之亦然。不过这种方法准确性不高，像"How old are you‖怎么 老 是 你"这种类型的错误无法检测出来。可以在此基础上增加特征，例如词性特征、词语顺序特征、句法特征等，通过多个特征的组合综合衡量相似程度。这种方法在统计机器翻译时代比较常见。随着近年来深度学习以及预训练技术的发展，可以通过训练多语言预训练模型，将句子表示为向量的形式，然后通过余弦相似度（cosine similarity）来衡量两个句子的相似性，设置一个阈值过滤掉相似度低的句对。

3）检测机器翻译译文：如2.4.2节所述，机器翻译广泛应用以后，互联网上出现了大量良莠不齐的机器翻译译文，如果不加以筛选，低质量的机器翻译译文重新进入训练，易造成恶性循环。这里我们着重强调过滤掉质量较差的机器翻译译文，是因为有很多机器翻译译文质量也是非常高的，这种数据对于训练也是有帮助的。后面会介绍到"回译"技术（用机器翻译生成译文构造双语数据）是目前常用的一种数据扩充手段。机器翻译译文检测可以看作一个分类问题，用于分类任务的机器学习方法都可以用来检测机器翻译译文。

国际机器翻译评测（WMT）近年来也组织了双语语料过滤任务[6]，提供从互联网抓取的包含10亿个英语词的德-英双语数据，将其过滤为包含100万和1000万英语词的句对，并用其训练机器翻译模型，通过评估机器翻译译文质量来检验过滤效果。

2.5 机器翻译质量评价

翻译既是一个跨语言传递信息的过程，同时也是一个再创作的过程。同一句话，由不同的人在不同的语境下说出来，翻译出来的译文很有可能是完全不同的。对此，我国清末思想家严复在其著作《天演论》中就提出了"译事三难，信、达、雅"，被视为翻译所应遵循的原则和标准。所谓"信"，就是翻译要准确完整地传递原文所表达的信息，这也是翻译的最基本要求。所谓"达"，是指译文要地道流利、通畅易懂，符合目标语言的表达习惯。至于"雅"，则是更高层次的要求了，一般来说，可以认为译文要有文采，要表达出原文所包含的深层次意境。这三者对于翻译工作者都是相当高的要求，无怪乎严复进一步阐述道："求其信，已大难矣！"

上述三个方面的要求是高度概括的，具体到评价一个机器翻译系统的译文质量，人们提出了多种便于操作和衡量的评价方式和评价指标。概括来说通常有两种评价方式，一是人工评价，二是自动评价。本节首先介绍这两种评价方式下常用的评价指标，然后从大规模工业级系统应用角度出发，介绍面向产业应用的一些评价方式。

2.5.1 人工评价

人工评价是指依靠人类专家对机器翻译系统生成的译文进行评价的方式。人工评价通常从"信"和"达"两个方面来评价。常用的指标有忠实度（fidelity）和流利度（fluency）。忠实度用来衡量译文是否忠实于原文；流利度用来评价译文是否符合目标语言的表达习惯、语法结构等。至于"雅"，因其上升到了文学层面，仁者见仁、智者见智，目前用来评价机器翻译还为时尚早，操作起来也非常有难度。

需要注意的是，流利度与忠实度并没有必然的关系。有的译文虽然很流利，但是用忠实度来衡量可能会很差。比如下面的例子：

神经网络机器翻译技术及产业应用

> 英文原文：Smoking Free Area
>
> 中文译文：吸烟区域

"Smoking Free Area"中的"Free"并不表示可以"自由"地吸烟，而是"禁止吸烟"。类似的表达方式还有"Duty Free"（免税）等。对于上例，虽然中文译文流畅，但是与原文所表达的意思完全相反，忠实度非常差。

国家语言文字工作委员会于 2006 年发布了《机器翻译系统评测规范》[7]，对人工评价打分标准进行了规范，所采用的两个指标是忠实度（fidelity）和可懂度（comprehensibility）。实际上从指标描述来看，这里的可懂度属于"达"的范畴（见表 2-3）。

表 2-3　忠实度（左）与可懂度（右）打分标准

分数	忠实度 得分标准	分数	可懂度 得分标准
0	完全没有译出来	0	完全不可理解
1	译文中只有个别单词与原文相符	1	译文晦涩难懂
2	译文中有少数内容与原文相符	2	译文很不流畅
3	译文基本表达了原文的信息	3	译义基本流畅
4	译文表达了原文绝大部分信息	4	译文流畅但不够地道
5	译文准确完整地表达了原文信息	5	译文流畅且地道

以上两个指标从两个方面对机器翻译质量进行评价。在实际应用中，从这两个指标的数值上，人们仍然很难理解一个机器翻译系统所能达到的水平。人们通常会问"机器翻译的译文准确率是多少"，所期望的回答是一个百分比分数。因此，在上述规范中也给出了可理解度（intelligibility）的评分标准（见表 2-4）。基于这个标准，人们打分的时候采用 0~5 分打分，最后换算为百分制：

$$可理解度＝所有句子得分之和/(5×总句数)×100\%$$

表 2-4　可理解度评分标准

分数	得分标准	可理解度
0	完全没有译出来	0%
1	看了译文不知所云或者意思完全不对，只有小部分词语翻译正确	20%

分数	得分标准	可理解度
2	译文有一部分与原文的部分意思相符；或者全句没有翻译对，但是关键的词都孤立地翻译出来了，对人工编辑有点用处	40%
3	译文大致表达了原文的意思，只与原文有局部的出入，一般情况下需要参照原文才能改正译文的错误。有时即使无须参照原文也能猜到译文的意思，但译文的不妥明显是由于翻译程序的缺陷造成的	60%
4	译文传达了原文的意思，不用参照原文，就能明白译文的意思；但是部分译文在词形变化、词序、多义词选择、得体性等方面存在问题，需要进行修改。不过这种修改无须参照原文也能有把握地进行，修改起来比较容易	80%
5	译文准确流畅地传达了原文的信息，语法结构正确，除个别错别字、小品词、单复数、地道性等小问题外，不存在很大的问题，这些问题只需进行很小的修改；或者译文完全正确，无须修改	100%

在人工评价时，为保证评价公平客观，通常由多名专家评分取平均值。人工评价的优点是能获得准确的评价结论，而缺点也比较明显，评价的成本非常高，需要相关语言、相关领域的专家，周期也比较长，通常需要花费几天的时间才能评价完成一个系统。如果对多个系统、多种语言进行评价，整体的评价成本会更高。

2.5.2 自动评价

自动评价是指根据人工设计的评价函数，用计算机自动进行打分的评价方式。与人工评价相比，自动评价成本低，可以快速得到评估结论。自动评价一般是语言无关的，即一个评价函数可以用来对任何一个翻译系统、任何语言之间的译文进行打分。因此，自动评价通常被用来在模型迭代、参数训练时观察翻译系统译文质量的变化，也被广泛用于机器翻译系统评测，如前文提到的 NIST、IWSLT、WMT、CCMT 举办的系统评测。我们首先介绍自动评价的基本原理，然后介绍几种常用的自动评价指标。

1. 基本原理

自动评价类似于考试，需要有试题，称为"测试集"（test set），包含一系列待翻译的源语言句子。要评判机器翻译质量的好坏，需要有"标准答案"，称为"参考译文"（reference）。参考译文由人类专家给出，即人工翻译测试集中的句子。由于一个句子常常有多种翻译方法，为了提高参考译文的多样性，通常请多位翻译专家独立给出参考译文，制作为参考译文的集合。

神经网络机器翻译技术及产业应用

机器翻译系统的考试，就是把"测试集"中的句子翻译出来，称为"机器译文"。自动评价的过程，就是将"机器译文"与"参考译文"进行对比，与"参考译文"越相近，则翻译质量越高。为此，需要设计一个评价函数来衡量"参考译文"和"机器译文"之间的匹配程度。一个好的评价函数能够较为准确地反映机器翻译系统的译文质量，并且与人工评价正相关，即人工评价质量高的译文，自动评价得分也应该高。机器翻译自动评价流程如图2-10所示。

图2-10 机器翻译自动评价流程

考试中为了考出比较好的成绩，人们常常需要做一些模拟题来作为考试前的练习。机器也不例外，它们需要通过模拟题来调节系统参数。这套模拟题称为"开发集"（development set）。机器在开发集上进行调参，然后在测试集上进行测试。开发集的参考译文随同原文一起提供，测试集的参考译文则通常不可见。这样开发集、测试集均可以多次使用。

2. 常用的自动评价指标

（1）WER

WER（Word Error Rate）即词错误率，是一种基于编辑距离（Levenshtein Distance）的评价指标。具体来说，在单词层面（word level）定义了三种操作：插入、删除、替换。基于这三种操作，最少通过多少步可以把机器译文变换为参考译文，这个变换步数就是编辑距离，可以通过动态规划算法计算。三种操作定义如下。

- 插入：参考译文中有的单词，而机器译文中没有，执行插入操作。
- 删除：机器译文中有的单词，而参考译文中没有，执行删除操作。
- 替换：机器译文和参考译文中对应位置的单词不同，执行替换操作。

WER通过下式计算：

$$\text{WER} = \frac{N_I + N_D + N_S}{N_{\text{ref}}} \tag{2-1}$$

其中，N_I 表示插入操作的次数，N_D 表示删除操作的次数，N_S 表示替换操作的次数，N_{ref} 表示参考译文中的单词个数。

WER 越小，意味着机器译文和参考译文越接近，说明翻译质量越高。而 WER 越大，则意味着需要更多步的变换才能把机器译文变换为参考译文，说明翻译质量越低。不过，WER 是一种比较简单的评价指标，在刻画词语调序、词语搭配等方面能力比较弱。

（2）BLEU

目前，机器翻译广泛采用的自动评价指标是 BLEU（BiLingual Evaluation Understudy）[8]，大部分机器翻译文献以及机器翻译评测中都将 BLEU 作为主要的评价指标。

BLEU 的计算公式如下：

$$\text{BLEU} = \text{BP} \times \exp\left(\sum_{n=1}^{N} W_n \log P_n\right) \tag{2-2}$$

下面分别解释其中各项的含义。

- P_n 是 BLEU 公式的核心部分，用来计算机器译文和参考译文的匹配程度。其中 P 是 Precision 的首字母，表示准确度。n 表示 n-gram，即连续出现的词的个数。比如"I"是 1-gram，"I eat"是 2-gram，"I eat an"是 3-gram，以此类推。P_n 的计算公式如下：

$$P_n = \frac{\sum_{C \in \{\text{Candidates}\}} \sum_{n\text{-gram} \in C} \text{Count}_{\text{clip}}(n\text{-gram})}{\sum_{C' \in \{\text{Candidates}\}} \sum_{n\text{-gram} \in C'} \text{Count}(n\text{-gram})} \tag{2-3}$$

其中，Candidates 是机器译文，C 表示机器译文中的每一个句子。Count（n-gram）表示机器译文中 n-gram 的个数（当 $n=1$ 时，实际就是机器译文中所有词的个数），而 $\text{Count}_{\text{clip}}$（$n$-gram）表示机器译文与参考译文匹配的 n-gram 的个数。

我们用表 2-5 中的例子来进一步说明。本例有 1 句原文（中文），2 句参考译文（英文），其中所有的英文单词都转换为小写字母。

表 2-5　中英翻译示例。其中对于中文句子，有 2 句参考译文

原文：	花园里有只鸟
参考译文_1：	a bird is in the garden
参考译文_2：	there is a bird in the garden
机器译文：	in garden there is a bird

对于机器翻译系统产生的译文，表 2-6 列出了 1-gram ～ 4-gram 的统计数据。以 2-gram 为例，系统产生的译文包含 5 个 2-gram，其中有 3 个出现在参考译文中（匹配任何一个参考译文中的 2-gram 就可以），则 $P_2 = 3/5$。需要注意的是，随着 n 增大，P_n 的值急剧下降，因此对各个 n-gram 的精度采用了对数加权平均。一般而言，取 $N=4$，$W_n = \frac{1}{N}$。通常机器翻译系统 BLEU 得分指的就是在 $N=4$ 情况下根据 n-gram 匹配度计算得到的分数，记作 BLEU-4。

表 2-6 n-gram 准确率计算示例（n=1, 2, 3, 4）

n	n-gram	Count（n-gram）	Count$_{clip}$（n-gram）	P_n
1	in, garden, there, is, a, bird	6	6	6/6
2	in garden, garden there, there is, is a, a bird	5	3	3/5
3	in garden there, garden there is, there is a, is a bird	4	2	2/4
4	in garden there is, garden there is a, there is a bird	3	1	1/3

P_n 兼顾了准确度与流利度。1-gram 匹配的越多，则意味着被翻译出来的词汇越多，随着 N 的增大，连续匹配的词越多意味着译文越流畅。

- BP 项是 brevity penalty 的缩写，是长度惩罚项。在 P_n 的计算过程中，短的译文会占优势。例如，如果一个系统输出的译文是"there is a bird"，其 P_1 到 P_4 的得分都是 1（完全匹配了参考译文 2 的前半部分）。但是这个译文漏掉了"花园里"（in the garden）的翻译。为了对较短的译文进行惩罚，引入了长度惩罚因子 BP：

$$BP = \begin{cases} 1, & c > r \\ e^{1-\frac{r}{c}}, & c \leqslant r \end{cases} \tag{2-4}$$

其中，c 是机器译文的长度（即 1-gram 的总和），r 是参考译文的长度。如果机器译文长度小于参考译文的长度，意味着机器"偷工减料"，漏掉某些信息，则对其进行惩罚。如果有多个参考译文，则选择与机器译文长度最接近的那个参考译文计算长度。例如上例中，机器译文的长度是 6，参考译文 1 的长度是 6，参考译文 2 的长度是 7，则 $r=6$。

需要注意的是，P_n 和 BP 的计算都是在整个测试集上进行的，即统计测试集中

所有句子的 n-gram，然后计算 BLEU 得分。这意味着，BLEU 值是对整个测试集计算得到的，评估的是一个翻译系统在这个测试集上的表现，而不单看某一个句子翻译的好坏。也就是说，如果对测试集中每个句子分别计算 BLEU 再相加，则其和不等于在整个测试集上计算的 BLEU 值。

BLEU 值的取值在 0~1 之间。有时候，也将 BLEU 值换算为百分数表示。对于同一个测试集，不同系统的 BLEU 得分是可比的，可以依据 BLEU 得分高低来评价各个系统的译文质量，得分越高，意味着翻译质量越高。而如果测试集不同，则 BLEU 值是不可比的。例如，系统 1 在测试集 A 上的 BLEU 得分是 36.80，系统 2 在测试集 B 上的 BLEU 得分是 50.25，我们是否可以断定系统 2 就比系统 1 好？显然是无法得出这个结论的。这就像学生做了不同的考试题一样，不能对不同考试题上取得的成绩进行比较。

BLEU 值是通过对比机器译文和参考译文计算得到的，参考译文的质量、多样性等影响了 BLEU 得分。比如，参考译文数量越多、多样性越好，机器译文匹配的 n-gram 就越多，BLEU 值也就越高。这也反映了自动评价的一个缺点，由于人们无法穷举所有可能的参考译文，因此自动评价只能在一个有限集合（通常是 4 个 reference）中计算 n-gram 的匹配程度，匹配不上则计数为 0。试想对于"你好"这个句子，如果 4 个参考译文是"hello""how are you""how do you do""how are you doing"，而系统产生的机器译文是"hi"，它完全没有匹配到参考译文，其 BLEU 得分为 0，但是显然不能说这个译文是错误的。

即便是人类专家给出的译文，如果匹配不上参考译文的内容，BLEU 得分同样也会比较低。因此，虽然 BLEU 值的理论上限是 1，但是在实际系统中几乎不可能达到。

我们用一个具体例子来说明。表 2-7 显示了人工译文在 NIST2006 测试集上的 BLEU 得分。NIST2006 测试集包含 1664 个句子，每一句有 4 个参考译文，由 4 个不同的人类译员根据原文句子独立完成翻译。我们抽取其中一个人类译员的译文模拟机器产生的机器译文，用其余三个译文作为参考译文来计算 BLEU 得分。从表中可以看出，BLEU 值为 37.35~45.12。而人类译员给出的参考译文一般能达到 95% 以上的准确率。可以看出，只根据 BLEU 得分，很难直观地得出系统翻译质量的好坏。

表 2-7　人工译文的 BLEU-4 得分

待评估译文	参考译文	BLEU-4
Reference-1	Reference-2，3，4	45.12
Reference-2	Reference-1，3，4	39.53
Reference-3	Reference-1，2，4	41.22
Reference-4	Reference-1，2，3	37.35

（3）METEOR

BLEU 基于字符串的严格匹配，没有涉及语义层面。研究人员一直在试图寻找更优的评价方法。针对 BLEU 指标的缺点，研究人员提出了 METEOR（Metric for Evaluation of Translation with Explicit ORdering）指标[9]。

其主要改进点有：

- 在进行机器译文和参考译文单词匹配的时候，不仅使用精确匹配（两个单词完全一样），还引入了外部资源进行模糊匹配，包括提取单词词干（stem）进行匹配、同义词匹配等。这样的匹配策略考虑了语义信息。

- 给予召回率（Recall）更大的权重。召回率可以衡量机器译文单词对参考译文的覆盖程度。召回率越高，说明有更多的参考译文单词在机器译文中出现。

METEOR 的计算公式如下：

$$\text{METEOR} = F_{\text{mean}} \times (1 - \text{Penalty}) \tag{2-5}$$

其中，F_{mean} 是单词召回率和准确率的调和平均数，计算如下：

$$F_{\text{mean}} = \frac{10 \times \text{Recall} \times \text{Precision}}{\text{Recall} + 9 \times \text{Precision}} \tag{2-6}$$

F_{mean} 仅考虑了单词级别的匹配程度。为了鼓励连续单词的匹配，引入了一个惩罚项 Penalty：

$$\text{Penalty} = 0.5 \times \frac{N_{\text{chunk}}}{N_{\text{matched\_unigram}}} \tag{2-7}$$

其中，N_{chunk} 是机器译文与参考译文匹配的语块（chunk）的个数，一个语块是由位置连续的单词构成的词串。$N_{\text{matched\_unigram}}$ 是机器译文与参考译文匹配的单词个数。例如机器译文是 "This is a red desk"，参考译文是 "This is the red desk"，则有两个匹配的语块"This is"和"red desk",共 4 个匹配的单词,则 Penalty = 0.5 × $\frac{2}{4}$ = 0.25。

考虑极端的情况,如果机器译文和参考译文完全匹配,那么匹配的语块个数是 1,此时惩罚力度就很小$\left(\text{Penalty} = 0.5 \times \frac{1}{N_{\text{matched\_unigram}}} \right)$。如果匹配的语块个数等于匹配的单词个数,意味着匹配的单词位置都不连续,此时惩罚力度就很大(Penalty = 0.5)。

实验显示[9],与 BLEU 相比,METEOR 与人工评价相关性更强。但是由于引入了外部资源来计算单词匹配,METEOR 的复杂度更高。同时其公式中的权重来自经验值,在具体使用中也增加了不确定性。

(4) BERTScore

近年来,基于神经网络的大规模预训练模型[⊖]发展迅速。其中一个主要特点是将单词进行向量化表示,通过大规模数据训练使得模型学习深层次语义表示。这促进了基于语义的评价方法的研究,本节介绍其中一种典型方法。文献 [10] 基于预训练模型 BERT[11] 提出了一种评价指标 BERTScore,其主要思想是利用大规模预训练得到的词向量,计算机器译文和参考译文的相似程度。图 2-11 展示了 BERTScore 计算示例。

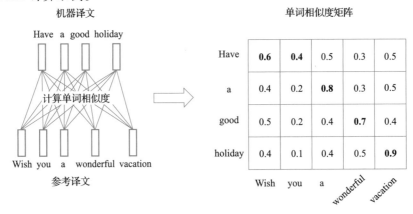

图 2-11　BERTScore 计算示例

⊖ 本书第 5 章将对预训练模型做介绍。

对于源语言句子 $x = \{x_1, \cdots, x_I\}$，假设机器译文是 $\hat{y} = \{\hat{y}_1, \cdots, \hat{y}_M\}$，参考译文 $y = \{y_1, \cdots, y_K\}$，BERTScore 的计算过程如下：

1）利用预训练模型将句子中的每个单词映射为词向量 $E_{\hat{y}} = \{E_{\hat{y}_1}, \cdots, E_{\hat{y}_M}\}$，$E_y = \{E_{y_1}, \cdots, E_{y_K}\}$；

2）基于词向量，计算机器译文和参考译文任意两个词的余弦相似度。这一步可以得到一个词语相似度矩阵，记录了机器译文中的每一个词与参考译文中每一个词的相似度得分；

$$\mathrm{sim}(E_{y_k}, E_{\hat{y}_m}) = \frac{E_{y_k}^{\mathrm{T}} E_{\hat{y}_m}}{\|E_{y_k}\| \|E_{\hat{y}_m}\|} \tag{2-8}$$

其中，$1 \leqslant m \leqslant M$，$1 \leqslant k \leqslant K$。

3）根据相似度，计算召回率、准确率以及 F 值。对于召回率，遍历参考译文中的单词，查找相似度矩阵（如图 2-11 所示）每一列的最大值，相加并除以参考译文的长度。对于准确率，遍历机器译文中的单词，查找相似度矩阵每一行的最大值，相加并除以机器译文的长度。

$$\mathrm{Recall} = \frac{\sum_{y_k \in y} \max_{\hat{y}_m \in \hat{y}} \mathrm{sim}(E_{y_k}, E_{\hat{y}_m})}{|y|} \tag{2-9}$$

$$\mathrm{Precision} = \frac{\sum_{\hat{y}_m \in \hat{y}} \max_{y_k \in y} \mathrm{sim}(E_{y_k}, E_{\hat{y}_m})}{|\hat{y}|} \tag{2-10}$$

$$F_{\mathrm{score}} = 2 \times \frac{\mathrm{Recall} \times \mathrm{Precision}}{\mathrm{Recall} + \mathrm{Precision}} \tag{2-11}$$

进一步地说，可以给每个单词赋予一个权重来计算加权分数。研究表明，低频词通常比高频词在句子中起到的作用更大。例如可以使用逆向文档频率（IDF）来赋予每个单词权重，在计算召回率、准确率的时候进行加权求和。

此方法利用词向量来衡量两个句子之间的相似度，一定程度上反映了语义信息，比硬匹配的策略前进了一步。但此方法依赖预训练模型，不同的预训练模型得到的打分不一样。在比较不同的系统时，需要使用同一个预训练模型打分。

2.5.3 面向产业应用的评价

除了上面介绍的评价方式和指标外，在面向产业应用时，还有其他常用的一些评价方法。

1. 对比评价

在实际应用中，机器翻译系统经常需要迭代升级，此时需要评价新的模型是否优于原来的模型。通常的做法是，首先使用自动评价方式对模型进行自动打分，当自动评价指标有显著提升时，意味着新的模型翻译质量比旧模型好。然而，自动评价指标有时有偏差，需要进一步依靠人工评价以获得更准确的评估结果。如前文介绍，依靠人工对译文进行打分（如忠实度、流利度、可理解度等）需要耗费比较大的成本。这种情况下，可以采用对比评价的方式。

具体而言，对新、旧两个模型的译文进行对比，如果新模型的译文比旧模型好，则记 1 分；如果新模型的译文比旧模型差则记-1 分；两者相当则记 0 分。最后将所有测试句子的得分相加，如果得分为正，则说明新模型优于旧模型，得分越高则说明提升越明显。为了提升评分效率，可以将测试集中新、旧两个模型产生的同样译文的句子自动去掉，仅评价两个模型产生不同译文的句子。

相比于对新、旧两个模型结果独立进行人工评价打分，直接对比两个系统的结果进行打分的工作量和操作难度都降低不少，能够快速地得到评估结论。此外，这种评价方式也适用于对两个系统进行快速比较和排序。

2. 用户反馈

对于评价机器翻译系统的优劣，用户是最有发言权的。听取和收集用户的反馈意见有助于发现问题、改进模型。举例来说，对于英文数字"3.6 million USD"，通常翻译为"360 万美元"。而在金融领域，常用的翻译方式是"3.6 百万美元"。这种情况下，应该充分理解系统的应用场景和领域，按照用户需求来优化翻译模型。

除了直接跟用户交流获得反馈意见外，也可以通过网络公开渠道获取用户反馈。如前文所述，对于一些机器翻译系统生成的错误译文、搞笑译文，用户经常会在网络上进行传播，通过收集此类信息，可以及时对机器翻译模型进行优化。

3. 流量分析

通过设置流量监控可以自动地发现异常。例如突然的流量激增、同一段内容被反复翻译等，可能意味着翻译模型出现错误，导致大量用户反复验证、传播。

神经网络机器翻译技术及产业应用

通过观察流量波动，进而分析具体的翻译内容，可以进一步定位问题，优化系统。

此外，在产业应用时，除了关注翻译质量外，系统性能如翻译速度、内存占用等也是重要的衡量指标。本书将在第4章着重讨论高性能机器翻译。

参考文献

[1] SENNRICH R，FIRAT O，CHO K H，et al. Nematus：A toolkit for neural machine translation ［C］//Proceedings of the Software Demonstrations of the 15th Conference of the European Chapter of the Association for Computational Linguistics. Valencia：EACL，2017：65-68.

[2] PHILIPP K，REBECCA K. Six challenges for neural machine translation ［C］//Proceedings of the First Workshop on Neural Machine Translation. Stroudsburg：ACL，2017：28-39.

[3] PETER F B，JOHN C，STEPHEN A，et al. A statistical approach to machine translation ［J］. Computational linguistics，1990，16（2）：79-85.

[4] FAN A，BHOSALE S，SCHWENK H，et al. Beyond English-centric multilingual machine translation ［J］. Journal of Machine Learning Research，2021，22（1）：4839-4886.

[5] ARIVAZHAGAN N，BAPNA A，FIRAT O，et al. Massively multilingual neural machine translation in the wild：findings and challenges ［J］. arXiv preprint，2019，arXiv：1907. 05019.

[6] KOEHN P，KHAYRALLAH H，HEAFIELD K，et al. Findings of the WMT 2018 shared task on parallel corpus filtering ［C］//Proceedings of the Third Conference on Machine Translation （WMT）. Belgium：ACL，2018：726-739.

[7] 国家语言文字工作委员会. 机器翻译系统评测规范：GF 2006 ［S］. 北京：中华人民共和国教育部，2006.

[8] PAPINENI K，ROUKOS S，WARD T，et al. BLEU：A method for automatic evaluation of machine translation ［C］//Proceedings of the 40th Annual Meet-

ing of the Association for Computational Linguistics. Philadelphia: ACL, 2002: 311-318.

[9] BANERJEE S, LAVIE A. METEOR: An automatic metric for MT evaluation with improved correlation with human judgments [C]//Proceedings of the ACL Workshop on Intrinsic and Extrinsic Evaluation Measures for Machine Translation and/or Summarization. Ann Arbor: ACL, 2005: 65-72.

[10] ZHANG T Y, KISHORE V, WU F, et al. BERTScore: Evaluating text generation with BERT [C]// Proceedings of the International Conference on Learning Representations(ICLR 2020). Ithaca: arXiv, 2020, arXiv:1904.09675.

[11] DEVLIN J, CHANG M W, LEE K, et al. BERT: pre-training of deep bidirectional transformers for language understanding [C]//Proceedings of the 2019 Conference of the North American Chapter of the Association for Computational Linguistics: Human Language Technologies. Minneapolis: NAACL-HLT, 2019: 4171-4186.

神经网络机器翻译技术及产业应用

第 **3** 章

神经网络机器翻译

近年来，神经网络机器翻译（NMT）的发展可谓突飞猛进。2013年，文献［1］提出了一种基于神经网络的翻译模型，其特点是所有词语均使用连续向量表示，这与统计机器翻译模型直接使用单词本身（离散表示）有很大不同。该模型通过卷积神经网络将源语言文本映射为连续向量，然后基于循环神经网络生成目标语言文本。2014年，Jacob等人[2]尝试把神经网络语言模型加入传统的统计机器翻译模型以提升翻译质量。同年，基于循环神经网络的端到端翻译模型被提出[3-4]。神经网络机器翻译中发挥重要作用的注意力机制，便是这一时期的研究成果，后来被广泛应用于神经网络机器翻译模型中，乃至发展出来了全部基于注意力机制的模型Transformer[5]，成为当前神经网络机器翻译的主流模型。

在神经网络机器翻译发展初期，虽然效果初现端倪，但是还面临许多问题和挑战，如词表小导致未登录词无法翻译、模型复杂度高导致解码速度慢等。彼时，对于这一方法的有效性，人们还保持着谨慎乐观的态度。不过统计机器翻译发展初期近十年的沉寂期并未在神经网络机器翻译上重新上演，在翻译模型、网络结构、解码算法等方面的一系列技术突破使得神经网络机器翻译模型迅速得到大规模产业化应用。2015年5月20日，百度发布了互联网神经网络机器翻译系统。2016年9月28日，谷歌也发布了神经网络机器翻译系统。在国际机器翻译研讨会WMT举办的评测中，2015年仅有1个神经网络机器翻译系统参加评测，而到了2017年，几乎所有参加评测的系统都是神经网络机器翻译系统。短短几年时间，无论是在学术界还是工业界，神经网络机器翻译迅速取代了统计机器翻译持续二十多年的统治地位。

如绪论中介绍，将神经网络的方法用在机器翻译任务上并非最近才提出。早在20世纪90年代，人们就已经开展这方面的研究。经过相当长一段时间的酝酿之后，神经网络机器翻译迎来了发展的春天。近年来神经网络机器翻译的崛起有其必然性：

第一，近年来，神经网络模型无论在理论研究还是实际应用方面均取得大幅进展，使得人们看到了其巨大潜力并尝试将其应用于自然语言处理领域，而机器翻译恰是自然语言处理的典型任务。因此，人们开展了将神经网络引入机器翻译的研究。

第二，机器翻译领域长期积累的大数据为充分训练神经网络模型提供了数据基础。如第 2 章介绍，统计机器翻译依靠大规模高质量双语平行语料训练，这些数据可以直接用来训练神经网络模型而无须重新收集或者做进一步特殊处理。

第三，算力的提升使得计算机可以进行复杂网络模型的高效训练和推理。神经网络模型参数量大，涉及大量的数值运算，这对芯片处理能力提出了很高的要求。与之相适应地，人工智能芯片技术发展迅速，无论是国际上还是国内的大公司，纷纷加入研制高性能人工智能芯片的战场，为训练大规模神经网络提供了有力的算力支持。

第四，丰富的神经网络开源工具和平台大幅降低了门槛。绪论中提到，机器翻译领域有着良好的开源传统，早在统计机器翻译时期就涌现出大批优秀的开源工具。在神经网络机器翻译发展初期，研究人员就开源了一系列模型和工具，极大地促进了技术进步。随后，各大公司纷纷开源工业级的深度学习平台，使得无论是学术研究还是工业级系统开发都可以在已有最新的成果上快速开展。

第五，统计机器翻译经过长期发展，逐渐触及天花板，原有框架下的修修补补已无法带来显著的性能提升，迫切需要革新性的范式。

在此背景下，神经网络机器翻译的兴起可谓恰逢其时。由于正处于研究和应用蓬勃发展的阶段，在本书写作的同时，新的方法和模型持续涌现，可谓百花齐放，百家争鸣。受到所掌握文献资料和章节篇幅的限制，不能一一详细介绍所有的方法。因此，本章着重介绍神经网络机器翻译的基本原理和典型网络结构。

3.1 概述

机器翻译的任务是将一种语言（源语言）转换为另外一种语言（目标语言），也即把由字符组成的一个序列（sequence）转换为另外一个序列。因此，机器翻译可以看作一种序列到序列（sequence-to-sequence）的转换任务。

假设源语言句子是由 I 个词组成的序列 $x=\{x_1, x_2, \cdots, x_I\}$，其对应的目标语言序列由 J 个词组成，即序列 $y=\{y_1, y_2, \cdots, y_J\}$，则机器翻译可以由下式表示：

$$\widetilde{y} = \mathrm{argmax} P(y \mid x) \tag{3-1}$$

即从所有可能的候选译文中，选择概率最高的译文输出。对上式采用不同的数学建模方法，就产生了不同的翻译模型。

图 3-1 展示了一个中英翻译的例子。神经网络机器翻译将其建模为如下过程：首先将源语言序列映射为一个向量，这一过程称为编码；然后，根据此向量，逐个产生目标词，已经产生的目标词作为历史信息一起参与后续目标词的生成，直到目标句子生成完毕，这一过程称为解码。由此可以看出，神经网络机器翻译包含两大组成部件——编码器和解码器。设计不同的神经网络结构实现编码和解码过程，就衍生出不同的神经网络机器翻译模型。

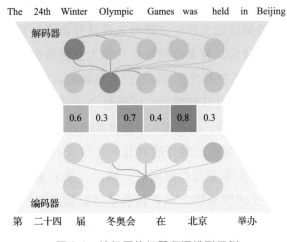

图 3-1　神经网络机器翻译模型示例

作为对比，我们简单介绍统计机器翻译[6] 的基本原理⊖。如图 3-2 所示，统计机器翻译包含多个模型组件，这些组件是人工设计的特征函数，典型的特征函数有翻译模型、调序模型、语言模型等。这些特征函数（或模型组件）通过大量数据训练得到，例如使用双语平行语料训练翻译模型和调序模型，使用目标语言单语语料训练语言模型等。一般情况下，使用对数线性模型融合这些特征函数，并通过参数训练赋予每个特征函数不同的权重。最后通过解码算法，将源语言翻译为目标语言。

⊖　关于统计机器翻译的原理和技术，已有大量参考文献可供查阅，本书仅做简要介绍。

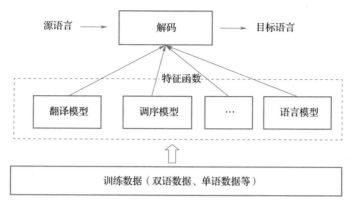

图 3-2　统计机器翻译模型示例

无论是统计机器翻译还是神经网络翻译模型，均是数据驱动的方法，即模型可以从大量的数据中学习翻译知识。而对翻译过程的不同建模方式，成为这两种方法的根本区别。打个比方来说，统计机器翻译类似我们常规地学习外语的方法，背单词、学语法等，把翻译过程拆解成一个一个的模块；而神经网络机器翻译则无须做这样的拆解，直接通过大量的"阅读"双语平行语料，从中学习到所需的翻译知识。

具体而言，神经网络机器翻译的优势表现在如下方面：

第一，神经网络机器翻译模型的建模过程可以更好地利用全局信息，首先读入源语言句子，并利用神经网络对句子整体进行抽象化表示。这一过程非常类似于人类翻译，在对句子整体理解的基础上进行翻译，可以更好地利用上下文信息生成流畅准确的译文。而统计机器翻译的工作方式是，将翻译分解为具有不同功能的组件，各个组件独立且功能单一，虽利用对数线性模型进行整合，但缺乏整体上的统一性，难以利用全局信息。

第二，神经网络机器翻译重点在于如何设计更优的神经网络，更好地对语言进行抽象表示。其中，字、词、句等语言单位都以高维向量的形式进行运算和传递。而统计机器翻译模型偏重特征工程，需要依靠经验人工设计特征函数，常用的特征函数仅 10 个左右，难以较全面地刻画和覆盖语言现象。

第三，神经网络机器翻译从原始训练数据（双语平行语料）中直接学习词汇的语义表示并建立不同语言之间的映射关系，无须人工设计特征，所以也被称为端到端（end-to-end）的翻译方式。而统计机器翻译的各个组件（特征函数）都需要分别进行训练，过程复杂烦琐。

本章首先介绍基本的基于循环神经网络的机器翻译模型，并在此基础上，进一步介绍神经网络机器翻译的重要组成部分，如双向编码、注意力机制等；然后介绍基于卷积神经网络的机器翻译模型，对比循环神经网络，卷积神经网络增强了模型的并行处理能力；接下来介绍基于完全注意力机制的神经网络翻译模型Transformer，该模型自提出之后，因其出色的表现迅速成为主流的神经网络模型，广泛应用于自然语言处理、语音处理、计算机视觉等领域；之后介绍非自回归翻译模型，该模型因在并行处理方面具有优势而受到关注，不足之处是其牺牲了一定的翻译质量；最后介绍如何基于开源平台搭建一个神经网络机器翻译系统。

3.2 基于循环神经网络的模型

循环神经网络（Recurrent Neural Network，RNN）被广泛应用于处理时序序列任务，如语言模型、序列标注等。其基本结构如图3-3所示。

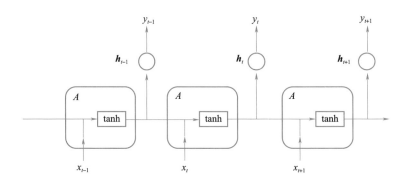

图 3-3　循环神经网络示例

其中 x_t 表示时刻 t 的输入，y_t 表示输出，h_t 表示隐状态（hidden state），A 表示循环单元。用公式表示如下：

$$\boldsymbol{h}_t = g(\boldsymbol{h}_{t-1}, x_t, \theta) \tag{3-2}$$

t 时刻的隐状态 $\boldsymbol{h}_t$ 表示为上一时刻的隐状态 $\boldsymbol{h}_{t-1}$ 与当前时刻的输入 x_t 的函数，θ 是参数。图 3-3 中列出的是双曲正切函数 tanh，当然也可以用其他函数，比如 sigmoid 函数。如此随着时间的推移，可以循环计算，逐步产生目标序列直到结束。这也是循环神经网络名称的由来。

Bahdanau 等人[3] 在 2014 年的论文"Neural machine translation by jointly learning to align and translate"中，基于 RNN 提出了联合训练词对齐与翻译模型的方法，其主要思想如双向编码、注意力机制[⊖]等成为神经网络机器翻译模型的重要组成部分。我们首先介绍基于 RNN 的基本模型，然后详细介绍 Bahdanau 等人的工作。

3.2.1　基本模型

以中文到英文的翻译为例，图 3-4 描述了基于 RNN 的基本翻译模型原理。

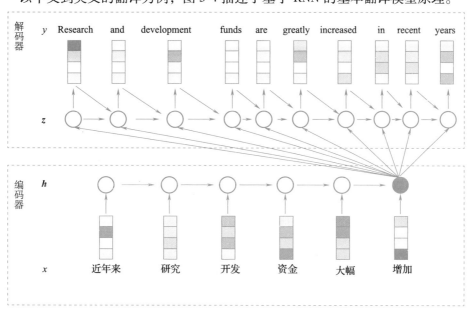

图 3-4　基于 RNN 的基本翻译模型

───────────────

⊖　虽然 Bahdanau 等人在论文中没有正式使用注意力（attention）这一称呼，但是其所使用的对齐（align）实际上就是一种注意力机制。

在编码器端，$x=\{x_1,x_2,\cdots,x_{T_x}\}$是输入的中文句子。在神经网络机器翻译模型中，所有单词都用高维向量来表示，称为词向量。为了方便说明，示例中向量的维度是4，每一维的数值以不同深浅的方块颜色来表示。隐状态 $\boldsymbol{h}$ 的计算如下：

$$\boldsymbol{h}_t = f(\boldsymbol{h}_{t-1}, x_t, \theta) \tag{3-3}$$

其中，函数 f 可以有不同的实现形式，在 3.2.4 节进行详细介绍。每一个时刻 t，隐状态 $\boldsymbol{h}_t$ 都包含了前一个隐状态 $\boldsymbol{h}_{t-1}$ 以及当前输入 x_t 的信息。当编码进行到最后一个时刻时，理论上，最后时刻的隐状态 $\boldsymbol{h}_{T_x}$（图 3-4 中深色圆点）就包含了整个源语言句子的信息。这样编码器就完成了将源语言句子转换为一个向量表示，记作 $\boldsymbol{c}$：

$$\boldsymbol{c} = q(\{\boldsymbol{h}_1, \boldsymbol{h}_2, \cdots, \boldsymbol{h}_{T_x}\}) \tag{3-4}$$

本例中，$q(\{\boldsymbol{h}_1, \boldsymbol{h}_2, \cdots, \boldsymbol{h}_{T_x}\}) = \boldsymbol{h}_{T_x}$，即用最后一个隐状态向量表示整个源语言句子。

在解码器端，根据源语言向量 $\boldsymbol{c}$，依次产生目标语言单词，并且将已经产生的目标单词作为历史信息加入后续解码，直到整个句子产生完毕（在解码过程中，如果当前状态产生的目标单词是句子结束符号〈EOS〉，即 End-Of-Sentence，则解码结束）。形式化表示如下：

$$p(y) = \prod_{t=1}^{T_y} p(y_t \mid \{y_1, \cdots, y_{t-1}\}, \boldsymbol{c}) \tag{3-5}$$

为了计算当前产生的目标单词 y_t，首先计算当前时刻的隐状态 $\boldsymbol{z}_t$：

$$\boldsymbol{z}_t = g(\boldsymbol{z}_{t-1}, y_{t-1}, \boldsymbol{c}) \tag{3-6}$$

与编码器类似，解码器的隐状态也是逐步向后传递，在计算当前时刻隐状态时，用到了前一时刻的隐状态 $\boldsymbol{z}_{t-1}$，前一时刻产生的目标单词 y_{t-1}，以及源语言句子的向量 $\boldsymbol{c}$。

然后使用 softmax 函数计算目标单词 y_t 的概率：

$$p(y_t \mid \{y_1, \cdots, y_{t-1}\}, \boldsymbol{c}) = \frac{\exp(e_k)}{\sum_j \exp(e_j)} \tag{3-7}$$

其中，$e_k = y_k^{\mathrm{T}} z_t + b_k$，$y_k$ 与当前隐状态 z_t 相似程度越高，则得分越大。通过式（3-7）可以输出当前概率最大的单词作为目标单词 y_t。解码器顺序产生目标句子单词，直到遇到结束符号 EOS，即 $y_t = \langle EOS \rangle$，解码完毕。

以上介绍了基于循环神经网络的基本模型。该模型在利用上下文信息、长句翻译等方面还存在不足。为了克服这些缺点，Bahdanau 等人提出了改进方案。下面进行详细介绍。

3.2.2 双向编码

编码器的主要作用是将源语言句子进行向量化表示。基本的 RNN 翻译模型将最后时刻的隐状态作为源语言句子的表示。虽然从理论上来讲，随着各状态在 RNN 网络中的传递，最后的隐状态包含了前面所有时刻的信息。但是，实际上信息传递是有衰减的。距离最后一个状态越远，信息传递的路径越长，则衰减越厉害。这就意味着，句子开始的部分，在最后时刻隐状态中的信息将所剩无几。

为了缓解这一问题，Bahdanau 等人在论文中提出了双向编码的思想，即从句子开始位置到结束位置进行一次正向编码，同时也从句子结束位置到开始位置进行一次反向编码，然后把每个时刻得到的隐状态拼接起来。如图 3-5 所示，将正向编码的隐状态表示为 $\vec{h} = \{\vec{h}_1, \vec{h}_2, \cdots, \vec{h}_{T_x}\}$，反向编码的隐状态表示为 $\overleftarrow{h} = \{\overleftarrow{h}_1, \overleftarrow{h}_2, \cdots, \overleftarrow{h}_{T_x}\}$，则在时刻 t 的隐状态向量为正反两个方向隐状态拼接而成，$h_t = [\vec{h}_0, \overleftarrow{h}_t]$。其中正向编码向量 $\vec{h}_t$ 表示从句子开始位置到时刻 t 的信息，而反向编码向量 $\overleftarrow{h}_t$ 表示从句子结束位置到时刻 t 的信息。因此，在双向编码中，任意时刻的隐状态都包含了整个源语言句子的信息。

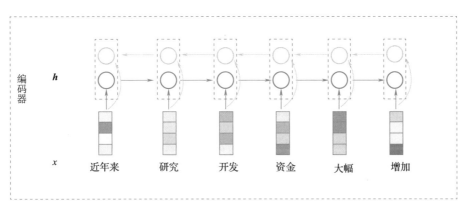

图 3-5　双向编码器

3.2.3 注意力机制

在基本的 RNN 翻译模型中，编码器将源语言句子表示为一个向量（最后一个隐状态）。在解码过程中，这个向量是固定不变的。这就意味着，所有的目标单词都是基于这个向量产生。换句话说，这个源语言句子向量对所有目标单词的贡献是均等的。而实际上，目标句子中的单词与源语言句子中的单词有着对应关系。比如，在图 3-6 的例子中，目标句子中的译文"recent years"所对应的源语言句子中的单词是"近年来"，源语言句子中其他部分与"recent years"没有强烈的对应关系。如果能将这种对应关系刻画出来，将有利于提升翻译质量。这种对应关系是统计机器翻译的重要组成部分，称为词语对齐（word alignment）。它在神经网络机器翻译中被赋予一个新的名称——注意力（attention）。其实二者所描述的是同一件事情，即源语言句子与目标语言句子中单词之间的对应关系。

图 3-6　统计机器翻译中的词语对齐

如图 3-7 所示，引入注意力机制后，在计算 t 时刻目标端隐状态 z_t 时，首先要计算此时刻下的源语言句子向量 c_t。而 c_t 是由源语言句子各隐状态加权求和得到的，权重 a_{tj} 描述了 t 时刻目标端单词与源语言单词 j 的对应关系的强弱程度。例如在例子中，"development"对应到"开发"，则其对应的权重 a_{t3} 就大一些。

t 时刻表示源语言句子的向量由式（3-8）计算：

$$c_t = \sum_{j=1}^{T_x} a_{tj} \boldsymbol{h}_j \tag{3-8}$$

各权重利用 softmax 进行归一化，即：

$$a_{tj} = \frac{\exp(e_{tj})}{\sum_{k=1}^{T_x} \exp(e_{tk})} \tag{3-9}$$

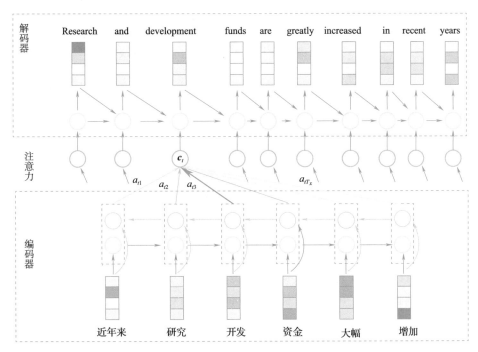

图 3-7　引入注意力机制的神经网络翻译模型

其中，e_{ij} 表示连接编码器状态 $\boldsymbol{h}_j$ 和解码器状态 $\boldsymbol{z}_t$ 的能量值，由解码器端上一个隐状态 $\boldsymbol{z}_{t-1}$ 以及源语言句子对应的隐状态 $\boldsymbol{h}_j$ 计算得到，即 $e_{ij}=f(\boldsymbol{z}_{t-1}, \boldsymbol{h}_j)$。函数 $f(\cdot)$ 可以有不同的实现方式。在论文中，用前馈神经网络实现，即：

$$e_{tj}=V^{\mathrm{T}}\tanh(W\boldsymbol{z}_{t-1}+U\boldsymbol{h}_j) \tag{3-10}$$

其中，V、W、U 是参数，$\tanh(\cdot)$ 是激活函数。

　　注意力机制是神经网络机器翻译模型的重要组成部分，与统计机器翻译中的词语对齐是一脉相承的。词语对齐刻画了单词之间的对应关系，是一种硬对齐（hard alignment），两个单词之间要么存在互译关系，要么不存在互译关系。而注意力机制是一种软对齐（soft alignment），通过对单词之间的对应关系赋予不同的权重，从而更为灵活地刻画语言现象。如图 3-8 所示，将各权重进行可视化表示，权重大的颜色深，权重小的颜色浅，则可以比较直观地看出源语言单词和目标语言单词联系的强弱程度。

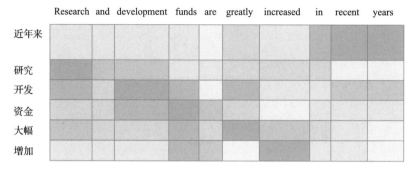

图 3-8　注意力机制下源语言和目标语言单词对应关系

相比于基本的 RNN 翻译模型，注意力机制最大的优点在于，改善了翻译模型对长句子的翻译效果。在基本的 RNN 翻译模型中，所有目标单词都依赖固定的源语言句子向量。随着句子长度的增加，信息在 RNN 中的传递衰减严重，固定向量无法准确地刻画源语言句子与目标句子单词粒度的对应关系，从而使得长句子翻译质量下降。注意力机制突破了句子长度的限制，在解码器产生当前目标单词的时刻，注意力机制使得模型集中在与当前目标词对应的源语言句子部分，与此无关的部分则以较小的贡献度参与解码。形象地说，基本的 RNN 模型如同扫视一遍源语言句子后，便依靠记忆开始翻译。而在注意力机制下，解码器每次生成目标单词，都重新审视一下源语言句子，把"注意力"集中在与当前目标词最相关的部分。

3.2.4　长短时记忆与门控循环单元

本节的开始介绍了 RNN 的构成。其循环单元采用了非线性函数，如 tanh 或者 sigmoid。基本的 RNN 网络具有结构简单的优点，但是缺点也非常明显。虽然从理论上来讲，每次循环单元的计算都考虑了上一时刻的隐状态信息，具备记忆历史信息的能力。但是实际上，这种基本的网络结构本质上是非线性函数的多次复合，信息在传递过程中随着时间的推移而迅速衰减，距离当前时刻越久远的信息，衰减越严重。因此，基本网络仅具有短时记忆（short term memory）能力。

我们可以将基本的 RNN 与传话游戏做一个类比，如图 3-9 所示。在传话游戏中，每一个人听到上一个人传来的信息，然后将其传递给下一个人。在多次传递

　神经网络机器翻译技术及产业应用

后，所传递的信息往往会逐渐"走样"，距离初始的意思越来越远。在这个例子中，初始的信息为"音箱"，经过3次传递后，变成了"影响"。同样，在RNN网络中，信息也会随着多次传递而衰减。

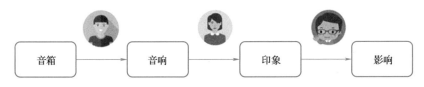

图 3-9   传话游戏中的信息传递错误

为了克服这一缺陷，研究人员提出了多种解决方案。其中主流的有两种，即长短时记忆（Long-Short Term Memory，LSTM）以及门控循环单元（Gated Recurrent Unit，GRU）。这两种方法对RNN中的循环单元做了优化设计。下面分别介绍。

1. LSTM

图 3-10 是一个典型的 LSTM 循环单元结构图，可以看到，与图 3-1 中基本的循环单元相比，其内部结构更加精细。主要改进点如下：

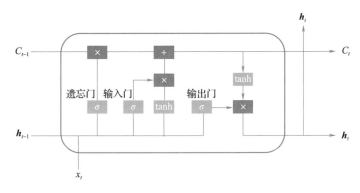

图 3-10   LSTM 循环单元结构（见彩插）

1）LSTM 的核心是引入了称为 cell 的记忆状态，标记为 C。在信息传递过程中，除隐状态外，记忆状态也会向后传递，如图 3-10 中红色线条所示。

2）进一步地说，引入了门（gate）的控制机制，使得信息流在传递过程中，各状态可以有选择性地记住某些重要信息，遗忘掉非重要信息，从而使得重要信息可以在长距离的传递中被有效保留，克服基本 RNN 网络中的短时记忆缺陷。设计了三种类型的门：遗忘门（forget gate）g^f，输入门（input gate）g^i，输出门（output gate）g^o。对于时刻 t，三种门的定义如下：

$$g_t^f = \delta(W_f[\boldsymbol{h}_{t-1};x_t]+b_f) \tag{3-11}$$

$$g_t^i = \delta(W_i[\boldsymbol{h}_{t-1};x_t]+b_i) \tag{3-12}$$

$$g_t^o = \delta(W_o[\boldsymbol{h}_{t-1};x_t]+b_o) \tag{3-13}$$

其中，W_f、b_f、W_i、b_i、W_o、b_o 分别是三个门的参数。可以看出，三种门的定义形式上是一致的，输入都是上一时刻的隐状态 $\boldsymbol{h}_{t-1}$ 以及当前时刻的输入信号 x_t。激活函数使用 sigmoid，通过不同的参数区分三种门的功能。sigmoid 函数值域为 [0, 1]，直观地理解，三种门相当于控制信息在传递过程中保留的程度。考虑两个极端的情况，当 sigmoid 输出等于 0 时，则信息通过该门后将被丢弃，反之当输出等于 1 时，则信息将被完全保留。

3）引入三种门后，信息传递如下：

a）记忆状态 C_t 的计算：

$$C_t = g_t^f \circ C_{t-1} + g_t^i \circ \widetilde{C}_t \tag{3-14}$$

当前记忆状态 C_t 由两部分信息计算得来，第一部分是上一个记忆状态 C_{t-1}，第二部分是当前时刻的信息状态 $\widetilde{C}_t$，这两部分信息的贡献大小受遗忘门和输入门控制。$\circ$ 表示向量按元素乘运算。

其中：

$$\widetilde{C}_t = \tanh(W_C[\boldsymbol{h}_{t-1};x_t]+b_C) \tag{3-15}$$

可以看到，$\widetilde{C}_t$ 的定义与基本 RNN 单元中的隐状态定义是一致的。

b）隐状态 $\boldsymbol{h}_t$ 的计算：

$$\boldsymbol{h}_t = g_t^o \circ \tanh(C_t) \tag{3-16}$$

LSTM 增强了循环神经网络信息传递的能力，减少了信息在长距离传递过程中的衰减，广泛应用于序列建模任务。其缺点是结构较为复杂，运算量大，导致训练和解码时空开销大。为了克服这一缺点，研究人员开发了多种变体，其中以 GRU 为代表。

2. GRU

门控循环单元（GRU）[7] 设计了两种类型的门：重置门（reset gate）g^r 和更

新门（update gate）g^z，定义如下：

$$g_t^r = \sigma(W_r[\boldsymbol{h}_{t-1}; x_t]) \tag{3-17}$$

$$g_t^z = \sigma(W_z[\boldsymbol{h}_{t-1}; x_t]) \tag{3-18}$$

其中，W_r 和 W_z 是参数，$\delta(\cdot)$ 是 sigmoid 激活函数。

隐状态计算如下：

$$\widetilde{\boldsymbol{h}}_t = \tanh(W[g_t^r \circ \boldsymbol{h}_{t-1}; x_t]) \tag{3-19}$$

$$\boldsymbol{h}_t = (1-g_t^z) \circ \boldsymbol{h}_{t-1} + g_t^z \circ \widetilde{\boldsymbol{h}}_t \tag{3-20}$$

其中，对于 t 时刻，重置门 g_t^r 控制 $t-1$ 时刻的隐状态 $\boldsymbol{h}_{t-1}$ 有多少信息量传递到 t 时刻，通过式（3-19）计算隐状态 $\widetilde{\boldsymbol{h}}_t$；式（3-20）通过更新门 g_t^z 对 $\boldsymbol{h}_{t-1}$ 和 $\widetilde{\boldsymbol{h}}_t$ 加权求和，得到最终 t 时刻隐状态 $\boldsymbol{h}_t$。

在 GRU 中，去掉了 LSTM 的记忆状态，同时门的个数减少为两个。结构的简化极大地降低了计算复杂度。而在实际任务中，GRU 的效果与 LSTM 也非常接近。因此 GRU 在序列建模任务中得到广泛应用。GRU 循环单元结构如图 3-11 所示。

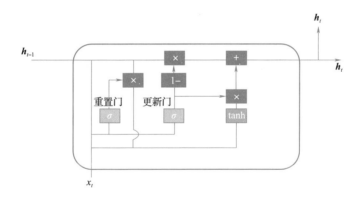

图 3-11　GRU 循环单元结构

3.3 基于卷积神经网络的翻译模型

如前所述，RNN 的链式结构可以很容易地处理序列建模任务，不过存在的一个问题是，当前时刻的状态需要依赖于前序状态，即状态的计算是按照一个接一个的顺序进行的，这使得 RNN 难以并行化。为此，研究人员试图使用卷积神经网络（Convolutional Neural Network，CNN）来对翻译进行建模。卷积神经网络是图像处理领域一种典型的神经网络结构，通过卷积运算可以从二维图像中有效地提取特征。具体到机器翻译任务，使用卷积神经网络，规定一个固定大小的窗口对句子中的词语进行建模，提高了并行能力。

Gehring 等人[8] 将卷积神经网络应用于机器翻译编码器，解码器仍然使用循环神经网络。具体而言，对于一个源语言句子序列 $x = \{x_1, x_2, \cdots, x_{T_x}\}$，在编码的时候，时刻 t 的隐状态信息从以 x_t 为中心向左右扩展 k 个词计算得到：

$$h_t = \frac{1}{k} \sum_{j=-\lfloor \frac{k}{2} \rfloor}^{\lfloor \frac{k}{2} \rfloor} E_{t+j} \qquad (3\text{-}21)$$

其中，k 为窗口大小，对应到卷积神经网络中就是卷积核（convolution kernel）的大小，E_t 表示 x_t 对应的向量表示。

图 3-12 展示了循环神经网络和卷积神经网络的隐状态计算过程。其中，卷积神经网络的窗口大小设定为 5，即 $k=5$。例如，h_3 根据向量 E_1、E_2、E_3、E_4、E_5 计算得到。此外，为了使得开始、结尾部分的状态计算也能够满足窗口大小的设定，需要在句子两头用特殊符号进行填充（图 3-12 中 E_0）。填充的个数为开头、结尾各 $k/2$ 个。

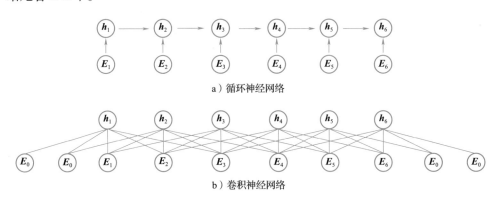

a）循环神经网络

b）卷积神经网络

图 3-12　两种神经网络的隐状态计算过程

可以看出，卷积神经网络的隐状态通过设定窗口内的局部上下文信息计算得到，各状态之间不存在顺序的传递关系，因此可以进行并行计算，而循环神经网络则需要顺序计算。在循环神经网络中，要建立 E_1 和 E_5 的关系需要经过 4 步状态传递。而在上例的卷积神经网络中，h_5 只与 E_3、E_4、E_5、E_6 以及额外补足的状态 E_0 有关系。那么，卷积神经网络能否对长距离建模，答案是肯定的。通过多层卷积堆叠，不仅能实现对长距离的建模，还能比循环神经网络效率更高。如图 3-13 所示，使用 2 层卷积就可以建立起 E_1 和 E_5 的联系。实际上，在 $k=5$ 的情况下，2 层卷积可以建立起窗口大小为 9 个词的联系。

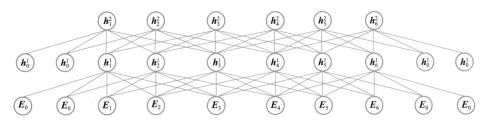

图 3-13　2 层卷积示例。其中 h_t^l 表示第 l 卷积层第 t 个隐状态

Gehring 等人[9] 对上述思想进行了进一步扩展，提出了完全基于卷积神经网络的序列到序列翻译模型。其主要模型如图 3-14 所示。

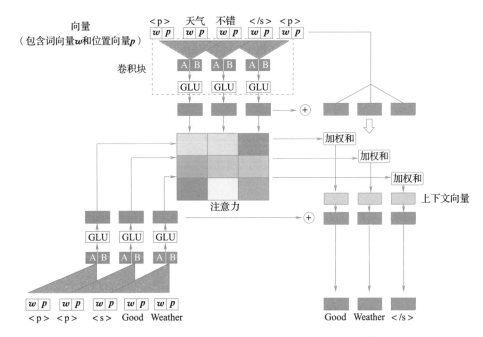

图 3-14　完全基于卷积神经网络的序列到序列翻译模型

1. 位置向量（Position Embedding）

在 RNN 中，由于对句子中的词进行顺序编码处理，位置信息是隐含的，因此无须额外对位置信息进行编码。而在 CNN 中，句子中的词都是经过相同卷积操作得到向量表示，词的位置信息无法体现出来。而位置信息对于刻画句子中词语之间的关系是非常重要的。为此，基于 CNN 的翻译模型中引入了位置向量，即将每个词在句子中的绝对位置也表示为向量。这样，对于输入序列 $x = \{x_1, \cdots, x_m\}$，对应有两个向量表示，词向量 $\boldsymbol{x}^w = \{x_1^w, \cdots, x_m^w\}$ 和位置向量 $\boldsymbol{x}^p = \{x_1^p, \cdots, x_m^p\}$。将两者相加作为输入，即 $\boldsymbol{E} = \{x_1^w + x_1^p, \cdots, x_m^w + x_m^p\}$。

2. 卷积块结构（Convolutional Block Structure）

定义了卷积块（或者称为卷积层，一个块就是一层网络），无论是编码器还是解码器，都使用卷积块来计算隐状态。一个卷积块包含一个 1 维卷积，以及一个门控线性单元（Gated Linear Unit，GLU）[10]。

对于输入向量 $\boldsymbol{E} = \{x_1^w + x_1^p, \cdots, x_m^w + x_m^p\}$，使用不同的参数进行 1 维卷积操作，得到两个向量 $\boldsymbol{A}$、$\boldsymbol{B}$：

$$A = EW^1 + b^1 \tag{3-22}$$

$$B = EW^2 + b^2 \tag{3-23}$$

将 $\boldsymbol{A}$、$\boldsymbol{B}$ 作为 GLU 的输入，计算得到输出向量：

$$v([\boldsymbol{A} \quad \boldsymbol{B}]) = \boldsymbol{A} \circ \sigma(\boldsymbol{B}) \tag{3-24}$$

当多个卷积块迭加形成深层网络时，引入残差链接：

$$\boldsymbol{h}_t^l = v\left(W^l\left[\boldsymbol{h}_{t-\frac{k}{2}}^{l-1}, \cdots, \boldsymbol{h}_{t+\frac{k}{2}}^{l-1}\right] + b_w^l\right) + \boldsymbol{h}_t^{l-1} \tag{3-25}$$

其中，$\boldsymbol{h}_t^l$ 表示第 l 层第 t 个状态，其由第 $l-1$ 层的 k 个隐状态经由卷积操作后再与 $\boldsymbol{h}_t^{l-1}$ 求和得到。

在解码器端，对最后一个卷积层的输出做 softmax 预测目标单词，其中 s 为解码器隐状态：

$$p(y_{t+1} \mid y_1, \cdots, y_t, x) = \text{softmax}(W_o \boldsymbol{s}_t^L + b_o) \tag{3-26}$$

3. 多步注意力机制（Multi-step Attention）

如前所述，注意力机制对于神经网络机器翻译至关重要。卷积神经网络翻译模型提出了多步注意力机制。

为了计算解码器第 l 层的注意力权重，对于时刻 t，将解码器当前状态 s_t^l 与目标单词词向量 y_t 求和，得到向量 d_t^l：

$$d_t^l = W_d^l s_t^l + b_d^l + y_t \qquad (3\text{-}27)$$

通过将 d_t^l 与编码器隐状态进行点乘并归一化，计算得到时刻 t 目标单词与源语言单词的注意力权重：

$$a_{tj}^l = \frac{\exp(d_t^l \cdot h_j^u)}{\sum_{j'=1}^{m} \exp(d_t^l \cdot h_{j'}^u)} \qquad (3\text{-}28)$$

其中，h_j^u 是编码器最后一层元素 j 的输出。

有了注意力权重以后，就可以计算 l 层的上下文向量，它是编码器最后一层的输出 h_j^u 与对应输入向量 E_j 的加权求和：

$$c_t^l = \sum_{j=1}^{m} a_{tj}^l (h_j^u + E_j) \qquad (3\text{-}29)$$

最后，将 c_t^l 与 s_t^l 加和作为第 $l+1$ 层网络的输入。

多步注意力机制使得每层计算的注意力都可以传递给下一层，解码器每一层都可以访问之前的上下文向量——有哪些词已经被"注意"过了。而在 RNN 中的传统的单步注意力机制，注意力计算是独立的，并无法向下传递。

Gehring 等人的实验表明，基于 CNN 的机器翻译模型在英语到罗马尼亚语、法语、德语等翻译方向上，翻译质量均超过了基于 LSTM 的翻译模型[11]，同时，在 GPU 上的解码速度提升了 10 倍左右。

使用卷积神经网络来做序列到序列的建模突破了 RNN 难以并行的限制，提升了模型的并行能力，同时也取得了较好的翻译效果。不过它很快被后续的全注意力模型 Transformer 超过。

3.4 全注意力模型

前文提到，注意力机制是神经网络翻译模型的重要组成部分。而 Vaswani 等人[5] 提出的全注意力模型可谓将注意力机制发挥到了极致，其论文题目也非常有

意思 "Attention Is All You Need"，充分强调了注意力机制的重要性。其所提出的网络结构——Transformer，只用到了注意力机制，完全摆脱了循环神经网络或者卷积神经网络的结构。Transformer 以其优异的性能迅速成为主流的网络结构，不仅在机器翻译任务上，在 NLP 其他任务，甚至在图像、语音领域也都表现出色。

3.4.1 基本思想

神经网络机器翻译的核心在于对源语言文本进行抽象表示，并基于该表示生成目标语言。传统的循环神经网络在进行抽象表示时，对序列中的词语顺序建模，当前时刻的状态依赖于前一时刻的状态，这样既无法并行计算，也不利于刻画长距离依赖关系。注意力机制建立了源语言和目标语言之间的对应关系。推而广之，在源语言（或者目标语言）文本内部，也可以通过注意力机制建立起单词之间的关系，从而充分利用上下文信息生成单词的向量表示。

如图 3-15 所示，词语"就医"与句子中其他词语的关系用深浅、粗细不同的线条表示。尽管词语"患者"与其距离较远，但是与"就医"的关联程度比其他词语更高。如果能够直接描述这种关系，就可以克服 RNN 基于时序建模的缺陷。与在源语言和目标语言之间建立的注意力机制不同的是，这种注意力是建立在同一种语言内部的，因此被称为自注意力机制（self-attention）。自注意力机制下，每个单词都直接与其他单词建立联系，联系的强弱程度由不同的权重来刻画。

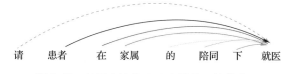

图 3-15   基于自注意力建立的单词依赖关系

Transformer 提出了一种称为"缩放点乘注意力"（scaled dot-product attention）的方法来计算权重。图 3-16 展示了其原理。

假设源语言句子含有 2 个词 $x=(x_1,x_2)$，其经过如下步骤映射为向量 $z=(z_1,z_2)$。

1）向量表示：源语言单词向量 x_i 被表示为 3 个独立的向量，query 向量 q_i，key 向量 k_i，value 向量 v_i，其中 q，$k \in R^{d_k}$，$v \in R^{d_v}$，d_k 和 d_v 分别表示 q、k 和 v 的维度大小。这三个向量分别通过词向量与三个不同的参数矩阵 W^q、W^k、W^v 相

神经网络机器翻译技术及产业应用

乘得到。

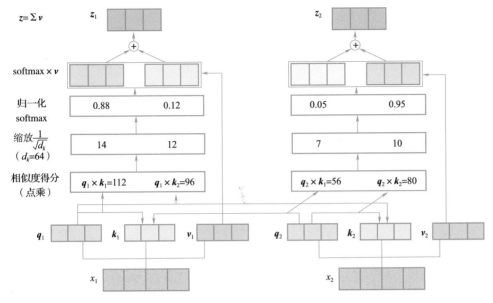

图 3-16　缩放点乘注意力原理图

2）计算相似度得分：通过将向量 q 与 k 点乘衡量两个向量的相似度。后续步骤中用来计算注意力权重。

3）缩放：使用 $\sqrt{d_k}$ 作为缩放因子。如果不进行缩放，在 d_k 取值较大的时候，相似度得分会非常大，导致 softmax 归一化时变化剧烈（梯度差异大）。为了消除这种影响，做了缩放处理。结合第 2）步和第 3）步，这正是"缩放点乘注意力"名字的由来。

4）归一化：利用 softmax 函数对第 3）步得到的数值进行归一化处理，从而可以从概率的角度解释每个词与其他词关系的紧密程度（权重）。

5）求和：将归一化后的权重与句子的 value 向量相乘，加权求和，得到每个单词的隐状态向量 z。

上述步骤公式化如下：

$$\text{Attention}(\boldsymbol{Q},\boldsymbol{K},\boldsymbol{V}) = \text{softmax}\left(\frac{\boldsymbol{Q}\boldsymbol{K}^{\text{T}}}{\sqrt{d_k}}\right)\boldsymbol{V} \tag{3-30}$$

其中，$\boldsymbol{Q}$、$\boldsymbol{K}$、$\boldsymbol{V}$ 是 query、key、value 的向量矩阵。为了多样化地描述注意力，作

者将上述机制进一步拓展为多头注意力（Multi-head Attention），相当于集成了多个缩放点乘注意力。

$$\text{MultiHead}(\boldsymbol{Q},\boldsymbol{K},\boldsymbol{V}) = \text{Concat}(\text{head}_1,\cdots,\text{head}_n)W^O \tag{3-31}$$

其中，$\text{head}_i = \text{Attention}(\boldsymbol{Q}\boldsymbol{W}_i^{\boldsymbol{Q}}, \boldsymbol{K}\boldsymbol{W}_i^{\boldsymbol{K}}, \boldsymbol{V}\boldsymbol{W}_i^{\boldsymbol{V}})$，$\boldsymbol{W}_i^{\boldsymbol{Q}} \in R^{d_{\text{model}} \times d_k}$，$\boldsymbol{W}_i^{\boldsymbol{K}} \in R^{d_{\text{model}} \times d_k}$，$\boldsymbol{W}_i^{\boldsymbol{V}} \in R^{d_{\text{model}} \times d_v}$，$\boldsymbol{W}^O \in R^{h_n d_v \times d_{\text{model}}}$。$h_n$ 表示头的个数，d_{model} 表示模型向量总的维度。在文献 [5] 中，基本模型（Transformer-base）设置为 $h_n = 8$，$d_k = d_v = d_{\text{model}}/h_n = 64$，大模型（Transformer-big）则设置为 $h_n = 16$，$d_{\text{model}} = 1024$。

上述方法在计算注意力时，没有考虑单词之间的位置关系。与基于 CNN 的翻译模型类似，Transformer 模型引入了位置编码（positional encoding）向量。论文中给出了一种基于三角函数进行位置编码的方法：

$$\text{PE}_{(\text{pos},2i)} = \sin\left(\frac{\text{pos}}{10\,000^{\frac{2i}{d_{\text{model}}}}}\right) \tag{3-32}$$

$$\text{PE}_{(\text{pos},2i+1)} = \cos\left(\frac{\text{pos}}{10\,000^{\frac{2i}{d_{\text{model}}}}}\right) \tag{3-33}$$

其中，pos 表示句子中单词位置，i 表示向量中的位置索引。$\text{PE}_{(\text{pos},2i)}$ 表示句子中第 pos 个位置在向量中第 $2i$ 个位置的值。相应地，$\text{PE}_{(\text{pos},2i+1)}$ 表示第 $2i+1$ 的值。这样定义的一个好处是，对于每一个位置，其位置编码可以由公式直接计算，无须训练。此外，增加了模型的鲁棒性，即可以计算任意序列的位置编码而不受训练数据中句子长度的限制。最终，位置编码向量和词向量按位相加（其维度大小一致），作为注意力网络的输入。

3.4.2 模型结构

基于以上定义的注意力机制，构建神经网络翻译模型，如图 3-17 所示。整体来看，仍然由两个部分组成——编码器和解码器。进一步地说，两个部分都是由多层网络组成。

1) 编码器：编码器的每一层网络由两个子网络构成。第一层是多头注意力机制网络，第二层是一个全连接的前馈神经网络，定义如下：

$$\text{FFN}(\boldsymbol{x}) = \max(0, \boldsymbol{x}\boldsymbol{W}_1 + \boldsymbol{b}_1)\boldsymbol{W}_2 + \boldsymbol{b}_2 \qquad (3\text{-}34)$$

其中，$\boldsymbol{W}_1$、$\boldsymbol{b}_1$、$\boldsymbol{W}_2$、$\boldsymbol{b}_2$ 是模型参数。此外，在信息纵向传递上继续使用了残差连接。同时，每一个子网络的输出都进行了层归一化（layer normalization）。

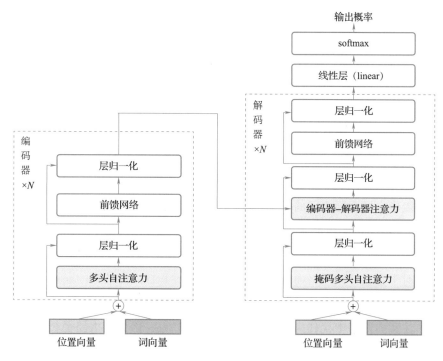

图 3-17　全注意力网络–Transformer 模型结构

2）解码器：解码器与编码器的结构类似，有两点不同之处。第一，在解码端只能允许已经生成的单词序列参与注意力计算。为了达到上述目的，在自注意力 softmax 计算之前，屏蔽当前位置后的值（Masked Multi-head Attention）。第二，在自注意力层和全连接前馈网络层之间，有一个注意力层连接编码器与解码器。其 $\boldsymbol{K}$、$\boldsymbol{V}$ 值来自编码器输出，$\boldsymbol{Q}$ 值来自解码器输出。这个注意力层与传统的基于 RNN 或者 CNN 的注意力作用是一致的，建立了目标单词与源语言单词的联系。

3.4.3　性能分析

为了进一步分析自注意力机制的网络结构的特点，作者将其与循环神经网络和卷积神经网络做了对比分析，如表 3-1 所示。

表 3-1　自注意力网络、循环神经网络、卷积神经网络性能比较

网络类型	每层计算复杂度	序列操作数	最大路径长度
自注意力网络	$O(n^2 \cdot d)$	$O(1)$	$O(1)$
循环神经网络	$O(n \cdot d^2)$	$O(n)$	$O(n)$
卷积神经网络	$O(k \cdot n \cdot d^2)$	$O(1)$	$O(\log_k n)$

假设序列长度是 n，隐状态向量维度是 d，卷积核是 k，则：

1）在每层计算复杂度方面，自注意力网络的复杂度是 $O(n^2 \cdot d)$，比循环神经网络和卷积神经网络计算量要少。原因是，通常序列长度 n 比向量维度 d 要小很多，例如一个句子一般有几十个词，而向量维度通常是 512 或者 1024。

2）序列操作数指为每个词生成隐状态所需的序列操作数量。循环神经网络基于时序建模，需要顺序遍历所有的词，无法并行计算。而自注意力网络和卷积神经网络直接建立两个词之间的联系，并行化能力强。

3）最大路径长度指的是建立句中一个词和其他所有词的联系所需的最长路径。对于循环神经网络，第一个词与最后一个词发生联系需要顺序遍历句子中所有词。而对于卷积神经网络而言，每层只能建立卷积核 k 内的词的联系，如果建立所有词的联系，则构成了一个 k-叉树的结构，路径长度为从根节点到叶节点的长度。在自注意力网络中，任何两个词都直接发生联系，因此最大路径长度最短。

综上分析，自注意力网络在建模能力和计算性能上都有比较明显的优势。网络中的参数也可以根据需要灵活设置，如多头注意力的个数、向量维度等。实验表明[5]，在英法、英德翻译任务上，Transformer 模型取得了当时最好的效果。

3.5　非自回归翻译模型

神经网络机器翻译模型面临的挑战之一是解码速度慢，其中一个原因是，产生新的译文单词需要依赖之前已经生成的译文。前文介绍的基于卷积神经网络的机器翻译模型、基于自注意力机制的 Transformer 模型，虽然编码器端通过引入卷积或者自注意力机制，克服了 RNN 模型顺序进行编码速度慢的弱点，但是在解码时，仍然需要顺序产生译文。这种方式称为"自回归"（auto-regressive）。如图 3-18a 所示，自

回归翻译模型顺序解码，当要产生单词"fine"的时候，依赖于前面的译文"The weather is"。换句话说，必须等到前面的译文都产生了，才能产生单词"fine"。当搜索到句子结束符号〈EOS〉的时候，解码结束。其形式化的表示为：

$$p(y \mid x) = \prod_{t=1}^{T_y} p(y_t \mid \{y_1, \cdots, y_{t-1}\}, x, \theta) \tag{3-35}$$

能否设计一个网络，使得产生译文的时候，不是顺序产生，而是并行产生，这样无疑会大大提升解码速度。沿着这一思路，研究人员提出了非自回归（Non Autoregressive）翻译模型。非自回归翻译模型的主要思想是希望能够并行地产生译文。这里的"并行"指的是，每一个译文的产生不依赖于已经产生的译文，而仅仅依赖于源语言句子。如图 3-18b 所示，目标句子中的 4 个词"The""weather""is""fine"可以同时产生，其形式化的表示为：

$$p(y \mid x) = \prod_{t=1}^{T_y} p(y_t \mid x, \theta) \tag{3-36}$$

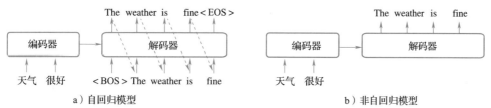

a）自回归模型　　　　　　　　　　　　　b）非自回归模型

图 3-18　两种模型生成译文的方式对比

这种解码方式在速度优势上看起来非常有诱惑力，但是对于翻译质量却有非常大的影响。自回归解码方式类似"接力赛"，已经翻译的译文会"交接"给后续翻译作为参考。而非自回归解码方式如同几个译员同时进行翻译，每个人只按照自己对原文的理解给出一个译文单词。比如上例中，"天气好"也有可能翻译为"Good weather"。前三个"译员"可能给出的翻译是"The""weather""is"，而第四个译员可能给出的翻译是"weather"。因为他并不知道前面的译文是什么，所以拼接起来，最终产生错误的译文"The weather is weather"。导致这一问题的根本原因是，译文的产生是各自独立的，每个译文单词只跟原文句子相关，而与其他译文单词无关。因此，直接使用简单的非自回归方式解码，将面临翻译质量严重下降的问题。

研究人员针对提升非自回归模型的翻译质量问题开展了一系列研究，主要可以分为以下几类方法。

1. 引入隐变量

通过引入一个隐变量 z 来建模依赖关系。

$$p(y) = \sum_z \prod_{t=1}^{T_y} p(y_t \mid z, x) p(z \mid x) \tag{3-37}$$

借鉴统计机器翻译的方法，在模型中引入了称为"产出率"（fertility）的隐变量，用来刻画每个源语言单词产生目标语言单词个数的能力[12]。具体来讲，在解码的时候，首先预测每个源语言单词的"产出率"，构成一个整数序列，其和就是译文的长度。然后根据产出率对源语言单词进行复制，"产出率"是多少就复制多少次，构造一个新的源语言序列并进行解码。例如对于句子"天 要 下雨 了"（如图 3-19 所示），首先预测"产出率"序列为"1 3 1 0"，表示"天"产生 1 个译文词，"要"产生 3 个译文词，"下雨"产生 1 个译文词，"了"不产生译文词，则源语言句子重写为"天 要 要 要 下雨"，进行解码得到"It is going to rain"。"产出率"的引入减少了搜索空间，一定程度上能缓解独立性解码带来的翻译质量下降问题。文献［13］引入连续隐变量进行建模，隐变量的数量与源语言句子单词数量相等，对隐变量的先验和后验分布进行建模，并引入长度预测模块，通过对隐变量的加权求和来预测译文长度。

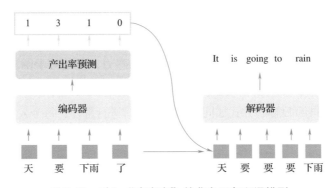

图 3-19　引入"产出率"的非自回归翻译模型

2. 迭代解码

迭代解码[14]的主要思想是通过多次迭代不断优化翻译，即首先根据源语言句子产生一个初始的译文 y^0，在此基础上继续优化产生译文 y^1。迭代结束的条件可以设置为两次解码的得分小于某个阈值或者两次解码的译文变化小于某个阈值等。这种方式类似于译员对译文不断地润色修正，但是以牺牲非自回归模型的解码效率作为代价的，迭代的次数越多，解码效率下降越大。

基于条件掩码语言模型（Conditioned Masked Language Model，CMLM）的迭代解码方法[15]基于预训练掩码语言模型思想，首先并行地、独立地产生译文单词，然后模型保留置信度得分高的单词（模型有信心认为这些单词是正确的，将得分低的单词遮盖掉），并基于源语言句子和未遮盖的单词来预测遮盖掉的单词（见表3-2）。

表3-2　基于条件掩码语言模型的迭代解码示例

源语言句子	他 每天 花 1 个 小时 做 家庭 作业
第 1 轮	He cost an hour do homework a day
第 2 轮	He cost an hour do homework every day
第 3 轮	He spends an hour doing homework every day

注：灰色部分为被遮盖（掩码）的单词，在下一轮迭代中，模型会重新预测被遮盖的单词。

具体而言，在每一轮迭代的时候有两步操作。

第1步：将得分低的译文单词进行遮盖，即掩码操作（用特殊符号［MASK］代替），保留得分高的译文单词。掩码单词的个数 n 可以设置为迭代轮数 t 的线性衰减函数，即 $n = N \times \dfrac{T-t}{T}$。例如假设迭代 5 轮，那么第 1 轮迭代掩盖掉 80% 的单词，第 2 轮掩盖掉 60% 的单词。

第2步：根据源语言句子和未掩码的译文单词预测被掩盖的译文单词。重复以上步骤，直到达到事先设定的迭代轮数。

这种掩码方法有一个问题是每轮迭代中，预测掩码单词的时候，每一个被预测的掩码单词所用到的信息都是一样的——源语言句子和确定的译文单词。这实际上浪费了一部分信息，即上一轮迭代中被掩盖掉的译文单词，虽然它们的得分不高，但是也有可以利用的价值。文献［16］对掩码迭代的方法做了改进，提出了并行简单优先（parallel easy-first）预测算法，主要目的是充分利用已经产生的译文单词信息。具体来说，第一次迭代同 CMLM 一样，独立产生每个译文单词。在后续迭代时，根据得分对已经产生的译文单词进行降序排序，在预测步骤中，每个预测单词将上一轮中得分比自己高的单词都作为已知信息。这意味着，该方法可以动态地确定上下文，对于得分高的单词，其预测信心较高，无需更多上下文就可以准确预测，而得分越低的单词，就需要看到更多的上下文来预测。

3. 利用自回归模型来提升非自回归模型的翻译质量

常用的方法是序列级知识蒸馏（sequence-level knowledge distillation）[17]。其主要思想是，在双语语料库 $C = \{(X_n, Y_n)\}_{n=1}^{N}$ 上训练一个自回归翻译模型 M_{teacher}（教师模型），然后用其翻译源语言句子 X_n，生成目标语言句子 Y'_n。利用构造的双语语料 $C = \{(X_n, Y'_n)\}_{n=1}^{N}$ 来训练非自回归模型（学生模型）。这样做的好处是，可以减小目标语言的不确定性。由前述介绍可知，非自回归模型面临的一个很大的挑战是目标语言的不确定性，一个单词或者一个句子对应多种译文，从而增加了非自回归模型的预测难度。而经过序列级知识蒸馏后，由于构造的双语语料库是由同一个翻译模型 M_{teacher} 产生的，它对于输入的句子有确定的输出，比如"天气 很好"都翻译为"Good Weather"（而不会产生其他译文"It's fine today"），从而减少了目标语言的不确定性。文献［18］详细探讨了自回归模型的模型容量（model capacity）和蒸馏数据的复杂度之间的关系。此外，模仿学习（imitation learning）[19]、课程表学习[20] 的方法也被用来提升非自回归模型的翻译质量。文献［21］在非自回归模型解码器端的输出层上引入了一个条件随机场（CRF）层，将译文输出看作一个序列标注问题，利用 CRF 模型来建立起相邻译文单词之间的联系，改进了非自回归模型的独立性假设。

4. 改进目标函数

文献［22］在目标函数中引入正则化项来改进非自回归模型的两个弱点：引入相似度正则化衡量隐状态的相似程度，从而减少重复翻译；引入重建正则化项用来提升隐状态的表达能力，从而减少漏译。文献［23］提出了基于 N 元组袋（Bag-of-Ngrams）的训练目标，其主要思想是通过比较 n-gram 来衡量模型输出与标准译文之间的差距，鼓励模型生成更接近标准译文的翻译结果。n-gram 是一组连续的词串，一方面可以描述元组内单词之间的序列关系，另一方面，用组装模型建模，可以不考虑元组之间的绝对位置关系，从而使得优化目标有一定的弹性。

围绕提升非自回归模型的翻译质量，近年来涌现出较多的研究工作。虽然有些实验显示非自回归模型达到了几乎跟自回归模型一样的翻译效果，并且速度更快，但是这些数据是在实验室环境下取得的。与真实场景相比，一是数据规模小，二是数据噪声少。在大规模真实数据环境上，目前非自回归模型仍然没有超越自回归模型的翻译质量。更高的翻译质量与更快的翻译速度，一直是机器翻译追求的目标，尤其是在实际应用中，二者缺一不可。

3.6 搭建一个神经网络机器翻译系统

神经网络机器翻译迅速发展的因素之一是很好地继承了机器翻译领域的开源传统。在 Egypt、Pharaoh、Moses 等一系列开源软件推动下，统计机器翻译的研究门槛大大降低，新的工作可以快速在已有工作基础上开展。在神经网络机器翻译发展过程中，也涌现出很多优秀的开源工具。例如，基于 Bahdanau 等人工作的 GroundHog ^㊀ 就是早期影响较大的一个 NMT 开源软件，它由加拿大蒙特利尔大学的 LISA（Laboratoire d'Informatique des Systèmes Adaptatifs）实验室开发。不过随着技术的发展，目前该软件已经停止维护。脸书开源了基于卷积神经网络的翻译模型 fairseq ^㊁，后来也扩展支持了多种结构的神经网络翻译模型。谷歌基于深度学习平台 TensorFlow 开源了 tensor2tensor ^㊂，以 Transformer 为主要网络结构，支持包括机器翻译在内的多种序列到序列任务。

本节基于百度的深度学习平台——飞桨（PaddlePaddle），带领读者动手搭建一个神经网络机器翻译模型。

3.6.1 环境准备

安装深度学习平台飞桨 PaddlePaddle 和飞桨自然语言处理开发库 PaddleNLP。安装可以使用 Anaconda 或者 pip，具体参照飞桨官网（https://www.paddlepaddle.org.cn）和 PaddleNLP 官网（https://github.com/PaddlePaddle/PaddleNLP）^㊃。

通过以下命令安装所需工具：

㊀ https://github.com/lisa-groundhog/GroundHog。
㊁ https://github.com/facebookresearch/fairseq。
㊂ https://github.com/tensorflow/tensor2tensor。
㊃ 本书代码示例均基于 2.0 版本。

```
1. PaddleNLP=/home/work/NMT
2. cd $PaddleNLP && git clone https://github.com/PaddlePaddle/PaddleN-
   LP.git
3. git checkout release/2.0
4. cd PaddleNLP/examples/machine_translation/transformer/
```

以国际机器翻译评测 WMT 提供的英德翻译任务为例构建一个英语到德语的翻译引擎。通过如下代码将数据集自动下载并且解压到 "~/. paddlenlp/datasets/WMT14ende/"。

```
1. >>> from paddlenlp.datasets import load_dataset
2. >>> datasets = load_dataset('wmt14ende', splits=('train', 'dev'))
```

加载后，可以看到每条英德翻译数据都是一个字典对象：

```
1. >>> datasets[0][0]
2. {'en': 'Res@@ um@@ ption of the session',' de': 'Wiederaufnahme der
   Sitzungsperiode'}
```

其中，英语部分带 "@ @" 的元素表示经过子词（subword）[24] 切分后的结果。如果使用其他训练数据，则需要首先从数据中学习子词词典（https://github.com/rsennrich/subword-nmt），然后按照词典进行词语切分。

3.6.2 模型训练

使用下面的命令进行训练：

```
1. export CUDA_VISIBLE_DEVICES=0,1  #用0号和1号GPU卡进行多卡训练
2. python train.py --config ./configs/transformer.base.yaml
```

其中，./configs/transformer. base. yaml 是设置训练和模型结构相关的超参数的配置文件，对应于 Transformer base 模型。此外在 ./configs 中还有一个 transformer. big. yaml，对应于 Transformer big 模型的配置。

作为训练程序入口，train. py 从 yaml 文件中加载配置，然后实现模型训练。我们用以下伪代码来简要说明训练的核心过程：

```
1. train_loader = create_data_loader(args)        #定义数据加载器
2. transformer = TransformerModel(args)           #定义 Transformer 模型结构
```

　　　　　　　　　　　　　　　神经网络机器翻译技术及产业应用

```
3.  criterion = CrossEntropyCriterion(args)         # 定义损失函数为交叉熵损失
4.  optimizer = paddle.optimizer.Adam(args)         # 定义优化器为 Adam 优化器
5.  while epoch < args.epoch:                        # 对于一个 epoch
6.                                                   # 训练阶段
7.      for input_data in train_loader:              # 从数据迭代器中取一组数据
8.          (src_word, trg_word, lbl_word)= input_data
9.          logits = transformer(src_word, trg_word) # 前向计算
10.         cost = criterion(logits, lbl_word)       # 根据 logits 和 label 计算
                                                       损失
11.         avg_cost.backward()                      # 计算后向误差梯度
12.         optimizer.step()                         # 一次优化
```

训练过程中，训练日志会先打印出设置的超参数，然后每隔一段时间（在下面的例子中，经过 100 个训练步骤（step））打印训练过程中的损失函数值（loss）、困惑度（ppl）、平均速度（avg_speed）等信息。

```
1.  {'alpha': 0.6,
2.    'batch_size': 4096,
3.    'beam_search_version': 'v1',
4.    'beam_size': 4,
5.    ...
6.    'warmup_steps': 4000,
7.    'weight_sharing': True}
8.  [2021-12-15] [INFO] - step_idx: 0, epoch: 0, batch: 0, avg loss:
    11.019180, normalized loss: 9.638227, ppl: 61033.632812
9.  [2021-12-15 16:06:35,060] [INFO] - step_idx: 100, epoch: 0, batch: 100,
    avg loss: 9.380375, normalized loss: 7.999422, ppl: 11853.458008, avg_
    speed: 6.50 step/sec, batch_cost: 0.15374 sec, reader_cost: 0.00004
    sec, tokens: 359014, ips: 23351.80985 words/sec
10. [2021-12-15 16:06:50,584] [INFO] - step_idx: 200, epoch: 0, batch:
    200, avg loss: 8.458723, normalized loss: 7.077770, ppl: 4716.032227,
    avg_speed: 6.45 step/sec, batch_cost: 0.15516 sec, reader_cost: 0.
    00004 sec, tokens: 358746, ips: 23121.41148 words/sec
11. ...
```

正常训练情况下，损失函数和困惑度在训练过程中都呈下降趋势，这表明模型逐步收敛。

3.6.3 解码

训练好的模型保存在 yaml 配置文件中指定的 save_model 路径中，模型训练完成后可以执行以下命令对指定文件中的文本进行翻译：

```
1. export CUDA_VISIBLE_DEVICES=0
2. python predict.py --config ./configs/transformer.base.yaml
```

predict.py 从配置 init_from_params 中获得要加载的模型参数地址（可指定为 save_model 中某个训练步骤保存下来的模型文件），将输入文本送入训练好的模型进行预测。注意，和 train.py 在训练时采用的贪心搜索（greedy search）方法不同，predict.py 在预测时采用柱式搜索（beam search）算法。

程序将预测结果（目标译文）输出到配置 output_file 所指定的文件，如下所示：

```
1. Gut@@ ach : mehr Sicherheit für FuBgän@@ ger .
2. Sie sind nicht nur 100 m entfernt : Am Dienstag ist die neue B 33 Fu ß
   gänger@@ zone im Dorf@@ platz in Gut@@ ach.
```

3.6.4 效果评估

由于模型输出的译文是经过子词切分后的数据，无法直接与参考译文相匹配，因此需要首先将机器译文中的子词还原为单词的标准形式。评估过程具体如下：

```
1. sed -r 's/(@@ )|(@@? $)//g'predict.txt > predict.tok.txt
   #还原 predict.txt
2. git clone https://github.com/moses-smt/mosesdecoder.git
   #下载评估工具
3. hypothesis=predict.tok.txt
4. reference=~/.paddlenlp/datasets/WMT14ende/WMT14.en-de/wmt14_ende_
   data/newstest2014.tok.de
5. perl mosesdecoder/scripts/generic/multi-bleu.perl $reference < $hypothesis
```

执行上述操作之后，可以得到类似如下的结果，表示当前模型在测试集上的 BLEU 得分是 27.48。

```
BLEU = 27.48, 58.6/33.2/21.1/13.9(BP=1.000, ratio=1.012, hyp_len=65312,
ref_len=64506)
```

参考文献

[1] KALCHBRENNER N, BLUNSOM P. Recurrent continuous translation models [C]//Proceedings of the 2013 Conference on Empirical Methods in Natural Language Processing. Seattle: EMNLP, 2013: 1700-1709.

[2] DEVLIN J, ZBIB R, HUANG Z Q, et al. Fast and robust neural network joint models for statistical machine translation [C]//Proceedings of the 52nd Annual Meeting of the Association for Computational Linguistics. Stroudsburg: ACL, 2014: 1370-1380.

[3] BAHDANAU D, CHO K H, BENGIO Y. Neural machine translation by jointly learning to align and translate [C]//Proceedings of the 3rd International Conference on Learning Representations. Ithaca: arXiv, 2015, arXiv: 1409.0473.

[4] SUTSKEVER I, VINYALS O, LE Q V. Sequence to sequence learning with neural networks [C]// Proceedings of the 27th International Conference on Neural Information Processing Systems. Cambridge: MIT Press, 2014: 3104-3112.

[5] VASWANI A, SHAZEER N, PARMAR N, et al. Attention is all you need [C]//Proceedings of the 31st International Conference on Neural Information Processing Systems. Cambridge: MIT Press, 2017: 6000-6010.

[6] KOEHN P, OCH F J, MARCU D. Statistical phrase-based translation [C]//Proceedings of the 2003 Human Language Technology Conference of the North American Chapter of the Association for Computational Linguistics. Stroudsburg: ACL, 2003: 127-133.

[7] CHO K H, MERRIËNBOER B, BAHDANAU D, et al. On the properties of neural machine translation: Encoder-decoder approaches [C]//Proceedings of SSST-8, Eighth Workshop on Syntax, Semantics and Structure in Statistical Translation. Doha: SSST-WS, 2014: 103-111.

[8] GEHRING J, AULI M, GRANGIER D, et al. A convolutional encoder model for

neural machine translation [C]//Proceedings of the 55th Annual Meeting of the Association for Computational Linguistics. Vancouver: ACL, 2017: 123-135.

[9] GEHRING J, AULI M, GRANGIER D, et al. Convolutional sequence to sequence learning [C]//Proceedings of the 34th International Conference on Machine Learning. Sydney: PMLR, 2017: 1243-1252.

[10] DAUPHIN Y N, FAN A, AULI M, et al. Language modeling with gated convolutional networks [C]//Proceedings of the 34th International Conference on Machine Learning. Sydney: PMLR, 2017: 933-941.

[11] WU Y H, SCHUSTER M, CHEN Z F, et al. Google's neural machine translation system: Bridging the gap between human and machine translation [J]. arXiv preprint, 2016, arXiv: 1609.08144.

[12] GU J T, BRADBURY J, XIONG C M, et al. Non-autoregressive neural machine translation [C]//Sixth International Conference on Learning Representations. Vancouver: ICLR, 2018.

[13] SHU R, LEE J, NAKAYAMA H, et al. Latent-variable non-autoregressive neural machine translation with deterministic inference using a delta posterior [C]//Proceedings of the AAAI Conference on Artificial Intelligence. Palo Alto: AAAI, 2020: 8846-8853.

[14] LEE J, MANSIMOV E, CHO K H. Deterministic non-autoregressive neural sequence modeling by iterative refinement [C]//Proceedings of the 2018 Conference on Empirical Methods in Natural Language Processing. Brussels: EMNLP, 2018: 1173-1182.

[15] GHAZVININEJAD M, LEVY O, LIU Y H, et al. Mask-predict: Parallel decoding of conditional masked language models [C]//Proceedings of the 2019 Conference on Empirical Methods in Natural Language Processing and the 9th International Joint Conference on Natural Language Processing. Hong Kong: EMNLP-IJCNLP, 2019: 6112-6121.

[16] KASAI J, CROSS J, GHAZVININEJAD M, et al. Non-autoregressive machine translation with disentangled context transformer [C]//Proceedings of the 37th International Conference on Machine Learning. Vienna: PMLR,

神经网络机器翻译技术及产业应用

2020: 5144-5155.

[17] KIM Y, RUSH A M. Sequence-level knowledge distillation [C]//Proceedings of the 2016 Conference on Empirical Methods in Natural Language Processing. Austin: EMNLP, 2016: 1317-1327.

[18] ZHOU C T, NEUBIG G, Gu J T. Understanding knowledge distillation in non-autoregressive machine translation [C]//Proceedings of International Conference on Learning Representations. Ithaca: OpenReview. net, 2020.

[19] WEI B Z, WANG M X, ZHOU H, et al. Imitation learning for non-autoregressive neural machine translation [C]//Proceedings of the 57th Annual Meeting of the Association for Computational Linguistics. Florence: ACL, 2019: 1304-1312.

[20] GUO J L, TAN X, XU L L, et al. Fine-tuning by curriculum learning for non-autoregressive neural machine translation [C]// Proceedings of the AAAI Conference on Artificial Intelligence. Palo Alto: AAAI, 2020: 7839-7846.

[21] SUN Z Q, LI Z H, WANG H Q, et al. Fast structured decoding for sequence models [C]//Proceedings of the 33rd Conference on Neural Information Processing Systems. Red Hook: Curran Associates Incorporated, 2019: 3016-3026.

[22] WANG Y R, TIAN F, HE D, et al. Non-autoregressive machine translation with auxiliary regularization [C]//Proceedings of the AAAI Conference on Artificial Intelligence. Palo Alto: AAAI, 2019: 5377-5384.

[23] SHAO C Z, ZHANG J C, FENG Y, et al. Minimizing the bag-of-ngrams difference for non-autoregressive neural machine translation [C]//Proceedings of the AAAI Conference on Artificial Intelligence. Palo Alto: AAAI, 2020: 198-205.

[24] SENNRICH R, HADDOW B, BIRCH A. Neural machine translation of rare words with subword units [C]//Proceedings of the 54th Annual Meeting of the Association for Computational Linguistics(Volume 1: Long Papers). Berlin: ACL, 2016: 1715-1725.

第 **4** 章

高性能机器翻译

如第 3 章介绍，神经网络机器翻译带来了翻译质量的大幅提升。然而，神经网络模型需要耗费巨大的计算资源。翻译质量的提升往往依赖大数据、大模型，需要更大的算力，也带来了部署成本高、解码速度慢等一系列问题。在产业化应用中，机器翻译系统性能是必须要考虑的因素。一般来说，机器翻译系统性能主要关注两个方面：一是效率问题，即训练和解码速度，尤其是解码速度，直接影响用户的翻译体验；二是存储问题，即存储和运行翻译模型所需要的磁盘空间，随着翻译机、翻译笔等小型化智能设备的普及，对存储空间的要求更加严格。在尽量不影响翻译质量的前提下，翻译效率高、模型存储空间小是高性能机器翻译追求的目标。

在神经网络机器翻译发展初期，翻译速度成为制约其大规模应用的瓶颈之一。为了降低计算复杂度，研究人员不得不限制词表大小。例如，按照词语在训练集中的出现次数（词频）选择词频最高的 N 个词。即便如此，翻译一个句子通常也需要耗费数秒甚至更长的时间。这种翻译速度无法满足大规模翻译的实时性需求。针对神经网络机器翻译在产业化实用系统中遇到的问题，百度、谷歌等公司提出了一系列解决方案，拉开了神经网络机器翻译大规模应用的序幕。

Transformer 被提出后，由于其在模型表达能力以及翻译质量上的优越表现而迅速成为主流模型。然而，Transformer 结构相对复杂，参数量大。实验表明，增加网络的层数以及扩展向量的维度往往能提升翻译质量，这导致模型参数量大幅增加需要占用较大的存储空间。此外，大量的注意力运算操作使得解码速度难以满足高实时性翻译要求。前文提到，Transformer 模型不仅在机器翻译任务中成为主流模型，也被广泛应用于语言处理、计算机视觉等人工智能领域。因此，针对 Transformer 模型的性能优化成为大家关注的重要研究方向。

本章将结合神经网络机器翻译大规模产业化实践介绍高性能机器翻译的关键技术。

4.1 概述

高性能机器翻译技术是构建实用化系统的必要技术之一。在实际场景中，需要结合实际需求，综合考虑翻译质量和系统性能的平衡。这是因为高质量翻译通常需要更大规模的训练数据、更大容量的翻译模型以及更大的搜索空间，这些因素对于系统性能是巨大的挑战。而为了追求更高的系统性能，通常需要对搜索空间和参数进行剪枝以提高解码效率、对模型进行压缩以减少存储空间，这些操作不可避免地影响到翻译质量。

鉴于机器翻译系统性能的重要性和实用价值，系统性能优化成为机器翻译领域的重要研究方向之一。2017 年，亚洲语言翻译研讨会（Workshop on Asian Translation，WAT）首次举办面向神经网络机器翻译模型的优化任务 Small NMT Task⊖，聚焦"英语-日语"互译小模型翻译。WMT 自 2018 年⊖开始举办关于机器翻译系统性能的评测 Efficiency Task，将机器翻译系统的翻译效率和内存使用作为衡量指标。

一般来说，可以从以下几方面提升机器翻译系统性能。

第一，高效的解码算法。翻译速度直接影响系统响应时间以及用户体验。机器翻译常用的解码算法是柱式搜索（beam search），通过调整 beam 的大小、设计剪枝策略等，可以有效减少搜索空间大小，提高解码效率。

第二，模型结构改进。通过分析网络结构的时空开销，可以看到网络在哪部分耗时大、内存消耗多，进而有针对性地改进。一方面可以优化网络结构，使其能够训练更多的数据和更大的模型；另一方面，可以调整结构，减少网络冗余，提高效率，节省空间。

第三，模型压缩。通常大模型可以获得更好的翻译质量，然而大模型意味着更大的参数量和更大的存储空间。在保持翻译质量的前提下减少模型体积、降低翻译系统的时空开销，是一个重要的研究方向。常用的模型压缩方法有参数剪枝、量化（quantization）、蒸馏（distillation）等。

第四，系统部署。通常大规模系统采用分布式部署、并行解码、批量解码策略等，可以有效提升系统吞吐量。此外，小型化智能硬件由于内存功耗的限制则

⊖ http：//lotus. kuee. kyoto-u. ac. jp/WAT/WAT2017/snmt/index. html。
⊖ https：//sites. google. com/site/wnmt18/shared-task。

对小模型有着更高要求。

目前，神经网络机器翻译系统已经成为主流。然而，在神经网络机器翻译兴起之初，其产业化应用面临一系列难题，并且随着模型的演进，由单层循环神经网络到深层网络，再到 Transformer 模型，时空开销越来越大，系统性能优化是大规模应用必不可少的一环。

本章将首先结合百度、谷歌的产业化实践案例，回顾大规模神经网络机器翻译产业化应用初期的解决方案。其中的多特征融合模型、深层网络模型对于翻译质量的提升有重要作用，而快速解码技术、并行化技术等则对于系统性能尤其是效率提升有很大改善。结合翻译质量的提升和系统性能的改进，使得神经网络机器翻译模型能够快速地大规模工业化应用。

然后介绍主流模型 Transformer 的改进。Transformer 首先在机器翻译任务上提出，由于其卓越表现，被迅速应用于自然语言处理其他任务，并推广到语音处理、图像视频处理等，均取得了显著效果提升。大数据、大模型的训练对于 Transformer 的性能提出了高要求。我们将介绍高效 Transformer 的相关工作，以及针对机器翻译任务的改进。

接下来介绍常用的模型压缩方法。这些方法具有通用性，可以适用于多种网络结构，能够有效地减少模型体积，进而减少内存占用。

最后，介绍系统部署方案，包括大规模在线系统以及小型化智能设备中的部署等。在实践中，通常结合实际需求综合运用这些技术，以达到翻译质量和系统性能的平衡。

4.2 早期产业化神经网络机器翻译系统

百度和谷歌分别于 2015 年 5 月、2016 年 9 月上线了神经网络机器翻译系统，拉开了神经网络机器翻译大规模产业化应用的帷幕。尽管随着技术的进步，产业级机器翻译系统不断更新迭代，然而早期神经网络机器翻译系统面临的产业化挑战和解决方案对于技术发展仍有借鉴意义。

4.2.1 百度神经网络机器翻译系统

如第 3 章介绍，2014 年左右出现了基于循环神经网络的机器翻译模型，虽在实验室环境下的小数据规模上取得了一定效果，但是其在大规模真实场景下的表现如何还未可知。而从实验室原型系统到大规模实用化系统，还面临着一系列挑战，主要有以下几点：

1）集外词问题。 导致这一问题的直接原因是词表太小，通常只选择训练集中词频高的词语构成词表，导致词表外的词无法翻译，这些集外词统一用一个特殊符号〈UNK〉代替。究其根本原因，则是系统的时空开销问题。如果词表太大，搜索空间和计算量会大幅提升，翻译速度明显下降，所以为了平衡翻译质量和速度而限制了词表大小。

2）漏译问题。 NMT 的工作机制是，编码器对于源语言句子进行统一编码后，解码器才开始翻译。这意味着解码器并不是基于源语言句子中的词一一对译，而是基于源语言句子整体信息进行翻译。这是 NMT 区别于 SMT 的一大特点。同时，这也带来了漏译问题。源语言句子中有些词语没有对应的译文，使得译文不完整。尤其当漏译的是关键词时，翻译结果是不可接受的。

3）解码速度慢。 神经网络机器翻译模型计算复杂度高，即便是对词表做了限制，翻译一句话也要数秒甚至十几秒的时间，无法满足大规模实用化系统海量实时的访问请求。

针对神经网络机器翻译产业化应用面临的这些问题，百度提出了"一揽子"解决方案。在模型方面，提出了融合多特征的神经网络翻译模型[1]，将统计机器翻译中的特征函数（如短语表、语言模型、长度特征等）融合到神经网络机器翻译框架中，缓解了集外词和漏译问题。在解码方面，提出了基于优先队列的快速解码算法[2]，提升了解码效率。上述方案有效解决了翻译质量和翻译速度的问题，从而使得神经网络机器翻译能够满足大规模产业化应用的需求。2015 年 5 月，百度上线了神经网络机器翻译系统，开启了神经网络机器翻译系统产业化之路。

1. 模型概述

如图 4-1 所示，在基于循环神经网络的翻译模型框架下，文献［1］引入了 3

种统计机器翻译模型中常用的特征：短语表特征、语言模型特征、长度奖励特征，再加上由神经网络计算出来的目标单词概率，一共 4 个特征函数。用对数线性模型[3] 将 4 个特征函数集成，计算最终的目标单词得分。

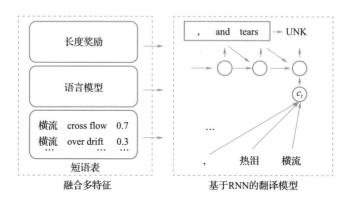

图 4-1　融合多特征的神经网络翻译模型

对于一个源语言序列 $x = \{x_1, x_2, \cdots, x_I\}$，将其翻译为目标序列 $y = \{y_1, y_2, \cdots, y_J\}$，对数线性模型如下：

$$p(y \mid x) = \frac{\exp\left(\sum_{m=1}^{M} \lambda_m H_m(x, y)\right)}{\sum_{y'} \exp\left(\sum_{m=1}^{M} \lambda_m H_m(x, y')\right)} \tag{4-1}$$

其中，$H_m(x, y)$ 是特征函数，λ_m 是特征函数的权重，M 是特征函数的个数。对数线性模型是统计机器翻译常用的模型，可以方便地进行特征扩展。

在神经网络机器翻译模型中，定义特征函数如下：

1）RNN 特征函数，即由循环神经网络计算出来的目标单词得分：

$$H_{\text{rnn}} = \sum_{j=1}^{J} \log(g(y_{j-1}, s_j, c_j)) \tag{4-2}$$

其中，$g(\cdot)$ 是激活函数，y_{j-1} 是前一个目标单词，s_j 是当前状态，c_j 是上下文向量。

2）短语表特征：

$$H_{\text{tm}} = \sum_{j=1}^{J} \sum_{i=1}^{I} \alpha_{ji} \log(p(y_j \mid x_i)) \tag{4-3}$$

其中，α_{ji} 是神经网络中的注意力权重，$p(y_j \mid x_i)$ 是短语表中的单词翻译概率。

　神经网络机器翻译技术及产业应用

3）语言模型，计算目标端语言模型得分：

$$H_{\mathrm{lm}} = \sum_{j=1}^{J} p(y_j \mid y_{j-1}, \cdots, y_1) \tag{4-4}$$

4）长度奖励，即目标端句子长度：

$$H_{\mathrm{len}} = \sum_{j=1}^{J} 1 \tag{4-5}$$

如图 4-1 所示，短语表用于缓解神经网络模型中的 OOV 问题。当目标端出现词表外的词时（〈UNK〉），通过注意力得分，查找对应的原文句子单词"横流"，然后通过短语表查找对应译文，从而克服了集外词无译文的问题。引入语言模型特征，可以利用目标端单语数据单独训练语言模型，进一步提升译文流利度。引入长度奖励特征，奖励长度较长的目标句子，从而缓解漏译问题。

2. 解码算法

机器翻译的解码算法本质上是一个搜索的过程，搜索空间由模型决定。由于机器翻译任务的复杂性，无论哪种模型都难以做到在全部搜索空间中得到最优解。实际系统中只能退而求其次，在部分空间中搜索近似最优解。因此，如何设计搜索算法，能够在翻译质量和时空开销中取得合理的平衡，在有限空间内取得近似最优解，是开发大规模实用机器翻译系统面临的关键问题之一。

柱式搜索是机器翻译常用的解码算法。主要过程如下：

输入：源语言句子 x
输出：目标语言句子 y
（1）：初始化候选假设 hypo_init$=\phi$
（2）：设定每个 beam 的大小 beam_size$=K$
（3）：初始化搜索栈 stack[len]，并将 hypo_init 压入 stack[0]
（4）：对于搜索栈 stack[i] 中每个元素 hypo
（5）：扩展 hypo，产生候选假设 hypo_cand 并压入栈 stack[$i+1$]
（6）：裁剪 stack[$i+1$] //保留概率最高的 K 个候选假设
（7）：如果 stack[$i+1$] 中有元素包含句子结束符 〈EOS〉，则压入终态搜索栈 final_stack
（8）：$i=i+1$，转步骤（4）继续扩展搜索栈中的元素
（9）：从 final_stack 中选择最优假设 hypo_best 回溯输出译文

标准柱式搜索（如图 4-2a 所示）顺序扩展搜索栈中的所有候选假设，第一个搜索栈扩展完毕后，再扩展第二个搜索栈，以此类推，直到栈中元素产生句子结

束符（或者译文长度超过设定阈值）。

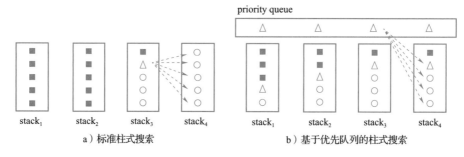

图 4-2　标准柱式搜索与基于优先队列的柱式搜索

注：其中实心方块表示已经扩展的假设，空心三角表示栈中的最优假设（待扩展），空心圆表示未扩展的假设。

假设词表大小为 V，句子长度为 N，beam 大小为 K，则标准柱式搜索的时间复杂度为 $O(VNK)$。通常设置 K 为一个比较小的整数，如 $K=10$。在对解码速度要求很高的场景下，可以设置 $K=1$，即每一步扩展的时候仅保留得分最高的候选假设。这时候，柱式搜索就退化为贪心搜索。

文献［2］从两个方面改进了柱式搜索，减小了搜索空间，显著提升了解码效率。

改进 1：基于优先队列（priority queue）的柱式搜索

改进后的解码算法中，在搜索栈外引入一个优先队列管理候选假设，如图 4-2b 所示。算法修改如下：

1）首先，仍然初始化候选假设 hypo_init，并同时压入 stack［0］和优先队列 queue。

2）从 queue 中弹出得分最高的假设 hypo（目前是初始假设 hypo_init），并扩展 K 个新的假设 $\{hypo_1, \cdots, hypo_K\}$，将其按照得分降序存放到 stack［1］，并将得分最大的假设压入优先队列，同时将初始假设 hypo_init 从队列中移出。

3）从 queue 中选择得分最高的假设 hypo（对应的栈为 i），扩展 K 个新的候选假设，并压入 stack［$i+1$］，同时对 stack［$i+1$］进行剪枝使其元素个数小于 K。

4）从 stack［i］和 stack［$i+1$］中选择分数最高的未扩展的假设，插入队列 queue 中。

　神经网络机器翻译技术及产业应用

5）重复 2）、3）、4），直到产生句子结束符〈EOS〉，此时结束搜索，回溯输出译文。

可以看出，引入优先队列后，算法不再扩展搜索栈中所有的候选假设，而是从队列中选择得分最高的假设进行扩展。而队列中的候选假设，又是对所有搜索栈中的候选假设进行排序的结果。因此，改进后的搜索算法从整体上保证了与标准柱式搜索一致的结果。由于不需要扩展所有候选假设，因此搜索空间大大减小了。

改进 2：基于候选短语表的 softmax 计算

通过分析标准柱式搜索复杂度 $O(VNK)$ 可知，词表大小是影响计算量的关键因素。原因是，N、$K \ll V$。例如，假设一个句子长度为 20 个词（$N=20$），柱式搜索栈的大小 $K=10$，词表大小 $V=30\,000$，在解码器输出层需要对词表中的所有单词利用 softmax 进行概率归一化计算，则计算量是 6×10^6。接下来考虑是否可以通过缩减词表来减少计算量。

受到注意力机制的启发，对于一个具体的源语言句子，不是所有的目标词表中的单词都与之相关。而如果能确定一个与源语言句子相关的候选词表范围，无疑将大大减少计算量。统计机器翻译中的短语表可以实现这一功能。从训练语料中抽取短语表，并进行过滤，对每个源语言单词或者短语，保留 K_c 个候选译文。解码时，首先从短语表中检索所有与源语言句子相关的候选单词，组成候选词表 V_c。在解码器输出层进行 softmax 计算时，只对 V 中的词进行归一化计算，则计算量可以减少 V/V_c 倍。假设源语言句子的候选词表是 $V_c = 300$，则相对于 $V = 30\,000$ 来说，可以减少 100 倍的计算量。

实验表明[2]，综合以上解码算法的改进，相比于标准的柱式搜索，在保证翻译质量的前提下，解码速度提升了 6 倍左右，达到每秒钟 120 词左右。

4.2.2 谷歌神经网络机器翻译系统

2016 年 9 月，谷歌发布了神经网络翻译系统 GNMT[4]。其对翻译模型最大的改进在于将之前的浅层（一层）神经网络模型加深为多层网络，在编码端和解码端分别用了 8 层长短时记忆网络（LSTM）。此外，GNMT 使用词片模型（Word Piece Model，WPM）[5] 来缓解未登录词翻译问题。解码时，引入长度归一因子使得不同长度的译文对应的候选假设可比，同时引入覆盖度惩罚因子缓解漏译。为了加速训练和解码，谷歌在数据和模型层面进行了并行化处理。

1. 模型概述

研究表明，深层的神经网络比浅层网络具有更强的抽象表达能力[6]。因此，GNMT 基于 LSTM，设计了深层编码器和解码器，其网络结构如图 4-3 所示。

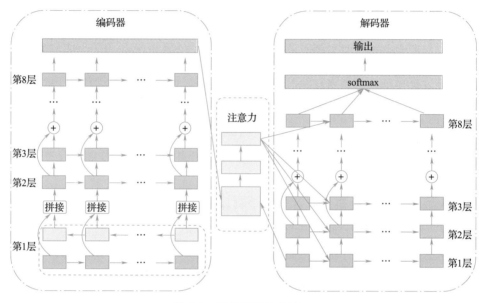

图 4-3　GNMT 网络结构图

编码器和解码器均使用了 8 层 LSTM，并通过注意力机制建立联系。需要注意的是，在编码器中，第 1 层 LSTM 包含了双向编码，将每个位置上从左到右和从右到左两个方向的编码向量进行拼接，作为该位置的向量表示。再向上的 7 层编码均使用了从左到右单向编码。

这种设计主要是出于并行化以提升系统性能的考虑。第 1 层的双向编码可以分别在两个 GPU 上并行进行，此后就可以向上传递，每一层都可以并行编码。例如，第 2 层编码完第一个词，第 3 层就可以对第一个词开始编码了，而无须等待第 2 层对全部单词编码完毕。因此，可以按照层数对模型进行切分，每一层分到不同的 GPU 上进行运算。这种并行策略称为模型并行（model parallelism）。

除了模型并行外，为了加速训练，GNMT 还使用了数据并行（data parallel-

　　　　　　　　　　　神经网络机器翻译技术及产业应用

ism）。数据并行的基本思想是，将训练数据进行分组，分到多个机器上进行训练。换言之，这些机器维护相同的模型参数，但是处理不同组的训练数据。这样一来，就可以通过增加机器数量来提升训练规模。

引入深层网络后，信息的传递在两个维度上进行，横向从左到右，纵向从下到上。如前所述，信息在传递过程中会有衰减，同时深层网络加剧梯度爆炸和梯度消失等问题。在横向上，LSTM 可以解决这一问题。而在纵向上，则通过引入残差连接（residual connection）来解决。所谓残差连接，即将前一层的输入信号与输出信号共同作为后一层的输入。如图 4-4 所示，图 4-4a 是将 LSTM 以堆栈的形式叠加，每一层的输出作为后一层的输入。图 4-4b 是加入残差连接后的网络，第 i 层 LSTM$_i$ 的输出与其输入相加，作为第 $i+1$ 层 LSTM$_{i+1}$ 的输入。残差连接使得信息的纵向传递能力得到极大提升，广泛应用于深层网络中。

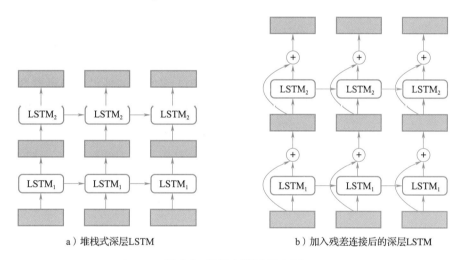

a）堆栈式深层LSTM　　　　　　b）加入残差连接后的深层LSTM

图 4-4　深层 LSTM 示意图

2. 解码

GNMT 的解码算法采用柱式搜索。在最终计算目标句子得分的时候，引入了两个因子：长度归一（length normalization）和覆盖度惩罚（coverage penalty）。

$$s(y,x) = \frac{\log(p(y\,|\,x))}{\mathrm{lp}(y)} + \mathrm{cp}(x;y) \tag{4-6}$$

其中，

$$\mathrm{lp}(y) = \frac{(5+|y|)^\alpha}{(5+1)^\alpha} \tag{4-7}$$

$$\mathrm{cp}(x;y) = \beta \times \sum_{i=1}^{|x|} \log\left(\min\left(\sum_{j=1}^{|y|} p_{i,j}, 1.0\right)\right) \tag{4-8}$$

在基本的 RNN 模型中，最终译文的得分偏向于短句子，原因是概率不断相乘使得长句子的得分会越来越小。引入长度归一化因子 $\mathrm{lp}(y)$ 使得不同长度的译文便于比较。覆盖度惩罚因子 $\mathrm{cp}(x;y)$ 则会对注意力不足的部分进行惩罚，从而缓解漏译现象。其中，$p_{i,j}$ 表示第 j 个目标单词所对应源语言单词 i 的注意力概率。α 和 β 是超参数，如果二者均为 0，则上式退化为基本的 RNN 神经网络模型。

在解码时，GNMT 使用了混合精度量化策略（关于量化，我们将在 4.4 节介绍）。此外，硬件上使用了谷歌自研芯片 TPU（Tensor Processing Unit），并对比了在 CPU（Intel Haswell CPU，88 核）、GPU（NVIDIA Tesla K80）及 TPU 上的解码速度。实验显示，其量化后的模型在推理速度方面，TPU 明显快于 GPU 和 CPU。

以上分别介绍了百度和谷歌在 2015 年和 2016 年发布的神经网络机器翻译系统。在 2017 年 Transformer 提出以后，基于 Transformer 的机器翻译系统成为主流。短短几年时间，神经网络机器翻译系统已经取代了统计机器翻译系统。速度之快、效果之好，可能在神经网络机器翻译发展初期，是大家所未曾想到的。接下来介绍 Transformer 模型的优化方法。

4.3 Transformer 模型优化

Transformer 提出后，凭借其在机器翻译以及其他自然语言处理任务上的卓越表现，迅速成为主流模型。

如前所述，Transformer 模型的一个主要特点是自注意力（self attention）机制，对于输入序列的任何两个元素之间都计算注意力。假设一个序列的长度是 N，则自注意力机制的计算复杂度是 $O(N^2)$，即与输入序列的长度平方成正比。随着序列长度的增加，计算复杂度也陡然增大，超过了一般显卡的处理能力。这限制了 Transformer 在长序列任务上的应用，如训练篇章级的模型。

因此，Transformer 的一个改进方向是使得其能够高效地处理长序列建模任务。近年来，涌现出一大批对于 Transformer 改进的方案和模型[7]，统称为高效 Transformer（Efficient Transformer）。

本节首先介绍高效 Transformer，然后介绍针对机器翻译的优化。

4.3.1　高效 Transformer

高效 Transformer 主要优化了自注意力机制的计算复杂度，使其能够处理更长的序列。下面介绍其中典型的几类方法。

1. 分块循环法

该方法的思想比较直接，为了使模型能够对长序列输入建模，对序列进行分块，使得每一块都满足计算和存储需求。假设原始输入序列的长度是 N，设置每个分块的长度是 B，使得 $N \gg B$，则一个序列被分成 N/B 块，每一块的计算复杂度是 $O(B^2)$，整体的时间复杂度是 $O(NB)$。理论上这种分块策略可以处理任意长度的序列。然而这种方法的缺点也很明显，对序列分块后，每个块是各自独立的，失去了对全局信息的建模能力。

为了解决这一问题，Dai 等人[8] 提出了 Transformer-XL 模型（XL 的意思是 extreme long(超长)）（如图 4-5 所示），借鉴循环神经网络的思想，在处理当前块的时候，将上一个块中的隐状态作为历史信息与当前块的隐状态拼接，从而增强了全局信息建模能力。此外，为了处理各个块中的位置编码问题（标准 Transformer 使用绝对位置信息编码，导致不同块中的同一个位置编码一样），使用了相对位置编码（relative position encoding）。作者使用该方法在多个数据集上训练语言模型，处理的文本长度是标准 Transformer 的 4.5 倍，语言模型的困惑度也显著降低。进一步地说，Compressive Transformer[9] 对 Transformer-XL 进行了改进，将历史块的信息压缩存储，从而可以更充分地利用历史块的信息，而不是像 Transformer-XL 那样仅利用了上一个历史块的信息。需要注意的是，这类方法没有对注意力计算做优化，而是通过对数据进行分块使得模型具备处理长序列数据的能力。

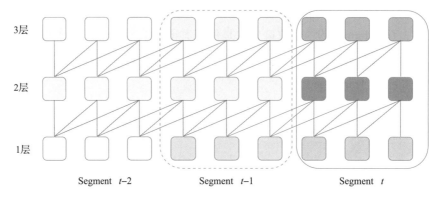

Segment $t-2$ Segment $t-1$ Segment t

图 4-5　Transformer-XL 示意图（见彩插）

注：图中网络结构为 3 层，每个块（segment）的长度为 3，蓝色实线表示当前块与上一时刻块中的隐状态拼接，从而利用历史块的信息。

2. 稀疏注意力法

稀疏注意力机制的主要思想是，不对序列中全部的元素两两计算注意力（如图 4-6a 所示），而是对于每个元素，仅与序列中部分元素两两计算注意力，从而达到减少计算复杂度的目的。而对于"部分元素"的选择方法，则产生了不同的优化方案。

- 局部自注意力（local attention）：如图 4-6b 所示，对于给定序列 $x = \{x_1, x_2, \cdots, x_N\}$，在计算元素 x_n 的注意力时，该方法限定只计算该元素自身及其左右 k 个元素的注意力，即上下文窗口大小为 $2k+1$。则整个序列的计算复杂度为 $O((2k+1)N) \approx O(kN)$，即随着序列长度增加，计算复杂度线性增长。这种方式虽然简单，但是以牺牲长距离依赖为代价的。

- 跨步自注意力（strided attention）：上述局部自注意力机制将注意力计算限制在一个连续的范围内，牺牲了全局建模能力。而跨步注意力机制则做了改进（如图 4-6c 所示），对于元素 x_n，在整个序列内选取与其距离为 k 的整数倍（如 k、$2k$、$3k$、$\cdots$）的元素，从而扩大了注意力范围。这样一来，每个元素只跟 N/k 个元素有关联，计算复杂度为 $O(N^2/k)$，是标准模型的 $1/k$。

- 基于元素聚合的自注意力：上述两种稀疏注意力机制的方法是一种固定策略，即事先规定好了有哪些位置的元素参与当前位置元素的注意力计算。这种方式缺乏弹性，没有考虑元素所处的上下文环境。而基于元素聚合的

　　　　　　　　　　　　　　　神经网络机器翻译技术及产业应用

注意力则提供了一种思路，将序列中的元素按照关联程度聚合，关联程度高的元素聚合到一组，同一组内的元素两两计算注意力（如图 4-6d 所示）。这种方式既达到了稀疏化的目的，又在全局范围内充分考虑了元素本身的关联性。

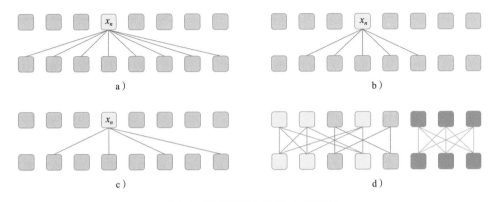

图 4-6 稀疏注意力机制（见彩插）

注：a）标准自注意力机制，对序列中任意元素都计算与其他元素的注意力；b）局部自注意力机制，此例中 $k=2$，窗口大小为 5；c）跨步自注意力机制，此例中 $k=2$；d）基于元素聚合的自注意力机制，此例中将元素分为 3 组（红、蓝、绿），每组中的元素在组内两两计算注意力。

以上几种方法可以单独使用，也可以结合使用。Sparse Transformer[10] 结合了局部注意力和跨步注意力机制，当前元素 x_n 的注意力计算既使用了以其为中心的左右连续 k 个元素，又使用了与其距离为 k 的整数倍的元素，整体计算复杂度为 $O(N\sqrt{N})$。Longformer[11] 可以看作 Sparse Transformer 的一种变体，做了两个改进。一是在局部注意力基础上，提出了扩展滑动窗口（Dilated Sliding Window）局部注意力，使得局部注意力不再是窗口内连续的元素，而是每个元素之间可以存在大小为 d 的间隔，因此，注意力的范围可以由 w 扩展为 $w×d$，w 为窗口的大小。这类似于跨步注意力，只不过将跨步作用于窗口内部。第二个改进是，结合了局部注意力与全局注意力（global attention），允许少数元素（例如在分类任务时，加在序列前面的类别标记）仍然与序列中所有元素两两计算注意力，综合考虑了局部和全局信息。

Reformer[12] 提出了一种基于局部敏感哈希（Locality-Sensitive Hashing，LSH）[13] 的元素聚合方法。其主要思想是，距离相近的两个向量经过哈希之后仍然是相近的。因此，对于序列中的元素，可以根据 LSH 函数将其映射到不同的桶（bucket）中，使得每一个桶中的元素具有较强的关联性，两两计算桶内元素的注意力。这使得模型的计算复杂度下降为 $O(N\log N)$。为了减少内存的使用，Reformer 将标准 Transformer 中的 $\boldsymbol{Q}$、$\boldsymbol{K}$、$\boldsymbol{V}$ 三个矩阵减少为 $\boldsymbol{Q}$、$\boldsymbol{V}$ 两个，使 $\boldsymbol{Q}$、$\boldsymbol{K}$ 共享参数（即 $\boldsymbol{Q}=\boldsymbol{K}$）。此外，还将图像处理中的可逆残差网络（Reversible residual Networks，RevNets）[14] 应用于 Transformer，使得每一层的残差连接输入都可以根据其输出推导出来，从而在模型训练时的反向传播过程中无须存储网络中间层的残差链接信息，进一步减少了内存占用。通过以上技术，Reformer 可以在单个加速器上处理包含 64 000 个元素的序列。文献［15］提出了 Routing Transformer 的方法，使用 K 均值（k-means）[16] 方法对序列元素进行聚类，对类中的元素两两计算注意力。这与 Reformer 的分桶机制是类似的，只不过用的元素聚合方法不同。

Star-Transformer 通过星形拓扑结构代替全连接的 Transformer 结构[17]。如图 4-7b 所示，使用两种类型的连接建立各状态之间的联系：环形连接（ring connection）（图 4-7b 中粗线条）建立两个相邻状态的联系，用以刻画局部上下文信息；根连接（radical connection）（图 4-7b 中细线条）用于建立不相邻状态之间的联系，通过一个虚拟节点 s 进行跳转，用以刻画全局信息。Star-Transformer 的注意力计算复杂度降低为线性复杂度 $O(N)$，且同时兼顾了局部和全局信息。

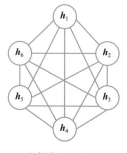
　　a）标准Transformer

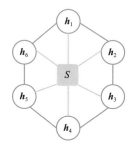
　　b）Star-Transformer

图 4-7　标准 Transformer 与 Star-Transformer

注：其中，$\boldsymbol{h}_n$ 为输入序列词语隐状态，本例中输入序列包含 6 个词。Star-Transformer 中节点 s 为虚拟节点，相邻的隐状态通过环形连接（粗线条）建立联系，不相邻的隐状态通过虚拟节点跳转（细线条）建立联系。

神经网络机器翻译技术及产业应用

3. 矩阵运算优化

该类方法的基本思想是对自注意力矩阵进行降秩处理，以降低计算复杂度。首先回顾一下标准 Transformer 中的注意力机制计算：

$$\text{Attention}(QW^Q, KW^K, VW^V) = \text{softmax}\left(\frac{QW^Q(KW^K)^{\text{T}}}{\sqrt{d_k}}\right)VW^V \tag{4-9}$$

其中，Q、K、$V \in \mathbb{R}^{N \times d_m}$、$N$ 是序列长度，d_m 是词向量维度。参数矩阵 W^Q、$W^K \in \mathbb{R}^{N \times d_k}$，$W^V \in \mathbb{R}^{d_m \times d_v}$，$d_k$ 和 d_v 是隐层向量维度。令：

$$P_M = \text{softmax}\left(\frac{QW^Q(KW^K)^{\text{T}}}{\sqrt{d_k}}\right) \tag{4-10}$$

文献［18］通过对预训练模型进行分析，证明了 $P_M \in \mathbb{R}^{N \times N}$ 是低秩的，可以通过对 P_M 进行分解来降低计算复杂度，并提出了 Linformer，顾名思义，它可以将计算复杂度降为线性复杂度。为此，引入两个线性映射矩阵 M_1，$M_2 \in \mathbb{R}^{k \times N}$，式（4-9）变换为：

$$\text{Attention}(QW^Q, KW^K, VW^V) = \text{softmax}\left(\frac{QW^Q(M_1KW^K)^{\text{T}}}{\sqrt{d_k}}\right)M_2VW^V \tag{4-11}$$

$$\widetilde{P}_M = \text{softmax}\left(\frac{QW^Q(M_1KW^K)^{\text{T}}}{\sqrt{d_k}}\right) \tag{4-12}$$

利用线性矩阵 M_1 将 KW^K 映射为 $k \times d_k$ 维的矩阵，则自注意力矩阵 $\widetilde{P}_M$ 的维度变为 $N \times k$，从而使得自注意力计算变为序列长度的线性函数。如果选择合适的 k，使得 $k \ll N$，则 Linformer 计算复杂度为 $O(N)$。

此外，还可以通过设计合适的核函数对注意力矩阵进行变换，使得复杂度降低到线性复杂度[19-20]。

4.3.2 针对机器翻译的优化

本小节主要介绍两种优化方法，一种是对注意力机制的优化，另一种是对模型结构的优化。

1. 对注意力机制的优化

如前所述，Transformer 中大量的注意力计算非常耗时，因此，对注意力计算的优化有助于提升解码效率。与上一节"高效 Transformer"不同的是，针对机器翻译任务的注意力优化主要目的不是使其能够处理更长的序列，而是提升解码速度。

文献［21］提出了平均注意力（average attention）机制。假设源语言句子 $x = \{x_1, x_2, \cdots, x_{T_x}\}$，其对应的目标译文是 $y = \{y_1, y_2, \cdots, y_{T_y}\}$，其中 T_x 和 T_y 分别是源语言句子和译文句子的长度。标准的 Transformer 解码器在每个时刻 t 产生译文单词 $y_t(1 \leqslant t \leqslant T_y)$ 都需要与已经生成的所有目标词 $\{y_1, y_2, \cdots, y_{t-1}\}$ 计算注意力。而平均注意力模型认为已经生成的每一个目标词对当前词的权重都是一样的，即：

$$g_t = \text{FFN}\left(\frac{1}{t}\sum_{k=1}^{t} y_k\right) \tag{4-13}$$

其中，FFN（·）是与标准 Transformer 一致的前馈神经网络，g_t 表示注意力权重。这样就避免了标准 Transformer 中自注意力机制大量的矩阵计算。

此外，为了避免"粗暴"地平均权重计算对翻译质量的影响，进一步引入了门机制。

$$i_t, f_t = \delta(W[y_t; g_t]) \tag{4-14}$$

$$\boldsymbol{h}_t = i_t \circ y_t + f_t \circ g_t \tag{4-15}$$

其中，i_t、f_t 分别表示输入门和遗忘门，用来控制历史信息和当前输入的权重，$\boldsymbol{h}_t$ 表示隐状态。

为了使得平均注意力计算并行化，引入了掩码矩阵，实际上是一个下三角矩阵。以 $T_y = 4$ 为例，平均注意力计算如下：

$$\begin{bmatrix} 1 & 0 & 0 & 0 \\ 1/2 & 1/2 & 0 & 0 \\ 1/3 & 1/3 & 1/3 & 0 \\ 1/4 & 1/4 & 1/4 & 1/4 \end{bmatrix} \times \begin{bmatrix} y_1 \\ y_2 \\ y_3 \\ y_4 \end{bmatrix} = \begin{bmatrix} y_1 \\ (y_1 + y_2)/2 \\ (y_1 + y_2 + y_3)/3 \\ (y_1 + y_2 + y_3 + y_4)/4 \end{bmatrix} \tag{4-16}$$

这样大大提升了解码器的并行化能力。实验表明，与不使用注意力缓存机制的 Transformer 相比，平均注意力模型的解码速度要快 4 倍左右。

研究发现，在 Transformer 结构中，相近层之间的注意力分布比较类似，可以直接共享注意力而无须重新计算，从而节省大量的计算时间[22]。由此提出了共享注意力机制方法，具体来说，提出了一种衡量 Transformer 网络各层注意力相似度的指标，对各层按照相似度进行分组，同一组共享注意力参数。该方法的优点是实现非常简单。在 Transformer base 模型上的实验表明，该方法对比使用了注意力缓存机制的 Transformer，解码速度提升了 1.3 倍。结合平均注意力机制的方法，对比不使用缓存机制的 Transformer 模型，解码速度可以提升 16 倍，同时对翻译质量的影响很小，在多个翻译方向上的实验显示 BLEU 值平均仅下降 0.07 个百分点。

2. 对模型结构的优化

在神经网络机器翻译中，一方面，相对于解码器而言，编码器对翻译效果的影响更大；另一方面，解码器的耗时远大于编码器的耗时，可以占到整体时间的 70%~90%[23]。这给模型优化提供了思路，对于神经网络机器翻译模型，加深编码器的层数会有效提升翻译质量但是解码速度不会受到明显影响。与此同时，减少解码器的层数可以显著提升解码速度但是翻译质量也影响不大。

基于上述分析，Hsu 等人[24] 综合前人工作对 Transformer 模型结构进行了改进。如图 4-8 所示，采用了深层编码器和浅层解码器的结构，编码器层数达到了 12 层，解码器只有 1 层。此外，解码器的结构也做了较大调整，首先去掉了解码器中的前向反馈网络（Feed Forward Network），然后将自注意力替换为简化的简单循环单元 SSRU（Simpler Simple Recurrent Unit）[25]。SSRU 实际上是一种 RNN 结构，可以将自注意力的时间复杂度从 $O(N^2)$ 降低到 $O(N)$，N 是译文的长度。计算如下：

$$f_t = \sigma(W_t x_t + b_f) \tag{4-17}$$

$$c_t = f_t \circ c_{t-1} + (1 - f_t) \circ W_t x_t \tag{4-18}$$

$$o_t = \mathrm{ReLU}(c_t) \tag{4-19}$$

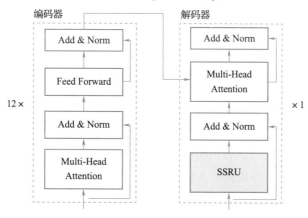

图 4-8 文献［24］的 Transformer 结构

其中，。是矩阵逐元素乘，x_t、o_t、f_t 和 c_t 分别是输入、输出、遗忘门和状态。

另一个改进是对多头注意力进行了剪枝。多头注意力是 Transformer 的重要组成部分，可以从多个维度刻画注意力。Viota 等人[26] 分析了多头注意力，认为不同的 head 在模型中起到不同的作用，并着重分析了 3 种类型：刻画元素间的位置关系、刻画元素间的句法关系以及刻画低频词。分析发现，在机器翻译任务中，具有上述功能的 head 具有较好的可解释性并且对翻译结果有较大影响，而其余的 head 则影响较小。进一步地说，通过引入随机门（stochastic gate）[27] 机制对多头注意力进行剪枝。在英-俄翻译实验中，将编码器的 48 个注意力头剪枝掉接近 80%，BLEU 值仅下降 0.15 个百分点。

综合上述对 Transformer 结构的改进，实验表明[24]，以标准 Transformer 作为对照系统，模型参数量减少了 25%，在 GPU 上的解码速度提升 1.8 倍，在 CPU 上的解码速度提升 2.1 倍。

4.4 模型压缩

模型压缩的目标是将大模型压缩成小模型，以减少内存占用，同时小模型也有助于提升解码速度。当然，前提是不损失翻译质量，或者翻译质量的损失在可接受范围内。本节介绍三种常用的模型压缩技术——剪枝、量化和知识蒸馏。这些压缩技术适用范围广，可以用在多种神经网络模型结构上。

4.4.1 剪枝

大量的实验和分析发现，神经网络翻译模型中很多参数是冗余的，或称为过参数化（over-parameterization）。以 Transformer 为例，文献［28］在英德翻译上的实验表明，将 Transformer 模型剪枝掉 50%的参数，对翻译质量的影响很小（BLEU 值仅下降 0.6 个百分点）。由此得出结论，可以通过裁剪神经网络模型中的参数，将稠密的参数矩阵转换为稀疏的参数矩阵，从而达到模型压缩的目的。

实际上，参数剪枝并非近年来的产物。早在 20 世纪 80 年代末、90 年代初，研究人员就开展了对神经网络剪枝方法的研究[29-31]。虽然当时神经网络模型还未像现在一样被广泛应用，模型容量与现在也无法相比，但是当时的研究为现在的神经网络剪枝方法提供了借鉴思路，例如通过衡量网络中参数的重要程度，裁剪掉不重要的参数。

近年来，深度神经网络模型快速发展，网络容量越来越大，剪枝成为模型压缩的重要手段之一，被广泛研究和应用。按照剪枝的神经元位置来分，可以分为结构化剪枝（structured pruning）和非结构化剪枝（unstructured pruning）。所谓结构化剪枝，是指按照神经网络的组成模块进行剪枝，例如针对图像处理领域常用的卷积神经网络（CNN），有通道级剪枝（channel level pruning）、核级剪枝（kernel level pruning）、组级剪枝（group level pruning）等[32-35]。以上结构化剪枝方案需要根据具体的网络结构进行设计，例如通道级剪枝，在机器翻译常用的循环神经网络、Transformer 等模型中，并无此类结构，因此难以适用。所谓非结构化剪枝，则不区分神经网络内部结构，对于任意位置上的神经元都可以剪枝[36-38]。由于对位置没有限制，非结构化剪枝通常可以达到很高的稀疏化程度。为了支持稀疏矩阵的高效运算，对于底层的硬件和库函数有较高要求。

下面我们主要介绍神经网络机器翻译模型中常用的剪枝方法。

1. 基于权重大小剪枝[37]

基于权重大小剪枝（magnitude-based weight pruning）的主要思想是用参数的绝对值大小来衡量该参数对模型的重要性，将绝对值接近于零的参数裁剪掉。该方法常用于图像处理领域[36,39]。针对 LSTM 模型，See 等人将 LSTM 参数分为不同的类别，如源语言词向量权重、编码器第 N 层网络的参数权重、目标语言词向量权重、解码器第 N 层的参数权重、注意力权重等，提出了三种基于权重大小的剪枝策略。假设需要将模型剪枝掉 $r\%$ 的参数，则三种剪枝策略如下。

- 类无关（class-blind）剪枝：对模型所有参数排序，将值最小的 $r\%$ 的参数裁剪掉；该策略认为只要参数值足够小，裁剪掉该参数对于网络整体的影响就很小，而不管其具体在网络中的参数类别（位置）如何。
- 类平均（class-uniform）剪枝：对 LSTM 每一类别的参数分别排序，每一类都裁剪掉 $r\%$ 的参数；该策略对于每一类参数都一视同仁地剪掉了同样比例。

- 类分布（class-distribution）剪枝：对于每一个类别 c，剪枝掉小于 $\lambda \sigma_c$ 的参数。其中，σ_c 是类别 c 的标准差，λ 是一个通用参数，以使得最终剪枝的比例满足 $r\%$。这一方法同文献［36］。

使用 4 层 LSTM 在 WMT 英德测试集上的实验表明，类无关（class-blind）的剪枝策略取得了最好的效果，剪枝掉 40% 的参数仍然保持翻译质量（BLEU 值）几乎不变。此外，沿用稀疏模型训练方法[36]（如图 4-9 所示），对于剪枝后的模型继续进行微调，以减少剪枝带来的模型损失。在剪枝 80% 的参数后继续进行微调，翻译质量甚至超过了原始模型。这一方面是因为剪枝对重新训练模型起到了一定正则化作用，另一方面继续微调剪枝后的模型能够避免陷入局部最优。

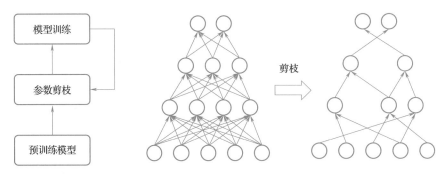

图 4-9　训练流程（左）及参数剪枝（右）

2. 渐进剪枝[40]

渐进剪枝（gradual pruning）在训练中引入一个二值的掩码变量，大小和形状与网络的每一层张量一致。将模型参数按照绝对值大小排序，并通过将掩码变量中相应位置设为 0，使得模型参数稀疏化。假设最终需要达到的剪枝率为 s_f，则渐进剪枝策略如下。

$$s_t = s_f + (s_i - s_f) \left(1 - \frac{t-t_0}{n\Delta t} \right)^3 \text{ for } t \in \{ t_0, t_0 + \Delta t, \cdots, t_0 + n\Delta t \} \quad (4\text{-}20)$$

其中，s_i 是初始剪枝率（通常设为 0），s_f 是目标剪枝率，n 是剪枝步数，t_0 是剪枝开始时的模型训练轮数，Δt 是剪枝频率，即每经过 Δt 轮训练就更新掩码变量，直到最终达到 s_f 的剪枝率。通过该公式进行渐进剪枝，初始时刻，模型参数量充足，剪枝力度也很大，而随着训练轮数的增加，参数剪枝量逐渐减少。

　　　　　　　　　　　　　　　　神经网络机器翻译技术及产业应用

在图像处理、语言模型、机器翻译等任务上，文献［40］比较了同等参数量的大稀疏（large-sparse）模型（由大模型通过渐进剪枝得到的稀疏模型）和小稠密（small-dense）模型（直接训练同样参数量的小模型而不经过剪枝）。实验表明，大稀疏模型均超过了小稠密模型的效果。在机器翻译任务上，对 4 层 LSTM 翻译模型剪枝掉 80% 的参数，在英德测试集上的翻译质量（BLEU 值）比原始模型还略有提升。

4.4.2 量化

通过前述章节介绍可知，神经网络模型中存在大量的矩阵运算。而在计算机中通常使用 32 位（单精度）浮点数（FP32）来存储参数。这一方面占用了较大的存储空间，另一方面计算速度也比较慢。一个直接的想法是，是否可以降低数值的精度来优化性能。打个简单的比方，在计算圆的面积时，圆周率通常使用 $\pi=3.14$，有些要求不高的场合可以使用 $\pi=3$，而无须使用 $\pi=3.1415926$ 甚至更多的位数。这种降低数值精度的方法称为量化（quantization）。

低精度模型量化作为一种能够减少模型大小和加速模型推理的技术，已经得到了学术界和工业界的广泛研究和应用[41-45]。通过量化技术，使用较少位的数值表示，可以读取和写入更多的数据，减少内存带宽压力，并且低精度数值的运算耗时也会降低。相比占用 4 个字节的单精度（Full Precise Float，FP32），半精度（Half Precision Float，FP16）占用 2 个字节，存储空间是原来的 1/2。进一步地说，仅占 1 个字节的 INT8（8 位定点整数）类型又可以压缩一半的存储空间（相比 FP32，模型压缩至 1/4）。除了模型压缩外，量化还可以带来解码速度的提升。以 INT8 量化为例，相比 FP32，推理速度可以提升 6 倍左右[46]。

INT8 量化在模型压缩和模型效果方面可以取得比较好的平衡，被广泛应用于实际系统，且大多数处理器都支持 INT8 类型，因此我们以 INT8 量化为例，介绍量化操作。如图 4-10 所示，对于原始的 FP32 精度参数矩阵（图 4-10a），首先将其转化为 INT8 类型（图 4-10b），这一步称为量化。利用量化后的矩阵参与神经网络中的矩阵运算。运算结果再通过"反量化"过程，将其还原为 FP32 精度矩阵，就可以得到近似原始 FP32 精度的输出结果。之所以说"近似"，是因为量化过程通常有一定的精度损失㊀。

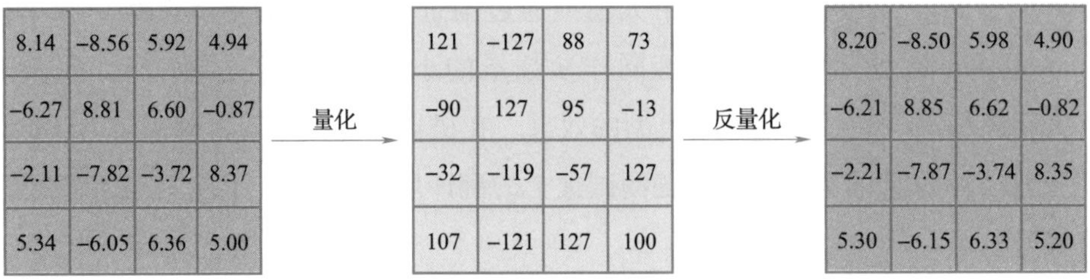

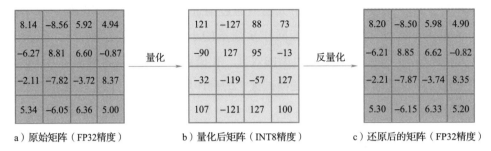

a）原始矩阵（FP32精度）　b）量化后矩阵（INT8精度）　c）还原后的矩阵（FP32精度）

图 4-10　矩阵量化及反量化流程

量化方式通常分为对称量化和非对称量化，这两种不同方式的最重要区别在于对零点的处理。如果原始数据中的零点量化之后仍然对应量化区间的零点就是对称量化，否则就是非对称量化。常用的量化操作有均匀仿射量化（uniform affine quantize）、均匀对称量化（uniform symmetric quantizer）、随机量化（stochastic quantize）等[41]。

以对称量化为例，对于浮点数 $x \in [-\alpha, \alpha]$，量化公式如下：

$$s=\frac{2^{n-1}-1}{\alpha} \tag{4-21}$$

$$x_i^q=\text{quantize}(x_i, n, s)=\text{clip}(\text{round}(x_i * r), -2^{n-1}+1, 2^{n-1}-1) \tag{4-22}$$

其中，n 表示量化需要的位数（INT8 量化时，$n=8$），s 是量化系数，x_i^q 是 x_i 量化后的数值，round(·) 是取整函数，$\text{clip}(x, l, u)$是截断函数，定义如下：

$$\text{clip}(x, l, u)=\begin{cases} l, & x<l \\ x, & l \leqslant x \leqslant u \\ u, & x>u \end{cases} \tag{4-23}$$

经过量化后，x_i^q 的取值范围就限定在 $[-2^{n-1}+1,\ 2^{n-1}-1]$ 之间了。

反量化过程比较简单，只需要用量化后的值 x_i^q 除以量化系数 s，即可得到反量化后的值 $\hat{x}_i$：

$$\hat{x}_i=x_i^q / s \tag{4-24}$$

㊀ FP32 表示的数值范围是$[(2-2^{-23})\times 2^{127},\ (2^{23}-2)\times 2^{127}]$，而 INT8 表示的范围仅有 $[-128,\ 127]$。

以上介绍了量化的基本思想和对称量化的方法。在实际应用中，量化的效果受多种因素影响，需要结合实际需求选用不同的方案。接下来介绍影响量化的因素及常用策略。

1. 参数范围标定（calibration）

如式（4-21），需要标定（calibration）待量化的参数的范围 α。通常有如下标定方法：

1）最大值法[47]，需要量化的参数的绝对值最大值。

2）相对熵（KL 散度）法[48]，量化实际上是将在高精度分布下的参数映射到低精度分布，因此可以通过相对熵来衡量两种分布的差异程度。$KL(P,Q) = \sum P_i \log \dfrac{P_i}{Q_i}$，其中，$P$ 表示参数在 FP32 精度下的分布，Q 则表示参数在 INT8 精度下的分布。

3）百分位法[49]，设定一个百分比（例如 99%）来确定参数范围，使得 99% 的参数都在 $[-\alpha, \alpha]$ 范围内，即与最大值法相比，舍掉了 1% 的参数。

以上方法中，最大值法考虑了参数的所有范围，而相对熵和百分位法则会对参数进行剪枝，使得量化集中在一部分区域。在实际系统中，可以根据不同的网络结构和性能要求选择标定方法。

2. 量化粒度

量化操作可以应用在不同的粒度上。例如，最粗的粒度是对张量（tensor）进行量化，张量中的所有元素共享量化参数。而最细的粒度则是对张量中的每个元素使用单独的量化参数。中间粒度则可以在张量的某个维度上共享量化参数，如矩阵的每一行或者每一列。

量化的粒度影响模型的质量和计算复杂度，并非越细越好。不失一般性，考虑神经网络的计算公式：$Y=XW$，其中，X 是激活项，W 是权重项。通常激活项的量化粒度基于张量粒度，权重项的量化粒度基于张量粒度或者列粒度。

3. 量化策略

量化策略通常有两种类型，一是训练后量化（Post Training Quantization，PTQ），也称为推理时量化。这种方案的优点是实现简单，无须重新训练模型，只需要在推理时对权重（weight）或/和激活值（activation）量化，缺点是相比于量化前的高精度模型，有较大质量损失。二是训练时量化（Quantization Aware Train-ing，QAT），也即在模型训练的时候就引入量化，通常先用高精度浮点数进行模型预训练，在此基础上再引入量化操作进一步微调。实验表明，训练时量化能达到跟浮点型接近的精度[41]。

此外，为了进一步减少量化带来的精度损失，不需要对神经网络模型中所有运算操作都做量化，而仅使用部分量化。可以评估神经网络中的每一层量化前后的精度损失，按照损失程度从大到小排序。精度损失越大则表示该层对量化越敏感。在量化的时候，不对敏感层进行量化，从而保持较高的精度。

Wu 等人[45] 对包括 Transformer 在内的十多种网络进行了 INT8 量化实验，推荐如下量化流程（如图 4-11 所示）：

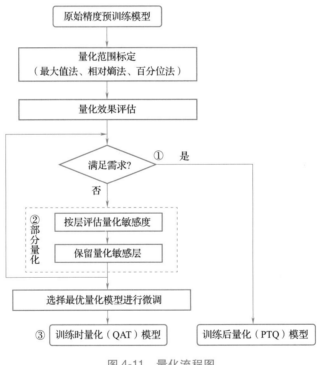

图 4-11　量化流程图

1）首先尝试训练后量化，对所有计算密集的操作（如卷积层、线性层等）进行量化，如果量化效果满足需求，则可以直接使用训练后量化模型。

　神经网络机器翻译技术及产业应用

2）如果上述效果不满足，则可以使用部分量化，保持模型精度。分析每层的量化敏感度，保留量化敏感层的原始精度，对其余层进行量化。

3）如果上述两种方案均不满足，则可以使用训练时量化策略，选择上述最优的量化模型进行微调。

4.4.3　知识蒸馏

知识蒸馏（Knowledge Distillation）[50] 是模型压缩的常用技术之一，主要思想是首先训练一个"教师模型"（teacher model），教师模型结构相对复杂、参数量大，然后在此基础上继续训练一个"学生模型"（student model），以期望学生模型能够学习教师模型在训练数据上的输出分布。学生模型相对精简，参数量也要小得多，从而达到模型压缩的目的。通常实现"老师教、学生学"的做法是设计一个目标函数，优化目标使得教师模型和学生模型的交叉熵越小，意味着它们之间的分布越相似。

神经网络机器翻译模型的知识蒸馏通常有两种方法[51]，词级别蒸馏和句子级别蒸馏。

在词级别蒸馏中，对于源语言句子 $x = \{x_1, x_2, \cdots, x_{T_x}\}$，翻译为目标语言句子 $y = \{y_1, y_2, \cdots, y_{T_y}\}$，教师模型服从概率分布 $q(y \mid x, \theta_T)$，θ_T 为教师模型的参数，则词级别蒸馏训练的损失函数定义为：

$$L_{\text{word}}(\theta_T, \theta_S) = -\sum_{t=1}^{T_y} \sum_{k=1}^{|V|} q(y_t = k \mid y_{<t}, x, \theta_T) \log p(y_t = k \mid y_{<t}, x, \theta_S) \quad (4\text{-}25)$$

在实际应用中，通常将上述损失函数与学生模型的对数似然损失函数进行插值，因此最终的损失函数为：

$$L(\theta_T, \theta_S) = \alpha L_{\text{word}}(\theta_T, \theta_S) + (1-\alpha) L_{\text{NLL}}(\theta_S) \quad (4\text{-}26)$$

其中，

$$L_{\text{NLL}}(\theta_S) = -\sum_{t=1}^{T_y} \sum_{k=1}^{|V|} \log p(y_t = k \mid y_{<t}, x, \theta_S) \quad (4\text{-}27)$$

是学生模型的损失函数，α 是调节两个损失函数的权重。

在词级别蒸馏中，学生模型与教师模型使用相同的解码策略。受到解码策略一致性的约束，学生模型只能向同质化的教师模型学习，限制了蒸馏的能力。

句子级别蒸馏可以不受解码策略的限制，学生模型可以向不同策略的教师模型学习。句子级别蒸馏训练的损失函数为：

$$L_{\text{seq}}(\theta_T, \theta_S) = -\sum_{y \in Y} q(y \mid x, \theta_T) \log p(y \mid x, \theta_S) \qquad (4\text{-}28)$$

对于一个源语言句子，上述损失函数的计算需要考虑所有可能的目标语言句子。实际应用中是无法穷举所有可能性的。为了解决这一问题，考虑以下次优方案，使用教师模型翻译源语言句子，得到翻译结果 $\hat{y}$，用 $\hat{y}$ 来代替教师模型分布：

$$q(y \mid x, \theta_T) \sim \mathbb{1}\{\hat{y} = \arg\max q(y \mid x, \theta_T)\} \qquad (4\text{-}29)$$

其中，$\mathbb{1}\{\cdot\}$ 是指示函数。

则句子级别蒸馏的损失函数如下：

$$L_{\text{seq}}(\theta_S) \approx -\sum_{y \in Y} \mathbb{1}\{y = \hat{y}\} \log p(y \mid x, \theta_S) = -\log p(\hat{y} \mid x, \theta_S) \qquad (4\text{-}30)$$

句子级知识蒸馏步骤如下：

1）在训练数据 $\{\langle X_n, Y_n \rangle\}_{n=1}^{N}$ 上训练一个翻译模型 M_{Teacher} 作为教师模型，其中 $\langle X_n, Y_n \rangle$ 是平行句对，N 是训练集中平行句对的个数；

2）对于训练集中的源语言句子 X_n，使用 M_{Teacher} 模型将其翻译为目标语言句子 $\hat{Y}_n$，组成新的训练数据 $\{\langle X_n, \hat{Y}_n \rangle\}_{n=1}^{N}$；

3）使用 $\{\langle X_n, \hat{Y}_n \rangle\}_{n=1}^{N}$ 数据集（也可以再加上原始的训练数据 $\{\langle X_n, Y_n \rangle\}_{n=1}^{N}$）训练学生模型。

Kim 等人[51] 使用 221M 参数的教师模型（4 层 LSTM，每层维度 1000，即 4×1000）蒸馏训练仅有 84M 参数的学生模型（2 层 LSTM，每层维度 500，即 2×500），最终学生模型的翻译质量只比教师模型下降 0.2 个百分点。进一步通过参数剪枝，则在翻译质量下降 1 个 BLEU 百分点的情况下，可以将参数压缩到仅 8M。

目前，句子级别蒸馏技术使用更为普遍，由于该方法简单，扩展性强，很容易用不同的教师模型生成不同的"蒸馏数据"，从而学生模型可以学习到不同教师模型的优势，翻译质量提升较为显著。

4.5 系统部署

4.5.1 分布式系统部署

一个成熟的大规模实用化机器翻译系统除了对翻译模型进行性能优化外，还需要考虑系统部署方案。实际中通常使用分布式系统架构，如图 4-12 所示，对于输入文本，调度模块以句子为单位将长文本切分为多个句子，然后将其下发到部署了翻译模型的机器上，各机器并行翻译完成后，再收集并拼接各个机器的翻译结果，返回最终译文。这样做的好处是，可以有效地利用机器资源，提升吞吐量以应对海量翻译需求，减少长文本翻译耗时。

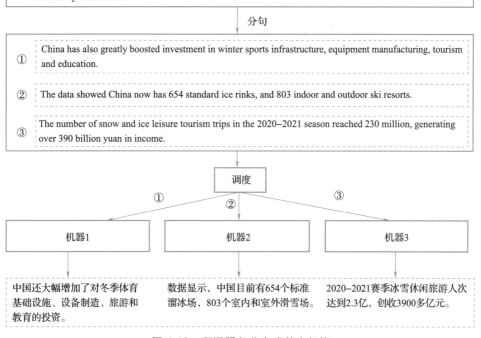

图 4-12　翻译服务分布式基本架构

在解码策略方面，使用批量解码将多个句子一同进行翻译，充分利用机器的并行能力，提高翻译模型在单位时间内翻译的句子数量。由于实际处理的文本长度差异较大，假如将一个长句子和短句子一同进行批量解码，因为要将短句子补全到长句子的长度，所以在实际翻译过程中存在较大的冗余计算。此外，对于进行批量解码的句子，它们的译文也是批量产出的，因此短句子的翻译时长和长句子的翻译时长一样，短句等待长句，造成计算资源浪费。为了解决这一问题，在批量解码时可以根据文本长度进行划分。将长度相近的文本放到同一批次解码（如图4-13所示），从而提升整体翻译服务性能。

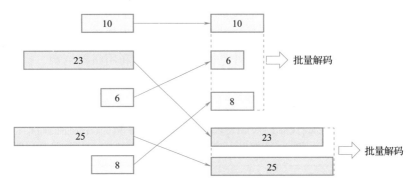

图 4-13 批量解码，其中数字表示翻译文本的长度

此外，在实际部署中，还需要考虑以下因素：

1）翻译服务的延迟、错误和异常直接影响用户体验，因此服务监控、自动预警和容错机制是商业翻译引擎必不可少的功能。

2）大流量压力下的流量分发和负载均衡。翻译服务流量通常有一定的规律，比如人们在工作时间对翻译的需求比较旺盛，而在休息时间对翻译的需求降低。此外，对于突发事件，可能造成瞬时的流量高峰。如突然出现的新词、热词、热点新闻等。对于突发的翻译流量高峰，需要构建一个包含提前预警、动态扩容、限流熔断和服务降级等的翻译服务保障系统。

4.5.2 智能硬件设备

智能硬件近几年发展迅速，翻译笔、翻译机等小型化硬件设备给大家提供了更多样的服务。这些智能硬件设备常常需要部署离线翻译模型以应对网络不稳定或者无网络的环境，同时离线部署还可以减少网络传输带来的时间延迟，带来更好的用户体验。

然而，智能硬件设备的计算资源和存储资源相比服务器而言，配置上要低很多，需要在极其有限的条件下，保证翻译质量。此外，不同的硬件设备由于架构设计、指令集、功耗等不同，对于模型运行的时空开销要求也不相同。

对于在智能硬件上的模型部署，需要综合使用本章介绍的多种模型压缩和加速技术，如量化、剪枝、蒸馏等。文献［52］提出了一种根据不同硬件自动搜索网络结构的方法。分析发现，适用于一种硬件的网络结构换到另一种硬件上，性能通常会大打折扣。例如，随着网络隐状态和词向量维度的增加，同样的翻译模型在 NVIDIA GPU 上对时间延迟几乎没有影响，而在 Raspberry ARM CPU 上，时间延迟会随之增加。为此，论文提出了一种硬件感知 Transformer（Hardware-Aware Transformer，HAT），以优化时间延迟为目标，将 Transformer 的网络层数、多头注意力的个数、词向量及隐状态维度等作为变量，利用神经网络结构搜索（Neural Architect Search，NAS）[53] 自动根据不同硬件搜索合适的网络结构。实验表明，在不同的芯片上，HAT 搜索出的网络相比于基线模型（Transformer Big）体积更小、速度更快，并且翻译质量也更好。进一步应用 INT4 量化，可以将模型体积压缩至基线系统的 1/25，而 BLEU 值仅下降 0.1 个百分点。

4.6 开源工具

模型的压缩剪枝和参数量化涉及很多算子的修改，并且在实际部署中还需要面向智能硬件定制的矩阵运算库、稀疏矩阵运算库和低精度运算库的支持。从头开发优化系统性能工作量很大。好在国内外很多深度学习开源平台对此都有比较成熟的解决方案：

1）百度"飞桨"在模型训练方面提供了数据并行、模型并行⊖等多种并行方

⊖ https://github.com/PaddlePaddle/FleetX。

案；在模型压缩方面提供了 PaddleSlim [⊖]压缩工具库，包含参数剪枝、定点量化、知识蒸馏等一系列模型压缩方案；在系统部署方面，PaddleLite [⊜]提供了支持多硬件、多平台、轻量级的推理引擎部署方案。开发者不必从头做起，可以直接奉行"拿来主义"，使用这些工具结合使用场景，进行模型训练、优化和部署。

2）谷歌 TensorFlow 提供了模型优化工具包[⊜]，包括量化（训练后量化、训练时量化）、剪枝、权重聚类等。此外，TensorFlow Lite ^㉔也提供了对移动端、嵌入式和物联网等多种边缘设备的支持，将 Transformer 模型通过上述工具包进行自动格式转换和部署。

3）脸书 PyTorch 也提供了模型优化功能如量化、剪枝等，PyTorch Mobile ^㊄支持移动端设备的部署。

参考文献

[1] HE W, HE Z J, WU H, et al. Improved neural machine translation with SMT features [C]//Thirtieth AAAI Conference on Artificial Intelligence Palo Alto：AAAI, 2016：151-157.

[2] HU X G, LI W, LAN X, et al. Improved beam search with constrained softmax for nmt [C]//Proceedings of the Machine Translation Summit XV. Miami：ACL, 2015：297-309.

[3] OCH F J, NEY H. Discriminative training and maximum entropy models for statistical machine translation [C]//Proceedings of the 40th Annual Meeting of the Association for Computational Linguistics. Philadelphia：ACL, 2002：295-302.

[4] WU Y H, SCHUSTER M, CHEN Z F, et al. Google's neural machine trans-

---

㊀ https：//github. com/PaddlePaddle/PaddleSlim。

㊁ https：//github. com/PaddlePaddle/Paddle-Lite。

㊂ https：//github. com/tensorflow/model-optimization。

㊃ https：//tensorflow. google. cn/lite? hl=zh-cn。

㊄ https：//pytorch. org/mobile/home/。

神经网络机器翻译技术及产业应用

lation system: Bridging the gap between human and machine translation [J].
arXiv preprint, 2016, arXiv: 1609. 08144.

[5] SCHUSTER M, NAKAJIMA K. Japanese and korean voice search [C]//2012
IEEE International Conference on Acoustics, Speech and Signal Processing(IC-
ASSP). Cambridge: IEEE, 2012: 5149-5152.

[6] SUTSKEVER I, VINYALS O, LE Q V. Sequence to sequence learning with
neural networks [C]//Proceedings of the 27th International Conference on
Neural Information Processing Systems. Cambridge: MIT Press, 2014:
3104-3112.

[7] TAY Y, DEHGHANI M, BAHRI D, et al. Efficient Transformer: A Survey
[J]. ACM computing surveys, 2022.

[8] DAI Z H, YANG Z L, YANG Y M, et al. Transformer-xl: Attentive language
models beyond a fixed-length context [C]//Proceedings of the 57th Annual
Meeting of the Association for Computational Linguistics. Florence: ACL,
2019: 2978-2988.

[9] RAE J W, POTAPENKO A, JAYAKUMAR S M, et al. Compressive transform-
ers for long-range sequence modelling [C]//Proceedings of the International
Conference on Learning Representations. Ithaca: OpenReview. net, 2020.

[10] CHILD R, GRAY S, RADFORD A, et al. Generating long sequences with
sparse transformers [J]. arXiv preprint, 2019, arXiv: 1904. 10509.

[11] BELTAGY I, PETERS M E, COHAN A. Longformer: The long-document
transformer [J]. arXiv preprint, 2020, arXiv: 2004. 05150.

[12] KITAEV N, KAISER L, LEVSKAYA A. Reformer: The efficient transformer
[C]//Proceedings of the International Conference on Learning Representations.
Ithaca: OpenReview. net, 2020.

[13] ANDONI A, INDYK P, LAARHOVEN T, et al. Practical and optimal LSH for an-
gular distance [C]//Proceedings of the 28th International Conference on Neural
Information Processing Systems. Cambridge: MIT Press, 2015:1225-1233.

［14］ GOMEZ A N, REN M, URTASUN R, et al. The reversible residual network: Backpropagation without storing activations ［C］//Proceedings of the Advances in Neural Information Processing Systems. Cambridge: MIT Press, 2017: 2215-2225.

［15］ RAE J W, POTAPENKO A, JAYAKUMAR S M, et al. Compressive transformers for long-range sequence modeling ［C］//Proceedings of the International Conference on Learning Representations. Ithaca: OpenReview. net,2020.

［16］ BOTTOU L, BENGIO Y. Convergence properties of the K-means algorithms ［C］//Proceedings of the Advances in Neural Information Processing Systems. Cambridge: MIT Press, 1994: 585-592.

［17］ GUO Q P, QIU X P, LIU P F, et al. Star-transformer ［C］//Proceedings of the 2019 Conference of the North American Chapter of the Association for Computational Linguistics. Minneapolis: NAACL, 2019: 1315-1325.

［18］ WANG S N, LI B, KHABSA M, et al. Linformer: Self-attention with linear complexity ［J］. arXiv preprint, 2020, arXiv: 2006. 04768.

［19］ CHOROMANSKI K, LIKHOSHERSTOV V, DOHAN D, et al. Rethinking attention with performers ［C］//Proceedings of the International Conference on Learning Representations. Ithaca: OpenReview. net, 2021.

［20］ KATHAROPOULOS A, VYAS A, PAPPAS N, et al. Transformers are RNNs: Fast autoregressive transformers with linear attention ［C］//Proceedings of the 37th International Conference on Machine Learning. New York: PMLR, 2020: 5156-5165.

［21］ ZHANG B, XIONG D Y, SU J S. Accelerating neural transformer via an average attention network ［C］//Proceedings of the 56th Annual Meeting of the Association for Computational Linguistics. Melbourne: ACL, 2018: 1789-1798.

［22］ XIAO T, LI Y Q, ZHU J B, et al. Sharing attention weights for fast transformer ［C］//Proceedings of the Twenty-eighth International Joint Conference on Artificial Intelligence. San Francisco: Morgan Kaufmann, 2019: 5292-5298.

[23] WANG Q, LI B, XIAO T, et al. Learning deep transformer models for machine translation [C]//Proceedings of the 57th Annual Meeting of the Association for Computational Linguistics. Florence: ACL, 2019: 1810-1822.

[24] HSU Y T, GARG S, LIAO Y H, et al. Efficient inference for neural machine translation [C]//Proceedings of SustaiNLP: Workshop on Simple and Efficient Natural Language Processing. Stroudsburg: ACL, 2020: 48-53.

[25] KIM Y J, JUNCZYS-DOWMUNT M, HASSAN H, et al. From research to production and back: Ludicrously fast neural machine translation [C]//Proceedings of the 3rd Workshop on Neural Generation and Translation. Hong Kong: EMNLP-NGT-WS, 2019: 280-288.

[26] VOITA E, TALBOT D, MOISEEV F, et al. Analyzing multi-head self-attention: specialized heads do the heavy lifting, the rest can be pruned [C]// Proceedings of the 57th Annual Meeting of the Association for Computational Linguistics. Florence: ACL, 2019: 5797-5808.

[27] LOUIZOS C, WELLING M, KINGMA D P. Learning sparse neural networks through L_0 regularization [C]//Proceedings of the International Conference on Learning Representations. Vancouver: ICLR, 2018.

[28] LIANG J Z, ZHAO C Q, WANG M X, et al. Finding sparse structures for domain specific neural machine translation [C]//Proceedings of the AAAI Conference on Artificial Intelligence. Palo Alto: AAAI, 2021: 13333-13342.

[29] HANSON S, PRATT L. Comparing biases for minimal network construction with back-propagation [C]//Proceedings of the Advances in Neural Information Processing Systems. Cambridge: MIT Press, 1988: 177-185.

[30] LECUN Y, DENKER J, SOLLA S. Optimal brain damage [C]//Proceedings of the Advances in Neural Information Processing Systems. San Francisco: Morgan Kaufmann, 1990: 598-605.

[31] HASSIBI B, STORK D G, WOLFF G J. Optimal brain surgeon and general network pruning [C]//Proceedings of the IEEE International Conference on

Neural Networks. Cambridge：IEEE, 1993：293-299.

[32] ANWAR S, HWANG K, SUNG W. Structured pruning of deep convolutional neural networks [J]. ACM journal on emerging technologies in computing systems(JETC), 2017, 13 (3)：1-18.

[33] LEBEDEV V, LEMPITSKY V. Fast convnets using group-wise brain damage [C]//Proceedings of the IEEE Conference on Computer Vision and Pattern Recognition. Cambridge：IEEE, 2016：2554-2564.

[34] LI H, KADAV A, DURDANOVIC I, et al. Pruning filters for efficient convnets [C]//Proceedings of the International Conference on Learning Representations. Ithaca：OpenReview. net, 2017.

[35] CHANGPINYO S, SANDLER M, ZHMOGINOV A. The power of sparsity in convolutional neural networks [J]. arXiv preprint, 2017, arXiv：1702.06257.

[36] HAN S, POOL J, TRAN J, et al. Learning both weights and connections for efficient neural network [C]//Proceedings of the Advances in Neural Information Processing Systems. Cambridge：MIT Press, 2015：1135-1143.

[37] SEE A, LUONG M T, MANNING C D. Compression of neural machine translation models via pruning [C]//Proceedings of the 20th SIGNLL Conference on Computational Natural Language Learning. Berlin：CoNLL, 2016：291-301.

[38] NARANG S, ELSEN E, DIAMOS G, et al. Exploring sparsity in recurrent neural networks [C]//Proceedings of the International Conference on Learning Representations. Ithaca：OpenReview. net, 2017.

[39] COLLINS M D, KOHLI P. Memory bounded deep convolutional networks [J]. arXiv preprint, 2014, arXiv：1412.1442.

[40] ZHU M, GUPTA S. To prune, or not to prune：exploring the efficacy of pruning for model compression [C]//Proceedings of the International Conference on Learning Representations. Ithaca：OpenReview. net, 2018.

[41] KRISHNAMOORTHI R. Quantizing deep convolutional networks for efficient inference：A whitepaper [J]. arXiv preprint, 2018, arXiv：1806.08342.

［42］ JACOB B, KLIGYS S, CHEN B, et al. Quantization and training of neural networks for efficient integer-arithmetic-only inference ［C］//Proceedings of the IEEE Conference on Computer Vision and Pattern Recognition. Cambridge：IEEE, 2018：2704-2713.

［43］ BHANDARE A, SRIPATHI V, KARKADA D, et al. Efficient 8-bit quantization of transformer neural machine language translation model ［J］. arXiv preprint, 2019, arXiv：1906. 00532.

［44］ PRATO G, CHARLAIX E, REZAGHOLIZADEH M. Fully quantized transformer for machine translation ［C］.//Findings of the Association for Computational Linguistics. EMNLP 2020：1-14.

［45］ WU H, JUDD P, ZHANG X J, et al. Integer quantization for deep learning inference：principles and empirical evaluation ［J］. arXiv preprint, 2020, arXiv：2004. 09602.

［46］ QUINN J, BALLESTEROS M. Pieces of eight：8-bit neural machine translation ［C］//Proceedings of the 2018 Conference of the North American Chapter of the Association for Computational Linguistics：Human Language Technologies. New Orleans：NAACLHLT, 2018：114-120.

［47］ VANHOUCKE V, SENIOR A, MAO M Z. Improving the speed of neural networks on CPUs ［C］//Proceedings of the Deep Learning and Unsupervised Feature Learning Workshop. Cambridge：MIT Press, 2011.

［48］ MIGACZ S. Nvidia 8-bit inference width tensorrt ［R/OL］. The GPU technology conference. ［2017-05-08］. https：//on-demand. gputechconf. com/gtc/2017/presentation/s7310-8-bit-inference-with-tensorrt. pdf.

［49］ MCKINSTRY J L, ESSER S K, APPUSWAMY R, et al. Discovering low-precision networks close to full-precision networks for efficient embedded inference ［C］//Proceedings of the 2019 Fifth Workshop on Energy Efficient Machine Learning and Cognitive Computing. EMC2-NIPS, 2019.

［50］ HINTON G, VINYALS O, DEAN J. Distilling the knowledge in a neural network ［C］//Proceedings of the NIPS Deep Learning and Representation Learning Workshop. 2015.

［51］KIM Y, RUSH A M. Sequence-level knowledge distillation ［C］//Proceedings of the 2016 Conference on Empirical Methods in Natural Language Processing. Austin：EMNLP，2016：1317-1327.

［52］WANG H R, WU Z H, LIU Z J, et al. HAT：hardware-aware transformers for efficient natural language processing ［C］//Proceedings of the 58th Annual Meeting of the Association for Computational Linguistics. Stroudsburg：ACL，2020：7675-7688.

［53］PHAM H, GUAN M, ZOPH B, et al. Efficient neural architecture search via parameters sharing ［C］//Proceedings of the 35th International Conference on Machine Learning. Stockholm Sweden：PMLR，2018：4095-4104.

神经网络机器翻译技术及产业应用

第 5 章

多语言机器翻译

当今世界是一个多种文明和文化交流融汇的世界。随着社会的发展和技术的进步，各个国家和地区联系日趋紧密，对多语言翻译的需求也越来越迫切。

如绪论中所述，世界上有数千种语言。然而，语言资源的分布极不均衡。除了中文、英文等十多种语言有较大规模的语料外，大部分语言都面临语料资源稀缺的问题。如图 5-1 所示，据 "互联网世界统计"（Internet World Stats）⊖显示，截至 2020 年 3 月，全球十大语言（英、中、西、阿、葡、印尼/马来、法、日、俄、德）在互联网上的使用人数占了互联网总人数⊖的 76.9%左右，排名前两位的英文、中文分别占了 25.9%和 19.4%。而其他所有语言之和仅占 23.1%。

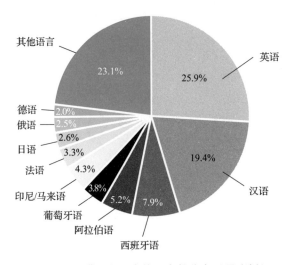

图 5-1　互联网上语言使用人数分布（见彩插）

有些语言甚至因为使用者越来越少而面临灭绝的危险。据联合国预测，世界上现存语言中，有一半的语言只有不到一万名使用者，四分之一的语言只有不到一千名使用者。到 21 世纪末，现在使用的语言中约有一半的语言将不复存在。有些语言由于使用人数极少，甚至在战争年代被用于军事密码。电影《风语者》就披露了这样一段故事。1942 年，面对太平洋战场密电码总被日军破解的被动局面，美军召集了 29 名印第安纳瓦霍族人，训练成为专门的译电员，称为 "风语者"。

⊖　https://www.internetworldstats.com/stats7.htm。

⊖　截至 2020 年 3 月，互联网渗透率约为 58.8%，即世界人口中，有 58.8%的人接入了互联网。

　神经网络机器翻译技术及产业应用

因为他们的语言没有外族人能够听得懂，所以很多重要的军事机密都由这群"风语者"来传递。

无论使用人数的多寡，每一种语言都是历史的变迁和文明的进程中人类智慧的结晶。在互联互通的全球化时代，语言的多样性为世界增添了靓丽的色彩，也加剧了沟通的困难。如何在语言资源匮乏的情况下，构建高质量多语言机器翻译系统，促进跨语言交流，是必须面对和亟待解决的问题。

5.1 概述

多语言翻译的核心挑战主要体现在两方面。一方面，语言资源分布不均衡，大部分语种语言资源稀缺，难以训练高质量机器翻译模型；另一方面，随着语言数量增多，翻译系统面临模型数量多、部署和维护成本高等难题。

第一个问题实际上是低资源（low resource）机器翻译问题。所谓"巧妇难为无米之炊"，对于机器翻译而言，这里的"米"主要指的是双语数据。而低资源多语言机器翻译就是要在"少米"甚至"无米"的条件下，完成翻译任务。针对这一问题的解决方案，可以从扩充数据的角度出发，在无法获取大量双语平行语料的情况下，尽量多地获取单语语料，利用数据增强（data augmentation）技术合成双语平行语料。此外，还可以使用无监督机器学习技术，仅使用单语语料训练翻译模型。

第二个问题涉及翻译模型和部署问题。一般来说，如果要建立 N 种语言之间的互译，则需要分别训练 $N \times (N-1)$ 个翻译模型。随着语言数量的增多，训练成本和部署难度相当大。是否能有一种方法，使得只需要训练一个统一的翻译模型，就可以翻译所有语言？这样一来，多语言翻译的模型复杂度和部署难度就大大降低了。神经网络机器翻译使得这种想法成为可能。在神经网络机器翻译框架下，可以通过共享模型结构、共享参数、共享词表等构建 1 对多、多对 1，乃至多对多的多语言翻译模型。而构建多语言翻译统一模型，实际上也是一种缓解资源稀缺的方案——通过多种语言联合训练共享信息，利用语言的多样性形成互补，利用语言的相似性进行数据增强。

本章首先介绍数据增强的常用方法，包括基于枢轴语言合成语料库的方法、回译（back translation）技术等，用以缓解数据资源不足的问题；接下来从机器学习角度，介绍低资源条件下，利用无监督机器学习方法提升翻译质量；然后介绍神经网络多语言翻译统一模型，包括1对多、多对1、多对多翻译模型；接下来介绍多语言预训练技术。近年来，预训练技术发展迅速，在多个领域取得了显著效果。多语言预训练技术将单一语种的预训练模型扩展到多语言，促进了多语言机器翻译的发展。本章的最后将结合百度、谷歌、脸书的实践案例，介绍大规模多语言机器翻译系统。

5.2 数据增强

机器翻译中的数据增强，是指在双语平行语料受限的情况下，使用单语语料构造双语平行语料的方法。基本思路是，首先使用已有的双语平行语料训练初始翻译模型，利用该模型翻译单语数据，将单语数据及其译文所构成的平行语料（称为合成平行语料库）再用于训练机器翻译模型，从而缓解低资源语言双语平行语料匮乏的问题。

读者可能会有疑问，这种合成的平行语料对于训练机器翻译模型有效吗？诚然，机器合成的平行语料难以与人类专家标注的高质量平行语料相比。不过，高质量平行语料标注成本非常高。在低资源语言翻译场景下，依靠人工翻译来获得大量平行语料几乎是不可能的。实际上，随着机器翻译质量的提高，利用机器翻译结果构造双语数据被证明有助于提升低资源语言的机器翻译质量[1-4]。另外，数据增强技术也被广泛地应用于实际系统研发中。

本节介绍两种数据增强技术，基于枢轴语言的合成语料库方法以及回译技术。

5.2.1 基于枢轴语言的合成语料库方法

枢和轴都有中间连接的意思，"流水不腐，户枢不蠹"中的"枢"就是门轴——门和框的连接点。基于枢轴语言（Pivot Language）的方法，就是在低资源语言翻译时，通过资源丰富的第三种语言（称为枢轴语言），在低资源语言间建立联系。例如，中文和泰语的双语资源稀缺，但是中文和英语、英语和泰语之间的双语资源相对较多，因此可以选用英语作为枢轴语言，建立中文和泰语的翻译系统。

基于枢轴语言的合成语料库方法[5]的主要思想是利用枢轴语言构造源语言到目标语言的双语语料。假设有源语言（S）到枢轴语言（P）的双语语料库 $C_{sp} = \{\langle S_n, P_n \rangle\}_{n=1}^N$，同时有枢轴语言（$P$）到目标语言（$T$）的双语语料库 $C_{pt} = \{\langle P_m, T_m \rangle\}_{m=1}^M$，其中，$\langle S_n, P_n \rangle$、$\langle P_m, T_m \rangle$ 表示双语平行句对，N、M 表示句对数量，则可以训练枢轴语言到目标语言的翻译模型 MT_{pt}。使用 MT_{pt} 将 C_{sp} 中的枢轴语言句子 P_n 翻译为目标语言 T_n'，从而构造双语语料库 $C_{st'} = \{\langle S_n, T_n' \rangle\}_{n=1}^N$。其中，$S_n$ 是真实的源语言句子，T_n' 是机器翻译模型 MT_{pt} 输出的译文。

同样地，也可以将 C_{sp} 中源语言和枢轴语言互换位置，得到 $C_{ps} = \{\langle P_n, S_n \rangle\}_{n=1}^N$ 训练枢轴语言到源语言的翻译模型 MT_{ps}，然后将 C_{pt} 中的枢轴语言 P_m 翻译为源语言 S_m'，构造合成的双语语料库 $C_{s't} = \{\langle S_m', T_m \rangle\}_{m=1}^M$。其中，$T_m$ 是真实的目标语言句子，而 S_m' 则是机器翻译模型 MT_{ps} 输出的译文。

使用合成后的双语语料库 $C_{st'}$ 和（或）$C_{s't}$ 来训练源语言到目标语言的翻译系统 MT_{st}。

如图 5-2 所示，以中泰翻译为例，以英文作为枢轴语言，利用英泰双语数据训

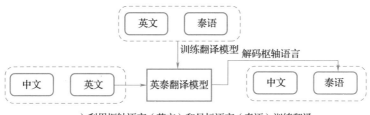

a）利用枢轴语言（英文）和目标语言（泰语）训练翻译
模型，将〈中，英〉语料库中的英文翻译为泰语

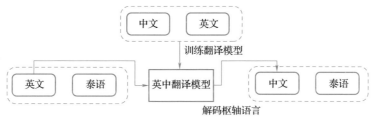

b）利用源语言（中文）和枢轴语言（英语）训练翻译
模型，将〈英，泰〉语料库中的英文翻译为中文

图 5-2　利用枢轴语言合成语料库示例

练英泰翻译模型，将中英双语数据的英文部分翻译为泰语，可以构造中泰双语数据。同样地，利用英中双语数据可以训练英中翻译模型，将英泰数据的英文部分翻译为中文，构造中泰双语数据。

5.2.2 回译技术

回译，顾名思义，就是反向翻译。关于回译，有一个流传甚广的故事。在1962年美国出版的《哈泼杂志》（*Harper's Magazine*）中一篇名为《机器翻译的困扰》（"The trouble with translation"）的文章提到，将英文句子 "The spirit is willing but the flesh is weak."（心有余而力不足）使用英俄机器翻译系统翻译为俄文后，再用俄英机器翻译系统翻译为英文，得到的译文是 "The Voltka is strong but the meat is rotten."（伏特加酒是浓的，但肉却腐烂了），以此来说明机器翻译译文质量不佳。不过这个例子被计算语言学家冯志伟先生考证是杜撰的[6]。因为在当时，美国主要在研发俄语到英语的翻译系统，用于翻译苏联的资料，并没有研制英语到俄语的翻译系统。虽然是杜撰，但这个故事也反映出使用机器翻译系统多次翻译容易产生错误传递和错误放大。

不过，随着机器翻译技术的不断进步，尤其是神经网络机器翻译的兴起，机器翻译质量有了显著提升。研究发现，利用回译技术来做数据增强表现出了非常好的效果[2-4]。

回译技术的主要思想是，首先利用双语平行语料训练初始翻译模型，然后用此翻译模型将目标语言的大量单语数据翻译为源语言句子，合成双语平行语料（目标语言是真实的句子，而源语言是机器翻译的结果），再将合成的双语平行语料以及原有真实的双语平行语料合并，以优化机器翻译模型。

以中文（z）到泰语（t）的翻译为例（如图5-3所示），回译技术的流程如下：

1）首先收集中泰的双语数据 $C_{zt} = \{\langle X_n, Y_n \rangle\}_{n=1}^{N}$，训练泰语到中文的翻译模型 MT_{tz}；其中，$\langle X_n, Y_n \rangle$ 表示中泰双语句对。

2）利用翻译模型 MT_{tz} 将泰语单语语料 $C_t = \{Y_m\}_{m=1}^{M}$ 翻译为中文，得到合成的双语平行语料 $C_{z't} = \{\langle X'_m, Y_m \rangle\}_{m=1}^{M}$。

3）将真实的双语平行语料 C_{zt} 与合成的双语平行语料 $C_{z't}$ 合并作为训练数据，训练中文到泰语的翻译模型 MT_{zt}。

神经网络机器翻译技术及产业应用

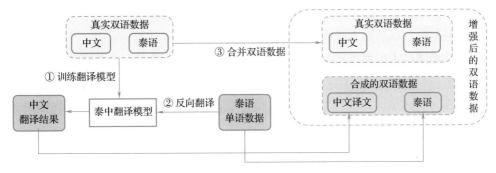

图 5-3 以中泰翻译为例的回译技术框图

实验表明，回译技术可以有效提升低资源语言的翻译质量[2]。Sennrich 等人分析发现，通过回译技术构造的源语言句子，在数据增强的同时，由于机器翻译错误也引入了噪声。而低资源语言由于双语语料匮乏，在仅有的小规模双语语料上训练模型很容易造成过训练。通过回译技术进行数据增强后，带有噪声的训练语料能够有效缓解过训练问题，增强模型鲁棒性。此外，回译技术在不改变机器翻译模型的前提下，充分利用了目标语言的单语数据。由于目标语言单语数据是真实的，因此在训练正向翻译模型（由源语言翻译为目标语言）时，目标语言语料有助于提升译文的流利度。并且，回译模型生成的源语言句子可以产生新的源语言单词或者短语，这些单词或者短语可能是在原有双语语料中未出现的（但是是正确的单词或短语）。例如对于英语（目标语言）到德语（源语言）的回译模型，英语短语"civil rights protections"翻译为德语单词"Bürger｜rechts｜schutzes"。这个德语词由三个子词（subword）构成，分别是"Bürger""rechts""schutzes"。这个词没有在双语语料中出现过，但是经过回译模型后，通过子词的组合生成了该词。从这个角度看，由回译生成的源语言句子有助于缓解数据稀疏问题。

通常回译模型使用贪心搜索或者柱式搜索生成源语言句子，这样产生的句子实际上是寻找最大后验概率（Maximum APosteriori，MAP）的句子，译文缺乏多样性。针对这一问题，Edunov 等人[4]研究了不同的生成源语言句子的方法：一是使用基于采样（sampling）的方式，在生成源语言单词时，首先选择 k 个可能的候选词，然后在这个限定词表中重新进行归一化计算，生成译文；二是对柱式搜索生成的源语言句子加入噪声（如删除单词、替换单词以及交换单词顺序）。实验发现，这两种方式可以生成更为丰富的源语言句子，有助于提升模型的鲁棒性。这在大规模数据上也取得了显著提升。

上述回译技术仅用到了目标语言单语数据，且只翻译一次（将目标单语数据翻译为源语言数据）。为了进一步挖掘数据潜力，在上述思路基础上，又发展出了多轮回译或者称为迭代回译（Iterative back translation）技术[7]。迭代回译同时对源语言单语数据进行正向翻译以及对目标语言单语数据进行反向翻译⊖，充分利用了两种语言的单语数据，通过多次迭代进行数据增强。

假设有双语数据 $C_{xy}=\{\langle X_n,Y_n\rangle\}_{n=1}^{N}$，其中，$\langle X_n,Y_n\rangle$ 是双语句对，N 是句对个数，则可以用来训练初始的正向翻译模型 MT_{xy}^{0} 和反向翻译模型 MT_{yx}^{0}，其中，上标表示迭代的次数。同时，收集源语言单语数据 $C_x=\{X_j\}_{j=1}^{M_x}$ 和目标语言单语数据 $C_y=\{Y_k\}_{k=1}^{M_y}$，迭代过程如下：

1）初始，迭代轮数 iter = 0。

2）利用正向模型 MT_{xy}^{iter} 翻译单语数据 C_x，得到双语数据 $C_{xy^{iter}}\{\langle X_j,Y_j^{iter}\rangle\}_{j=1}^{M_x}$，同时利用反向模型 MT_{yx}^{iter} 翻译单语数据 C_y，得到双语数据 $C_{x^{iter}y}\{\langle X_k^{iter},Y_k\rangle\}_{k=1}^{M_y}$。

3）将 C_{xy} 与 $C_{x^{iter}y}$ 合并，训练正向模型 MT_{xy}^{iter+1}，同时将 C_{xy} 与 $C_{xy^{iter}}$ 合并训练反向模型 MT_{yx}^{iter+1}。

4）iter = iter+1，重复步骤 2）和 3），直到达到设定的迭代次数或者模型收敛。

与基于枢轴语言合成语料库相比，使用回译技术不需要引入第三方语言，实现上更加方便，广泛应用于低资源机器翻译场景。不过需要注意的是，多轮迭代回译固然可以生成数量更多、更多样的数据，同时也增加了训练成本以及翻译错误传递的风险。在实际系统开发中，需要结合需求灵活使用上述数据增强技术。

5.3 无监督机器翻译

无监督学习（unsupervised learning）是机器学习中的一种重要方法，是指不依

⊖ 这里正向翻译、反向翻译是从源语言角度出发看待的翻译方向。

赖标注数据进行建模从而解决问题的一类方法。如前所述，机器翻译所使用的标注数据是平行语料库，利用平行语料库训练机器翻译模型的方法称为有监督机器翻译。而无监督机器翻译则是在没有平行语料库（零双语资源）的场景下，仅使用单语语料库（包括源语言和目标语言单语语料库）构建机器翻译模型的方法。

此外，还有一类方法是半监督（semi-supervised）方法，即在有少量标注数据的情况下，可以利用少量标注数据和大量无标注数据进行建模。例如上一节介绍的数据增强方法可以看作一种半监督学习方法，使用了少量双语平行语料作为"种子"训练一个初始的机器翻译模型，然后通过翻译大量的单语语料来构造双语数据，并与真实的双语平行语料融合训练翻译模型。

在极端条件下（仅有两种语言的单语资源），无监督机器翻译技术可以建立两种语言之间的联系，构建机器翻译系统。此外，无监督机器翻译技术也可以与半监督、有监督机器翻译结合，进一步提升低资源语言翻译质量。

本节首先介绍无监督神经网络机器翻译的基本原理，然后介绍几种主要的无监督机器翻译模型。

5.3.1 基本原理

无监督机器翻译，看似"无中生有"，难以下手，实际上则是"有迹可循"。无监督机器翻译通常基于以下两个前提（假设）：

1）源语言和目标语言的单语语料差异小。这包含两层含义，一是两种语言之间差异性小，具有相似的词表、语法等。例如欧洲语言之间相对于欧洲语言和亚洲语言之间，差异性就小很多。二是两种语言的单语语料来自同一领域，同一领域内词汇、句式等相似性高。在这个前提下，无监督机器翻译容易建立起两种语言语料之间的联系。

2）不同语言但上下文相似的词，其语义也是相似的。这一假设可以说是无监督机器翻译的基础，基于此，可以构建两种语言的翻译词典。而有了词典之后，就可以进一步建立句子级的联系了。

无监督机器翻译的基本思路，通常有以下三个步骤[8]：

1）初始化。这一步的目的是构建两种语言互译词典。基于源语言和目标语言的单语数据，训练源语言单词和目标语言单词的词向量。词向量是神经网络机器翻译重要的组成部分，有多种方法可以从单语数据中训练词向量，如早期的word2vec[9]，以及近年来主流的预训练方法[10-12]。文献［9］发现，不同语言的词向量可以通过线性变换建立联系。通过将源语言向量映射到目标语言的向量空间中，可以构建两种语言单词级的互译关系。

2）单语数据建模（即语言模型）。这一步的目的是希望通过单语数据建立同一语言单词之间的依赖关系。在上一步中，同一语言单词之间是互相独立的，模型还需要学习如何通过单词来"造句"。在神经网络机器翻译中，通常使用去噪自编码器（Denoising Auto-Encoder，DAE）[13] 实现这一目的。其主要思想是，通过在句子中加入噪声（例如删除部分单词、调整单词的顺序等），训练模型使其具有重构（reconstruction）该句子的能力，即将其还原为原来正确的句子。这一步实际起到语言模型的作用，有助于提升译文的流利度。

3）双语数据建模（即翻译模型）。这一步的目的是建立两种语言之间句子级的互译关系，通常使用回译技术实现。通过步骤1）生成的词典，可以得到一个初始的从源语言到目标语言的翻译模型 $MT_{src \to tgt}$，以及从目标语言到源语言的翻译模型 $MT_{tgt \to src}$。使用 $MT_{src \to tgt}$ 将源语言句子 X 翻译为目标语言句子 Y，再使用 $MT_{tgt \to src}$ 将 Y 翻译为 X'。比较 X 和 X' 的差异用来调整模型参数，从而提升翻译效果（也可以先从目标语言翻译为源语言开始）。

需要注意的是，步骤2）的去噪自编码器和步骤3）的翻译模型通常共享网络结构。当编码器和解码器的输入输出是同一种语言时，即为去噪编码器。而当输入输出不是同一种语言时，则为翻译模型。从而通过步骤2）和步骤3）不断迭代，优化模型。

5.3.2　跨语言词向量映射

5.3.1 节提到，不同语言的词向量存在线性映射关系。据此，可以利用两种语言单语数据建立互译词典。下面介绍两种常用的方法。

基于种子词典的方法[9]：利用一个初始词典（包含 5000 词条）作为种子词典，学习两种语言之间单词的映射关系。假设有源语言和目标语言词典 $D = \{(x_n, y_n)\}_{n=1}^{N}$，其中，$x_n$ 表示源语言单词词向量，y_n 表示 x_n 对应的目标语言单词词向量，N 是词典中词对的个数，则可以通过优化以下目标函数来学习两种语言单词之间的映射关系：

$$\min_{\boldsymbol{W}} \sum_{n=1}^{N} \| \boldsymbol{W}\boldsymbol{x}_n - \boldsymbol{y}_n \|^2 \tag{5-1}$$

其中，$\boldsymbol{W}$ 是映射参数。对于任何一个源语言中的单词 $\boldsymbol{x}$，通过线性变换 $\boldsymbol{W}\boldsymbol{x}$ 将其映射到目标语言向量空间，然后寻找与其最近的目标语言词向量 $\hat{\boldsymbol{y}}$，即为其对应的目标语言词。

$$\hat{\boldsymbol{y}} = \mathrm{argmax}\cos(\boldsymbol{W}\boldsymbol{x}, \boldsymbol{y}_t) \tag{5-2}$$

其中，$\cos(\boldsymbol{W}\boldsymbol{x}, \boldsymbol{y}_t)$ 表示余弦相似度。

很多情况下，包含上千词条的词典也比较难以获得。此时，可以利用语言间共享的一些信息作为"种子"，例如数字、名字等。这种方法适用于共享字母表（或者词表）的相似语言，如欧洲语言。Artetxe 等人[14] 仅使用了 25 个词条，就建立起英语和意大利语之间的单词映射关系。

基于对抗训练的方法[15]：基本思想是不使用种子词典，而是利用对抗训练（adversarial training）[16] 建立两种语言之间的单词映射。假设 $X = \{\boldsymbol{x}_n\}_{n=1}^{N}$ 和 $Y = \{\boldsymbol{y}_m\}_{m=1}^{M}$ 分别是源语言和目标语言的词向量集合。希望找到一个映射参数 $\boldsymbol{W}$，使得 $\boldsymbol{W}X = \{\boldsymbol{W}\boldsymbol{x}_n\}_{n=1}^{N}$ 将源语言单词映射到目标语言单词向量空间。

训练一个判别器（discriminator）使得其能够区分一个向量是来自源语言 X 的映射（即 $\boldsymbol{W}X$）还是来自目标语言 Y。判别器目标函数如下：

$$L_D(\theta_D \mid \boldsymbol{W}) = -\frac{1}{N} \sum_{n=1}^{N} \log P_{\theta_D}(\mathrm{source} = 1 \mid \boldsymbol{W}\boldsymbol{x}_n) - \frac{1}{M} \sum_{m=1}^{M} \log P_{\theta_D}(\mathrm{source} = 0 \mid \boldsymbol{y}_m) \tag{5-3}$$

其中，θ_D 是判别器的参数，$P_{\theta_D}(\mathrm{source} = 1 \mid \boldsymbol{W}\boldsymbol{x}_n)$ 表示向量 $\boldsymbol{W}\boldsymbol{x}_n$ 是源语言词向量的映射，而 $P_{\theta_D}(\mathrm{source} = 0 \mid \boldsymbol{y}_m)$ 则表示 $\boldsymbol{y}_m$ 不是源语言词向量的映射。

将向量映射作为生成器（generator），训练一个映射矩阵 $\boldsymbol{W}$，使得判别器难以分辨一个向量是来自源语言映射还是来自目标语言。目标函数如下：

$$L_{\boldsymbol{W}}(\boldsymbol{W} \mid \theta_D) = -\frac{1}{N} \sum_{n=1}^{N} \log P_{\theta_D}(\mathrm{source} = 0 \mid \boldsymbol{W}\boldsymbol{x}_n) - \frac{1}{M} \sum_{m=1}^{M} \log P_{\theta_D}(\mathrm{source} = 1 \mid \boldsymbol{y}_m) \tag{5-4}$$

高维向量空间中通常存在中心化（hubness）问题[17]，空间中有些向量常常是很多向量的近邻（向量比较密集），而另外一些向量则找不到任何近邻（向量相对孤立）。换句话说，近邻是非对称的。$\hat{y}$ 是 x 的近邻向量并不意味着 x 就是 $\hat{y}$ 的近邻向量。具体到机器翻译则意味着两个单词的互译性难以保证。为了解决这一问题，Conneau 等人[15] 提出了一种跨域相似度局部缩放（Cross-domain Similarity Local Scaling，CSLS）指标。

定义源语言单词 x_s 与目标语言近邻单词的平均距离：

$$r_T(\boldsymbol{Wx}_s) = \frac{1}{K} \sum_{\boldsymbol{y}_t \in N_T(\boldsymbol{Wx}_s)} \cos(\boldsymbol{Wx}_s, \boldsymbol{y}_t) \tag{5-5}$$

其中，$N_T(\boldsymbol{Wx}_s)$ 表示源语言单词映射到目标语言单词向量空间后的近邻目标词集合，K 是 $N_T(\boldsymbol{Wx}_s)$ 中的元素个数。同样可以定义 $r_S(\boldsymbol{y}_t)$。

CSLS 计算如下：

$$\text{CSLS}(\boldsymbol{Wx}_s, \boldsymbol{y}_t) = 2\cos(\boldsymbol{Wx}_s, \boldsymbol{y}_t) - r_T(\boldsymbol{Wx}_s) - r_S(\boldsymbol{y}_t) \tag{5-6}$$

当 $\boldsymbol{Wx}_s$ 和 $\boldsymbol{y}_t$ 互为近邻时，$r_T(\boldsymbol{Wx}_s)$ 和 $r_S(\boldsymbol{y}_t)$ 较小，CSLS($\boldsymbol{Wx}_s$，$\boldsymbol{y}_t$) 较大。反之，$r_T(\boldsymbol{Wx}_s)$ 和 $r_S(\boldsymbol{y}_t)$ 会变大，CSLS($\boldsymbol{Wx}_s$，$\boldsymbol{y}_t$) 会变小，从而缓解了高维向量空间的中心化问题。

此方法的优点是完全不依赖双语种子词典，同时具有较好的鲁棒性。实验表明，此方法在多种语言上都取得了较好的效果，在西班牙语到英语的词翻译任务上取得了高达 83.3% 的准确率[15]，在英语到中文、英语到俄语等语言差异性大的语种上也有不错的表现。

在两种语言间建立起词级别的映射之后，就可以进一步地通过单语和双语建模，建立起句子级别的对应关系以及翻译模型。

5.3.3　基于去噪自编码器和回译技术的翻译模型

Artetxe 等人[18] 提出了一种基于 RNN 的无监督机器翻译模型，其网络结构主要有 3 个特点：

1）模型不区分翻译方向，即从源语言到目标语言和从目标语言到源语言的翻译，使用同一个网络。

2）在编码端通过共享编码器将两种语言的输入文本编码到同一向量空间，而在解码端，通过两种语言独立的解码器生成相应的语言。编码器和解码器是 2 层的 RNN。

3）使用预训练好的词向量并在训练过程中保持不变，使模型着重学习单词间的组合。需要注意的是，两种语言保持各自独立的词表，以解决不同语言间的单词同形不同义的问题（如 chair 既是一个英语单词，又是一个法语单词，但是含义不同）。

假设源语言和目标语言分别用 L1 和 L2 表示，两种语言单语数据分为多个批次（mini-batch），模型训练过程如下。

1）每次使用 1 个批次的数据分别训练 L1 和 L2 的去噪自编码器。其中去噪自编码器通过改变输入句子中单词顺序添加噪声，使得模型对单词顺序不敏感。

2）对 L1 中的每个批次的句子进行翻译解码，得到 L2 中的句子，从而构造出双语数据，用其训练翻译模型将 L2 中的句子回译到 L1，并与 L1 中的原始句子进行比较，更新参数。此步骤也可以从 L2 开始同步进行。

3）上述步骤 1）、2）迭代进行直到收敛。

在英译法、英译德上的实验表明，回译技术对于提升无监督翻译模型的翻译质量具有重要作用，相比于单纯使用去噪自编码器，显著提升了翻译质量。此外，如果加入一部分平行语料用于训练初始翻译模型（半监督训练），可以有效提升翻译质量。然而，以上方法与有监督翻译模型相比，仍然存在较大差距。

无独有偶，Lample 等人[8] 也提出了类似的无监督翻译模型。其网络结构中编码器和解码器使用 3 层 LSTM，去噪自编码器通过删除单词以及改变单词顺序添加噪声。此外，虽然使用了共享编码器将两种语言映射到同一向量空间，但是这种方式仍然难以保证建立两种语言句子之间的严格的对应关系。5.3.2 节提到，可以通过对抗训练优化词级别的对应关系[15]。因此，作者引入对抗训练优化编码器，优化的目标是输入文本通过编码器映射到向量空间后，编码器无法区分其来自哪种语言。在法英上的实验表明，引入对抗训练可以显著提升翻译质量（BLEU 值提升 5.33 个百分点）。使用源语言和目标语言的各 1500 万个单语句子训练的无监督翻译模型，与使用 1 万个双语平行语料训练的无监督翻译模型，效果相当。

以上两种方法都使用了共享编码器。虽然共享编码器能够将两种语言映射到同一空间，但是也牺牲了一部分语言独立性，毕竟每种语言在句法、语法上都有自己的特点。为了兼顾语言的独立性和语言间的共享语义空间，文献［19］基于

Transformer 提出了权重共享的无监督翻译模型。两种语言分别使用独立的编码器和解码器，编码器和解码器分别有 4 层网络。为了使模型具有共享语义空间的能力，两个编码器的上层网络共享权重。与之类似的是，两个解码器的下层网络也共享权重。实验表明，该方法在英译德、英译法方面与上文的方法[8] 相比获得了提升。不过由于其使用的神经网络结构不同，两者并不具有严格的可比性。

5.3.4　基于对偶学习的机器翻译模型

5.3.3 节提到，无监督翻译模型通常使用同一个网络来训练源语言到目标语言以及目标语言到源语言的翻译。这实际上是一个对偶（dual）任务。所谓对偶，就是成对的意思，两个问题形成一种对称镜像关系。很多机器学习任务都可以看作对偶任务，例如语音识别与语音合成、给图像标注说明文字与根据文字生成图像等。具有对偶关系的两个任务，在训练中可以互相给予对方反馈，并根据反馈训练模型参数。基于对偶学习（dual learning）的机器翻译模型[20] 正是基于以上思路提出的。

图 5-4 展示了基于对偶学习的机器翻译模型的基本原理。假设有两个人 Li Lei 和 Han Meimei。Li Lei 只会说中文，Han Meimei 只会说英文，他们通过中英翻译模型 MT_{ce} 和英中翻译模型 MT_{ec} 进行交流。

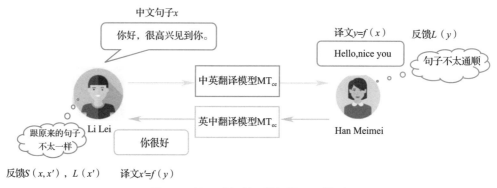

图 5-4　基于对偶学习的机器翻译模型

初始时，可以通过少量平行语料训练 MT_{ce} 和 MT_{ec}（半监督），也可以通过前述介绍使用无监督方法从单语数据中训练词级别翻译模型。可以预见，初始模型的翻译效果是比较差的。

　　　　　　　　　　　　神经网络机器翻译技术及产业应用

接下来，借鉴回译技术的思想，通过不断迭代更新模型参数。具体而言，Li Lei 说了一句中文，通过模型 MT$_{ce}$ 翻译为英文。虽然 Han Meimei 不懂中文，不知道 Li Lei 想要表达的具体意思，但是她可以评估英文是否地道、流利。基于此，她给出了回应（反馈）。Han Meimei 将这个英文句子通过 MT$_{ec}$ 翻译给 Li Lei。Li Lei 可以从两个方面评价返回的中文，一是比较这个中文句子与他原来说的中文句子是不是相似（如利用机器翻译评价指标 BLEU），二是评价这个中文句子是否地道、流利（如利用语言模型）。通过反馈，调节模型参数。当然，这个过程也可以先从 Han Meimei 开始。持续以上过程，直至模型收敛。

实验表明，与单纯使用回译技术构造双语语料训练翻译模型相比，基于对偶学习的机器翻译模型的翻译质量有了显著提升。此外，在法语到英语翻译方向上，与使用全量平行语料（1200 万个句对）进行有监督训练的翻译模型相比，使用10%的平行句对训练初始模型做热启动，基于对偶学习的机器翻译模型达到了与使用全量双语语料训练的翻译模型可比的翻译质量（BLEU 值）。

5.4 多语言翻译统一建模

前文主要介绍了多语言翻译中面临的低资源问题，主要还是两种语言之间的翻译。本节介绍从两种语言到多语言的扩展，为多语言翻译建立统一模型。实际上，多语言翻译统一建模除了能够降低模型部署的复杂度，也能够通过多语言间的资源共享缓解低资源问题。

如何使翻译系统支持多种语言的互译呢？一种比较朴素的想法是，为每两种语言都建立一套翻译模型。这种一对一建模的方法在语言数量较少的场景下是可以的。而当语言数量快速增多时，系统的训练和部署成本会迅速增加。如果要支持 100 种语言互译，则需要训练 100×99＝9900 个翻译模型。

是否有可能为多语言翻译建立一个统一模型呢？答案是肯定的。如前所述，神经网络机器翻译可以将不同语言的向量映射到同一空间，并且可以通过共享网络结构（如编码器、解码器、注意力机制等）将多种语言联合训练和解码。

5.4.1 基于多任务学习的翻译模型

多任务学习（Multi-task Learning）是常用的机器学习方法，指多个任务之间通过共享信息和参数，达到共同提升的效果。对于多语言翻译而言，可以将每一个翻译方向看作一个翻译任务，通过一个网络模型同时训练多个翻译方向（多任务）。例如基于共享编码器的机器翻译模型[21] ⊖，在源语言端共享编码器，而在解码器端，为每种语言构建单独的解码器（如图 5-5 所示）。

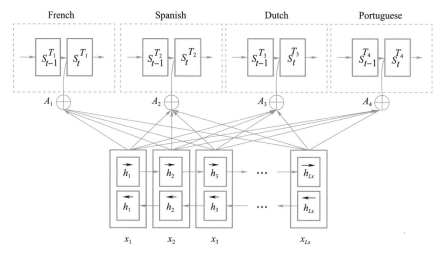

图 5-5　基于多任务学习的一对多翻译模型

该方法在编码器端共享参数，在解码器端保持独立的参数和注意力机制。其目标函数为

$$L(\Theta) = \mathrm{argmax}\,\Theta\left(\sum_{T_p} \left(\frac{1}{N_p} \sum_i^{N_p} \log p(y_i^{T_p} \mid x_i^{T_p}; \Theta) \right) \right) \tag{5-7}$$

其中，Θ 是模型参数，$\Theta = \{\Theta_{\mathrm{src}}, \Theta_{\mathrm{tgt}}^{T_p}\}$，$p = 1, 2, \cdots, M$，$\Theta_{\mathrm{src}}$ 是编码器共享参数，$\Theta_{\mathrm{tgt}}^{T_p}$ 表示不同的解码器参数，T_p 是目标语言编号，M 是目标语言个数，N_p 是 T_p 与源语言组成的双语句对的个数。

与为多个语言对使用一对一建模方式不同，该方法将多个语言对的源语言句

⊖　类似地，也可以构建多对一翻译模型，在目标端共享解码器。

子通过共享编码器映射到同一向量空间，一方面增强了语义建模能力，另一方面，降低了模型的训练和部署难度。

通过一个例子来说明。如图 5-6 所示，假设有中英、中日的双语平行语料，则可以分别训练中英、中日翻译系统。由于"爱不释手"这个词在中日训练数据中没有出现过，因此日文译文中出现了"UNK"。

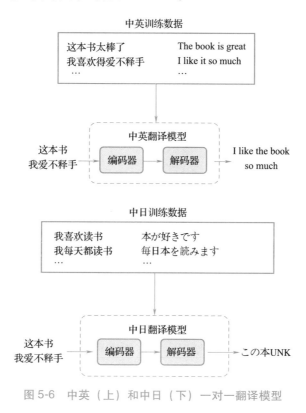

图 5-6　中英（上）和中日（下）一对一翻译模型

而使用多任务学习的方式训练一对多的翻译模型，如图 5-7 所示，则可以解决这个问题。原因是，编码器将所有的中文数据映射到同一空间，可以更好地学习词向量表示。在本例中，"喜欢"和"爱不释手"向量距离相近，具有很高的语义相似度。而"（喜欢，好き）"是可以从训练数据中学到的。因而，在翻译中文句子"这本书我爱不释手"时，模型可以输出正确的译文"この本が好きです"。

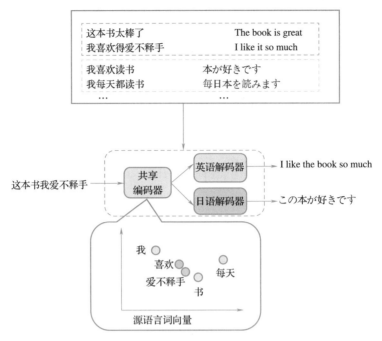

图 5-7　基于多任务学习的中–英、日一对多翻译模型

5.4.2　基于语言标签的多语言翻译模型

5.3 节介绍了通过无监督学习可以解决两种语言在没有任何双语平行语料时的翻译建模问题。此外，还有一种情况，在多语言翻译场景下，有多种语言的双语平行语料，如（L_1,L_2）、（L_2,L_3）、（L_4，L_5）等（L_n 表示不同的语言），但是没有 L_1 和 L_4、L_2 和 L_5 等语言的双语平行语料。本小节主要介绍在这种情况下，通过构建多语言翻译模型解决其中任意两种语言互译的问题。

前文提到，神经网络模型强大的建模能力可以将不同语言映射到同一向量空间。利用这一特点，可以构建一个统一的神经网络翻译模型，将多种语言双语语料放到一起进行训练。这些语言共享编码器和解码器参数[22]。

基于这一思路，有 3 种多语言建模方式：

1）多对一，即将多种源语言翻译成同一种目标语言。这种情况下，只需要将所有的双语数据（每种源语言和目标语言组成的双语数据）放到一起训练就可以

　神经网络机器翻译技术及产业应用

了。所有源语言在编码器端共享词表，即不区分源语言端是哪一种语言。在执行翻译时，编码器将输入文本（不区分具体语言）映射为隐状态向量，解码器则输出目标译文。

2）一对多，即将一种源语言翻译成多种目标语言。与文献［21］不同的是，目标端不是用多个解码器，而是使用同一个解码器。那么如何确定到底翻译成哪种语言呢？作者非常巧妙地在双语句对的源语言句子开头加入了一个目标语言标记符号，告诉翻译模型该源语言句子对应的目标语言是哪一种。如表 5-1 所示，第 1 个句对源语言句子前面标记了 〈2zh〉 ⊖，表示对应的目标语言是中文，第 2 个句对源语言句子前面标记了 〈2es〉，其对应的目标语言是西班牙语。在解码的时候，与训练类似，只需要在输入文本的前面加上目标语言标签，告诉翻译模型将源语言翻译成哪种目标语言就可以了。例如，输入句子是 "〈2zh〉 Hello"，那么就会翻译成中文，如果输入句子是 "〈2jp〉 Hello"，则翻译成日语。

表 5-1　多语言数据集训练样例

句对编号	源语言句子	目标语言句子
1	〈2zh〉 How are you?	你好
2	〈2es〉 How are you?	¿Cómo estás?
3	〈2jp〉 How are you?	こんにちは
4	〈2en〉 名前は何ですか?	What's your name?
5	〈2jp〉 你叫什么名字?	名前は何ですか?
6	〈2ko〉 How do you do?	안녕하세요.

3）多对多，即将多个源语言翻译成多个目标语言。这实际上是 1 对多和多对 1 的综合，使用所有语言的平行语料训练一个统一的翻译模型（图 5-8）。在这种情况下，也需要在源语言句子前面加上语言符号以标记翻译为哪种目标语言。

该方法的优点是实现过程简单，无须对翻译模型做任何改动，只需要在训练数据源语言端加一个语言标记符号即可。Aharoni 等人[23] 基于此方法训练了 102 种语言到英文以及英文到这 102 种语言的翻译模型，训练数据规模达到 9000 多万

⊖ 英文中，"two" 的读音与表示 "到达" 的介词 "to" 的读音一致，因此 〈2zh〉 就是翻译为中文的意思。

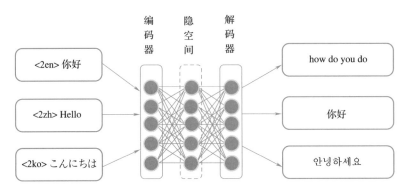

图 5-8　多语言翻译过程示例

个双语句对。这些句对的分布非常不均衡，少的语言对中包含 6 万个句对的训练数据，最多的语言对中包含 100 万个句对。实验表明，在大规模、多语言情况下，该方法有效地提升了翻译质量。

该方法的另外一个特点是可以对"零双语资源"（zero-shot）的语言对进行建模。例如，在表 5-1 中，并没有直接的日语到韩语的双语数据，而有英日、日英、英韩的双语语料。翻译模型也可以学习到日语到韩语的翻译知识。如果在解码过程中，强制将输入的日语指定为翻译为韩语"〈2ko〉こんにちは"，翻译系统也可以输出韩语译文"안녕하세요"。

有意思的是，如果输入混合了两种语言，翻译系统也能执行翻译。如表 5-2 所示，将日语和韩语混合输入"私は東京大学学生입니다 ."，模型也可以输出英文译文"I'm a student at Tokyo University. "。这是因为在所有的语言混合训练中，翻译模型共享一个统一的词表。在执行翻译的时候，翻译模型对于输入的文本的语言并不进行区分，而是将其都看作词表中的符号并执行翻译。

表 5-2　混合语言翻译示例

日：私は東京大学の学生です。
英：I'm a student at Tokyo University.

韩：나는 도쿄 대학의 학생입니다 .
英：I'm a student at Tokyo University.

日/韩：私は東京大学학생입니다 .
英：I'm a student at Tokyo University.

　　　　神经网络机器翻译技术及产业应用

上述方法存在的一个问题是，虽然利用了语言的共性特点，但是也牺牲了语言自身的个性特征。为了兼顾语言共性和个性特点，可以对语言进行分组，将相似的语言聚成一组，训练翻译模型。文献［24］探讨了基于聚类的多语言翻译模型。一种方式是使用已有的语言分类体系进行分组训练[25]，同一个语系内的语言为一组。另外一种方式，通过对训练语料不同语言添加语言标签，并训练神经网络模型将该标签映射为一个向量（称为语言向量，language embedding），然后对语言向量进行聚类[26]。

5.5 多语言预训练

近年来，预训练（pre-training）技术在自然语言处理领域得到广泛应用并取得了巨大成功，几乎成为自然语言处理任务的"标配"。其主要思想是，利用庞大的无标注数据训练模型（称为预训练），针对具体的任务，在预训练的基础上进一步使用任务相关的少量标注数据进行微调（fine-tuning）。图 5-9 展示了预训练模型与传统有监督学习模型的对比。由于能同时对无标注数据和标注数据进行学习，预训练−微调方法取得了远超传统监督学习的效果，并且显著缩小了特定任务标注数据的规模。

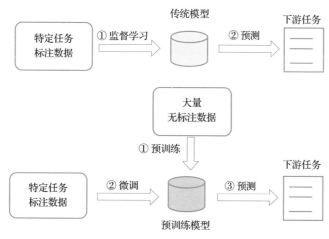

图 5-9　传统监督学习（上）与预训练−微调（下）的对比

得益于深度学习技术和硬件算力的飞速发展，以 BERT[27]、GPT[28-30]、ERN-IE[12,31-32] 为代表的预训练模型在自然语言理解、语言生成、机器翻译、人机对话等领域取得了巨大进步。预训练模型使人们在自然语言处理领域的研究重点从过去的结构工程转移到目标工程上，即从设计不同的网络结构并引入相应的归纳偏置，转移到基于统一的神经网络模型（如 Transformer）来设计启发式的预训练目标。

此外，预训练模型在单一语言上取得的成就激发了人们对多语言预训练模型的研究热情。多语言预训练模型随后纷纷涌现，广泛应用于跨语言任务并取得显著效果。

本节首先简要梳理自然语言处理预训练技术的发展，介绍几种典型的预训练模型，然后进一步介绍多语言预训练模型及其在机器翻译中的应用。

5.5.1 预训练技术简介

Peters 等人[10] 提出了一种动态上下文的深层语义表示预训练模型 ELMo（Embeddings from Language Models）。ELMo 的基本思想是基于双向 LSTM 训练双向语言模型，将网络各层的对应向量线性加权求和，得到 ELMo 的词向量表示。图 5-10 为 ELMo 的网络结构图，深色矩形为从左到右计算得到的隐状态向量，浅色矩形为从右到左计算得到的隐状态向量，两个向量拼接作为本层隐状态向量。各层隐状态向量加权求和，作为最终的输出向量。针对具体的下游任务，将 ELMo 的词向量作为新特征加入，通过特征融合的方式使词向量表示可以根据具体任务动态变化，这将词向量表示向前推进了一大步，在此之前，词向量为静态表示[9-33]，即在训练数据上训练单词的词向量，一旦完成训练，就固定不变了。在使用过程中，无论处在何种语境，某一个具体词语的词向量始终是一样的。显然，静态词向量无法处理词语歧义的问题，而一词多义的现象在语言中是普遍存在的，动态词向量可以有效地缓解这一问题。

由前文介绍可知，同样在 2017 年，谷歌提出了全注意力网络结构 Transformer，这一网络结构在后来的预训练模型发展过程中，成为主流模型。

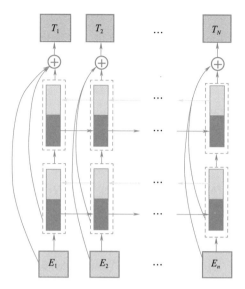

图 5-10　ELMo 网络结构图（2 层双向 LSTM）

相比于 ELMo，GPT（Generative Pre-Training）模型[28] 主要有两点改进。一是网络结构采用 Transformer 而非传统的 LSTM（如图 5-11 所示），需要注意的是，GPT 只使用了 Transformer 的解码器部分。此外，GPT 仅使用了前向语言模型，而没有像 ELMo 那样使用双向语言模型，这使得 GPT 在计算当前词向量时没有使用下文信息。二是建立起"预训练-微调"（pre-training & fine-tuning）框架。GPT 模型将下游任务进行改造，纳入预训练的建模框架。这意味着，原来的下游任务可

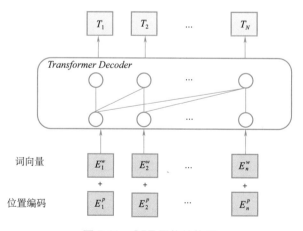

图 5-11　GPT 网络结构图

以任意设计网络，现在都需要统一到 GPT 的网络结构上来。这样的好处是可以充分利用预训练参数并可以在同一个网络框架下进一步优化训练。这与 ELMo 基于特征融合的预训练是不同的。在此基础上，进一步衍生了 GPT-2[29]、GPT-3[30] 系列模型。

GPT 提出后不久，同样是在 2018 年，谷歌提出了 BERT 预训练模型[11]。BERT 的全称是 "Bidirectional Encoder Representations from Transformers"，这一名称很好地概括了它的特点：一个基于 Transformer 的双向编码器。与 ELMo 相比，它基于 Transformer 建模而非 LSTM；与 GPT 相比，它使用双向编码而非单向编码，从而可以更好地利用上下文信息。

BERT 的主要创新之处在于提出了掩码语言模型（Masked Language Model，MLM）（如图 5-12 所示）。其主要思想是从英语的完形填空题型中得到启发的。在完形填空中，一段文字中的某些字词被去掉，测试者需要根据上下文去填词。例如 "__是中国的首都"，根据上下文信息，可以推断横线处应该填 "北京"。类似地，在训练 BERT 模型时，把训练数据中某些词随机掩盖——用一个特殊符号 "[MASK]" 作为填充位进行代替。训练的目标是使模型通过上下文信息对这些被掩掉的词做出预测。这一方法对后来的预训练模型产生了巨大影响。与传统语言模型仅通过历史信息预测下一个单词不同，掩码语言模型可以在任意位置对词语进行掩码操作，并且可以同时利用前文和后文信息对掩码单词进行预测，极大地提升了模型的建模能力和灵活性。因此，掩码语言模型被广泛应用于预训练模型中。

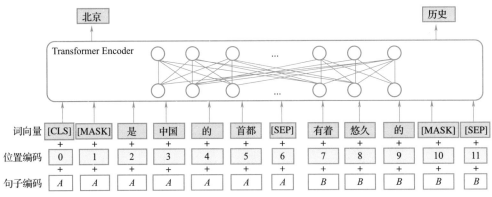

图 5-12　BERT 模型示例。其中，[SEP] 是句子之间的分隔符，[MASK] 是掩码标记。词向量、位置编码向量和句子编码向量相加作为输入

此外，BERT 在句首添加类别标记"［CLS］"使其对应的输出向量能够对整个输入序列进行抽象表示，从而应用于分类任务。由于在问答、自然语言推断等任务中需要预测句子之间的关系，谷歌又基于 BERT 提出了"下一句预测"（Next Sentence Prediction，NSP）方法。在训练的时候，在 A、B 两个句子中间插入"［SEP］"作为句子分割标记，并且随机替换句子 B，使得其有 50%的概率是 A 的下一句，同时有 50%的概率是训练数据中其他句子。BERT 在 11 个自然语言处理任务上取得了当时最好的结果，将基准测试集 GLUE [⊖] 提升到了 80.5%（比 GPT 模型提升了 7.7 个百分点）的准确率。

在 BERT 的基础上，谷歌提出了超大规模预训练模型 T5[34]。T5 的全称是"Text-to-Text Transfer Transformer"，名字的含义也很直白，即把所有文本处理任务都看作 Text-to-Text 的转换任务，输入是一个文本，输出是另外一个文本。这样，多个任务可以共享模型结构、损失函数和超参数。与 T5 同时发布的一个超大规模数据集 C4 [⊖]（Colossal Clean Crawled Corpus）对网络抓取的数据进行了清洗，数据集规模达到 750 GB。需要指出的是，T5 在方法和框架上并没有很大的创新，主要是对前人方法的总结和实验。T5 的参数达到了 110 亿的规模，在当时是体量最大的一个模型。谷歌还在论文中指出：较大的模型往往能取得更好的效果，扩大模型规模仍然是一个比较有前途的方法。然而在某些场景下，较小的模型或许会更有帮助。例如针对翻译任务，T5 在 WMT 的任务上没有取得最好（state-of-the-art）结果。谷歌将其归咎为训练数据的不足，T5 的训练数据主要是英文的单语数据。后文将介绍 T5 的多语言版本 mT5。

预训练模型取得的进展使人们倍受鼓舞，而实验发现，随着数据规模的增加和模型容量的增大，预训练模型在下游任务上的表现也随之提升。大模型愈演愈烈：BERT 模型的参数量有 3 亿，而 GPT-2 模型的参数量则达到了 15 亿，到了 GPT-3，参数量更是达到 1750 亿。可以说 GPT-3 是一个巨无霸，体现了大数据、大模型的"暴力美学"。论文作者在九大类任务上对 GPT-3 进行了实验，包括完形填空、问答、机器翻译、推理、阅读理解等，在多项任务上超越了之前的最好结

⊖ https://gluebenchmark.com。
⊖ https://www.tensorflow.org/datasets/catalog/c4。

果。例如，在机器翻译任务上，从法语、德语、罗马尼亚语翻译到英语，BLEU 值比之前的无监督模型高了 5 个百分点，甚至接近有监督的翻译模型，展示了其强大的语言模型建模能力。

GPT-3 发布之后，引发了大量的激烈讨论。一方面，其强大的建模能力在多个任务上有出色表现。在其 API 开放之后，大批开发者发挥创造力开发出了多种"玩法"，包括生成网页、写代码、画图表、玩游戏等，一夜之间，似乎通向通用人工智能的大门已经打开。另一方面，许多研究人员对于 GPT-3 的能力保持冷静。作为图灵奖得主、深度学习奠基人之一，Yann LeCun 在自己的社交账号上发表观点：有些人对于大语言模型（如 GPT-3）能干什么，抱有完全不切实际的期待。纽约大学名誉教授、Robust. AI 创始人兼 CEO 加里·马库斯（Gary Marcus）与纽约大学计算机科学系教授欧内斯特·戴维斯（Ernest Davis）更是在《麻省理工科技评论》发表了题为《傲慢自大的 GPT-3：自己都不知道自己在说什么》（"*GPT-3, Bloviator：OpenAI's language generator has no idea what it's talking about*"）⊖ 的文章，用大量的实验揭示了 GPT-3 的缺陷。

实际上，GPT-3 的论文作者们在论文中对于 GPT-3 的缺陷也有讨论：在语言生成方面，有时候会大量重复且没有连贯性；在建模和算法方面，GPT-3 仍然使用前向语言模型而没有双向建模；此外，还面临一个通用问题，模型同等对待训练数据中的每一个词，不区分哪些是重要的、哪些是不重要的；训练样本的采样效率也是一大缺陷，尽管在测试阶段，GPT-3 在零样本（zero-shot）场景下接近人类真实场景，但是在训练阶段，仍然使用了大量的数据，而这些数据，人类穷极一生也无法看完；GPT-3 仍然具有其他深度学习模型的通病——可解释性问题，我们无法知道、也无从解释模型为何给出这个答案而非其他；在实用性方面，GPT-3 的训练成本高、模型巨大，对于实用性来讲是一大障碍。

预训练模型虽然借助巨大的数据优势在下游任务上取得显著提升，但是其缺乏外部知识的指导。如何使用知识增强预训练模型的表示能力，是近年来预训练模型的研究热点。通常知识来源有语言知识（如词法、句法结构等）、世界知识

⊖ https://www.technologyreview.com/2020/08/22/1007539/gpt3-openai-language-generator-artificial-intelli-gence-ai-opinion/。

神经网络机器翻译技术及产业应用

（如通过知识图谱来刻画实体及其之间的关系）以及领域知识（如具体行业领域的专门知识）等。

目前，主流的知识增强预训练模型主要分为两类。

1）一类模型可通过弱监督方法，对文本中蕴含的知识进行标注，然后设计知识类预训练任务，以便对文本中的知识进行学习。例如，ERNIE 1.0[12] 通过对数据中的短语和实体进行标注并掩码学习文本中的知识。文献［35］对实体知识进行替换，使语言模型能够根据上下文信息对知识图谱中的实体和关系进行推断，从而加强对文本序列知识的学习。

2）另一类模型可对构建好的结构化知识库和无结构化文本进行联合预训练学习，例如 K-BERT[36]、CoLAKE[37] 和 ERNIE 3.0[32]。通过对结构化知识和海量无结构化数据的联合学习，知识增强的预训练模型可以很好地提升知识记忆能力和推理能力。

如图 5-13 所示，融合知识的 ERNIE 3.0 预训练模型在训练过程中会将文本端

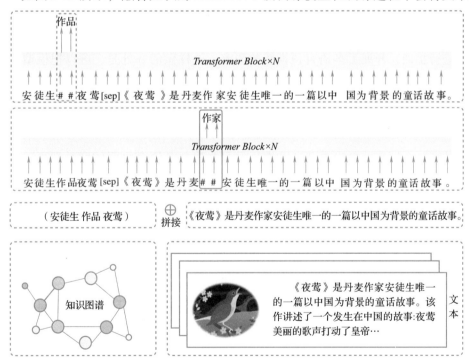

图 5-13　融合知识的 ERNIE 3.0 预训练模型

信息和知识端信息同时输入模型中进行训练。知识端信息会输入知识图谱中的三元组。例如，〈安徒生，作品，夜莺〉三元组代表了《夜莺》是安徒生的作品这一世界知识。文本端就会使用三元组中的"安徒生"和"夜莺"在海量文本中检索出与之相关的句子。训练过程主要包括两个方面：在知识端，由于知识图谱中的世界知识片段会被掩盖，模型需要通过文本中的信息对在知识端被掩盖的信息进行推理；在文本端，由于无标注文本的语言知识片段也会被掩盖，模型需要通过图谱中的结构化信息对在文本端被掩盖的信息进行还原。这种方式促进了结构化的知识和无结构文本之间的信息共享，大幅提升了模型对知识的记忆和推理能力。ERNIE 3.0 Titan 模型[38] 的参数规模达 2600 亿，基于海量的无标注文本数据和大规模知识图谱中持续学习，突破了多源异构数据难以统一表示与学习的瓶颈，在60 余项任务上取得了最好的效果。

5.5.2　多语言预训练模型

前面介绍的预训练模型使用一种语言（主要是英语或者汉语）做预训练，但单语言的预训练模型无法应用在多语言场景。于是，研究人员自然而然地将语言数量进行扩展，开展了多语言预训练的研究。这样做的好处是，可以把模型从资源丰富语言中学到的知识迁移到资源匮乏的语言上。下面做简要介绍。

（1）mBERT ⊖　mBERT[27]（multilingual BERT）是 BERT 的多语言版本，包含 104 种语言。语言数量扩展的方法非常简单，只需将收集到的所有语言放在一起，共享一个词表，再让模型自己进行学习并建立各语言之间的联系即可。不过 mBERT 仅使用了 Transformer 的编码器进行建模，适用于自然语言理解的相关任务。该模型结构不太适合于机器翻译任务。

（2）XLM　XLM[39]（Cross Language Model）是脸书在 2019 年提出的跨语言预训练模型。虽然 XLM 也使用了与 BERT 类似的网络结构——使用编码器建模，但是其改进之处在于训练数据中引入了双语语料，并提出了一种基于双语语料的预训练语言模型——TLM（Translation Language Modeling）。TLM 在输入端稍加改进，对双语语料进行掩码。如图 5-14 所示，将中文句子和英文句子拼接成一个序

⊖　https://github.com/google-research/bert/blob/master/multilingual.md。

　神经网络机器翻译技术及产业应用

列，掩码操作后进行训练。这样做的好处是，在预测被掩码的词语时，模型既可以利用中文信息，也可以利用英文信息，从而借助双语数据训练更好的语义表示。TLM 可以与 MLM 结合，同时使用单语数据和双语数据进行预训练。在 WMT 上的实验表明，相比于之前的方法，无论是采用无监督训练还是采用有监督训练，均有显著提升。在低资源数据上，也有显著效果。此后，脸书进一步提出了改进模型 XLM-R[40]，将语言数量扩展到 100 种，使用超过 2TB 的数据训练模型，通过扩大模型容量、改进低资源语言采样率、使用更大的词表等方法显著提升了模型的跨语言学习能力。

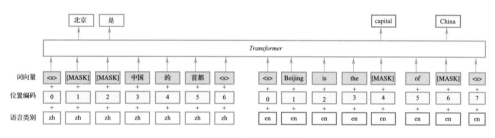

图 5-14   TLM 模型

（3）**MASS**   MASS[41]（Masked Sequence-to-Sequence pretraining）采用了与机器翻译一致的编码器–解码器结构进行预训练（如图 5-15 所示）。其在编码器端允许掩码 1 个或者多个连续的元素（token），在解码器端则对源语言句子采用相反的操作，即对编码器端未掩码的元素进行掩码，而保留编码器端被掩码元素原来的形式。这样做的好处是，鼓励解码器更多地使用源语言端的信息（而不仅仅依靠解码器端的历史信息）。而在编码器端，为了能够给解码器提供更有用的信息，鼓励编码器更好地学习未掩码元素的表示。由于该模型使用了与机器翻译一致的网

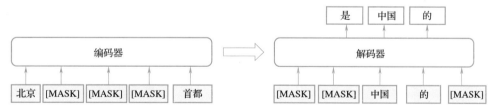

图 5-15   MASS 模型。在编码器端，输入序列中间的三个词被掩码。而在解码器端，将编码器中未掩码的单词进行掩码，并将编码端被掩码的部分单词（"中国 的"）作为输入，最终预测输入序列被掩码的所有单词"是 中国 的"

络结构，因此可以方便地应用于机器翻译任务。在进行机器翻译时，使用同一模型对源语言和目标语言进行预训练，通过加入语言标签来区分两种不同的语言。实验表明，该模型在无监督机器翻译和低资源机器翻译任务上均取得显著效果。

（4）**mBART**　BART（Bidirectional Auto-Regressive Transformer）[43] 基于去噪自编码器进行预训练。其主要思想是，使用多种噪声函数（如删除、填充、单词重排序等）对输入文本加入噪声，训练模型使其能够在解码端重建输入序列（如图 5-16 所示）。mBART[42] 则是 BART 的多语言版本，从 CommonCrawl ⊖ 语料库中选择了 25 种语言训练 mBART。同样地，在多语言训练时，通过加入语言标签来区分不同的语言。

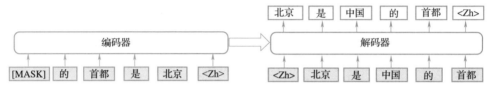

图 5-16　BART 模型。对输入序列（编码器端）进行了单词重排序和掩码。在多语言翻译任务上，添加语言标识。本例中〈Zh〉表示中文

（5）**MARGE**　MARGE[44]（Multilingual Autoencoder that Retrieves and Generates）是一种文档级的多语言预训练模型。文献［44］的题目直接体现其核心思想——Pre-training via Paraphrasing，即通过复述进行预训练。所谓复述（paraphrase），即用另外一段文本表达与原文本相同的意思。如图 5-17 所示，MARGE

图 5-17　MARGE 模型

⊖ https://commoncrawl.org。

包含两个步骤，对于一个目标文档，第一步，通过检索模块检索多语言文档，得到一个"证据文档（evidence document）"的集合，并计算目标文档和证据文档的相关性得分；第二步，根据证据文档及相关性得分，使用重构模块恢复目标文档。MARGE 的训练数据有 260 GB，支持 26 种语言，其在篇章机器翻译、文本摘要等任务上都有不错的表现。

（6）mT5 mT5[45] 是在 T5 基础上训练的一个多语言 T5 预训练模型⊖。为了训练 mT5，构建了多语言训练集 mC4，它是 C4 的一个变体，抓取过去 71 个月的网页数据并做了如下处理：

1）每个页面需要包含至少 3 行文字且超过 200 个字符；

2）使用语言检测工具 cld3 ⊖检测页面主要语言，过滤掉置信度低于 70% 的页面；

3）按照语言将页面归类，过滤掉页面数量低于 10 000 的语言。

最终，得到包含 101 种语言的数据集 mC4，并在此基础上训练 mT5 模型。与训练单一语言的 T5 不同，多语言训练需要平衡资源丰富语言和资源稀缺语言的采样，采样概率服从分布 $p(L) \propto |L|^{\alpha}$，其中，$|L|$ 是每个语言对应的训练样本数，超参数 α 用来调节采样程度。mT5 设置 $\alpha = 0.3$。词表包含 250 000 个词。根据设置不同，mT5 模型的参数从 3 亿到 130 亿。实验表明，mT5 在最大参数设置下，在多语言阅读理解、命名实体识别、复述识别等基准测试集（benchmark）上均取得了当时最优（state-of-the-art）的效果。

（7）mRASP mRASP[46]（multilingual Random Aligned Substitution Pretraining）提出的动机是面向多语言机器翻译，训练一个统一的预训练模型。其模型结构采用编码器-解码器方式，与机器翻译保持一致。而其训练数据则借鉴基于语言标签的多语言翻译模型[22]，使用多种语言的双语平行语料训练，不同语言通过添加语言标签区分。这一点与其他预训练模型有很大不同，其他预训练模型使用的训练语料大多是多语言单语数据。此外，mRASP 的创新之处在于，对于编码器端的单词不是采用掩码的方式，而是使用其他语言的对应单词进行随机替换（即 Random

---

⊖ https：//goo. gle/mt5-code。

⊖ https：//github. com/google/cld3。

Aligned Substitution，RAS）（如图 5-18 所示）。这样做的好处是，可以根据多语言上下文更好地学习单词表示。其构造了包含 197 M 句对的 32 种语言数据集，在低、中、高资源设置下均验证了模型的有效性。进一步地说，mRASP2[47] 使用对比学习（constructive learning）[48] 和引入单语数据，提升了模型性能。

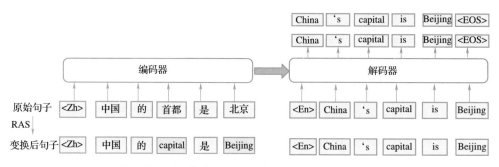

图 5-18　mRASP 模型。其中，〈Zh〉、〈En〉表示语言标签，编码器端将“首都”和“北京”替换为英语对应的单词

（8）ERNIE-M　ERNIE-M[49] 是 ERNIE 的多语言版本，该模型涵盖 96 种语言，词表包含 25 万个词汇。训练过程分为两个阶段，首先从双语数据中学习初步的语言对应关系，然后使用回译技术，通过大量单语数据，增强跨语言表示能力。

第一阶段提出了跨语言注意力机制的语言模型训练方法 CAMLM（Cross-Attention Masked Language Modeling）。其主要目的是在双语数据上学习到语言间的对应关系。为此，模型使用目标语言句子来预测源语言句子中被掩码的词。例如，对于句对〈明天［MASK］［MASK］如何‖How's the weather tomorrow〉，模型仅使用目标端句子 "How's the weather tomorrow" 来预测源语言句子中被掩码的词语 "天气"，从而可以学习到跨语言的词语对应关系。

第二阶段提出了基于回译的语言模型训练方法 BTMLM（Back-Translation Masked Language Modeling）（如图 5-19 所示）。首先使用第一阶段训练得到的 CAMLM 模型对单语句子生成伪目标句子，然后依据单语句子和伪目标句子预测源语言句子中被掩码的词语。例如对于单语句子 "中国的首都是北京"，利用 CAMLM 模型生成伪目标句子 "China Beijing"，再将生成的句子拼接到源句子后面组成双语句子 "中国的首都是北京 China Beijing"，同时掩码源语言句子中的单词 "首都"，模型利用拼接后的双语句子预测该掩码单词。

　　　　　　　　　　　　　　　　神经网络机器翻译技术及产业应用

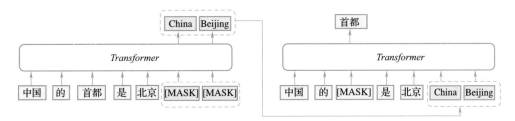

图 5-19　BTMLM 示意图。左：在源语言句子后面添加［MASK］作为占位符（虚框部分），并使用 CAMLM 模型生成目标句子。右：掩码源语言句子单词"首都"，模型使用源语言句子以及生成的目标句子作为输入，预测掩码单词

5.5.3　方法比较

表 5-3 列出了上一节介绍的多语言预训练模型的模型结构、参数量和支持的语言数量。总体来看，预训练模型的参数量从数亿到百亿规模，语言数量从几十种到上百种。需要注意的是，语言数量仅是用于实验的语言数量。从前述章节介绍可以看出，这些模型大都是从单语言预训练模型扩展而来，只要有相应的训练数据，就可以很便捷地扩展语言。

表 5-3　多语言预训练模型比较

模型	模型结构	主要特点	参数量	语言数量
mBERT	编码器	BERT 的多语言扩展	180 M	104
XLM	编码器	双语语料掩码	570 M	100
MASS	编码器–解码器	允许连续掩码	210 M	4①
mBART	编码器–解码器	引入噪声编码	680 M	25
MARGE	编码器–解码器	文档级预训练模型	960 M	26
mT5	编码器–解码器	T5 多语言扩展	300 M-13 B	101
mRASP	编码器–解码器	基于单词随机替换	270 M	32
ERNIE-M	编码器–解码器	基于回译的掩码语言模型	550 M	96

①论文中对英、法、德、罗马尼亚语 4 种语言做了翻译实验。

前文提到，无监督机器翻译中，模型初始化是无监督机器翻译模型的重要一步。XLM[39] 和 MASS[41] 的实验均表明，使用掩码语言模型做预训练初始化，可以大幅提升无监督机器翻译的质量。在德英翻译上，使用 XLM 预训练模型做初始化，BLEU 值相比之前最好的无监督模型大幅提升了 9 个百分点。在英法、英德翻

译任务上，MASS 又取得了进一步的提升，其在英法翻译任务上的 BLEU 值比 XLM 模型提升了 4 个百分点，超过了早期的有监督翻译模型[50]。

与 BERT 通过掩码单词不同，mBART 通过添加噪声让模型学习重建的方式进行预训练。实验表明[42]，相比于基线 Transformer 模型随机初始化，使用 mBART 预训练模型初始化，在中低资源条件下（句子数量小于 25 M），在英语到其他 20 种语言的翻译任务上，翻译质量均取得了提升，在低资源语言上的提升尤为明显。而当双语句对超过 25 M 时，预训练比基线系统有略微下降。原因是，当有大量双语句对时，有监督训练会发挥更大作用，稀释了预训练模型的效果。这表明预训练对双语资源丰富的语言帮助不大。

与大部分预训练模型使用句子级别文本作为训练数据不同，MARGE 模型基于复述进行文档级建模。实验显示[44]，在跨语言句子检索任务上（对输入文本，从多个语言句子中选择正确的译文），其效果超过了 mBERT、XLM 等模型。这表明可以应用该模型进行双语语料的挖掘。在篇章级机器翻译任务上，MARGE 与 mBART（mBART 通过将多个句子一起预训练，也可以训练篇章级翻译模型）相比，前者在英德任务上超过 mBART，但在中英任务上，mBART 更胜一筹。

mT5 模型实验了不同的模型容量，参数量从 3 亿到百亿级别不等，验证了多语言大模型的潜力。实验发现[45]，在跨语言任务中零资源（zero-shot）情况下，用英语数据做微调，对于微调阶段没出现过的语言，模型有时会做出错误的预测。作者将这一问题称为"意外翻译"（accidental translation）。针对这一问题，在微调阶段混合少量的多语言数据进行无监督训练，可以使得模型不"偏向"于某一种特定语言。

为了缓解多语言预训练中双语数据不足的问题，ERNIE-M 使用了回译技术进行了数据增强。实验表明[49]，在跨语言句子检索、复述识别、命名实体识别等任务上，ERNIE-M 的效果超过 mBERT、XLM 模型。这为我们使用该模型从多语言语料中抽取双语句对、术语对等提供了解决方案。

mRASP 是直接面向多语言机器翻译任务的预训练模型，其训练数据、模型结构均与机器翻译保持一致（即多语言双语平行语料、编码器-解码器结构），通过词语替换的方式来学习词义表示。实验表明[46]，其在英德翻译上的 BLEU 值超过了 XLM 和 MASS，在英语到罗马尼亚语翻译上的 BLEU 值超过了 mBART。

综上来看，多语言预训练有助于更好地对词向量建模，尤其是对于语言资源稀缺的语种。多语言预训练模型在跨语言任务上，如跨语言问答、跨语言句子检索、多语言翻译等，均有良好表现。此外，由于各个模型所使用的训练数据不同，在多语言翻译任务上的效果，难以进行全面客观的比较。大部分文献在比较机器翻译质量时，都是直接引用了其他文献中的结果，并未在同一数据集上进行重新训练和验证。当前，预训练模型正处于高速发展期，对于自然语言处理任务的研发范式将产生深远影响。基于预训练模型，充分利用多语言单语和双语数据的机器翻译将是重要的发展方向。

5.6 多语言机器翻译系统

本节结合实践案例，介绍大规模多语言机器翻译系统。在实际系统开发中，通常综合使用本章介绍的多种方案。需要注意的是，本节介绍的多语言翻译系统来自各公司系统上线时对外发布的公开文献。实际上，各公司的翻译系统是随着技术发展持续迭代更新的。

5.6.1 百度多语言机器翻译

2020 年 4 月，百度发布了支持超过 200 种语言互译的多语言翻译系统，支持 40 000 多个翻译方向。这些语言几乎覆盖了全球 99% 的人口。

针对多语言翻译语料资源分布不均衡、语言数量多、部署难度大等问题，百度提供了一揽子解决方案：

1）在数据方面，使用第 2 章介绍的技术获取大规模多语言数据，使用多语言预训练模型 ERNIE-M 进行跨语言的数据对齐。针对语言资源匮乏的语种，利用数据增强技术扩充平行语料。

2）在翻译模型方面，考虑到线上巨大的访问量和实时性，按语言资源的丰富程度，分别训练翻译模型：

- 对于资源丰富的语种，如中文、英文等，直接训练翻译模型。这样做的好处是，这些语种的翻译需求旺盛，对翻译质量要求非常高，能够充分利用资源优势训练高质量翻译模型。

- 对于低资源语言，由于语种数量庞大，直接训练统一翻译模型存在因资源分布不均衡造成的模型学习不充分问题，同时也无法兼顾语言的多样性。考虑到语言之间由于地域、历史、文化等因素产生的相似性，首先对语言进行聚类。对于每一类语言，使用多任务学习、基于语言标签的翻译模型等技术训练翻译模型。实验发现，在低资源语言上，使用多语言预训练模型进行热启动，然后使用小数据量微调，可以显著提升低资源翻译质量。

3）在系统部署方面，各个翻译模型之间通过枢轴语言进行连接[51-52]。其主要思想是利用枢轴语言将"源语言-枢轴语言"和"枢轴语言-目标语言"两个翻译系统顺序连接，将第一个翻译系统的输出作为第二个翻译系统的输入，实现"源语言-枢轴语言-目标语言"的翻译。利用这一方法，可以快速地进行翻译方向的扩展。枢轴语言的选择，可以依据其资源丰富程度以及与其他语言的翻译质量。在实际系统中，通常以中文、英文作为主要的枢轴语言进行跳转。

5.6.2 谷歌多语言机器翻译

谷歌使用了 5.4.2 节介绍的统一翻译模型构建多语言翻译系统[22]。文献［53］基于 250 亿句对的训练数据，进一步分析了多语言翻译模型的性能。其研究对象是 102 种语言到英语以及英语到这 102 种语言的翻译，一共有 204 个翻译方向。这些数据的分布是极其不均衡的，资源丰富语种的语言对（如法语、德语、西班牙语到英语）数量高达数十亿句对，而资源稀缺语种的语言对（如约鲁巴语、信德语、夏威夷语到英语）数量仅有几万句对。

实验表明，与单独利用某一个语言对的双语数据训练一个模型相比，所有语言一起训练的模型在 30 多种低资源语言到英语的翻译质量 BLEU 值平均提升了 5 个百分点。不过，与此同时，资源丰富语言的翻译质量有所下降。

作者进一步探讨了数据采样、词表大小、网络容量（更深的网络、更宽的网络）等对翻译质量的影响。

在数据采样方面，如果每一个训练样本集合（mini-batch）采样遵从原始的真实数据分布，即 $P_l = \dfrac{D_l}{\sum\limits_k D_k}$，其中，$D_l$ 表示一个语言对 l 的平行语料规模。那么，资源稀缺语言由于数据非常少，会被资源丰富的语言淹没。这样训练出来的模型，资源丰富语言的翻译质量不会降低太多，但是资源稀缺语言的翻译质量也没有得到提升，即没有发挥资源丰富语言向资源稀缺语言的迁移作用。因此，需要在每次采样的时候，在资源丰富语种和资源稀缺语种之间取得一个平衡，这就需要提升资源稀缺语言的采样数量。为此，作者使用了温度采样（temperature sampling）策略，引入采样温度 T，对每个语言对采样的概率为 $p_l^{\frac{1}{T}}$。当 $T=1$ 时，采样服从原始分布，而随着 T 增大（例如当 $T=100$ 时），采样接近均匀分布。实验发现，当 $T=5$ 的时候，资源丰富语言的翻译质量没有下降太多，而资源稀缺语言的翻译质量有明显提升。

在词表大小方面，词表既要考虑到单词的覆盖度，使得模型能够翻译低频词和未登录词，又要限制词表规模不能太大，否则模型计算复杂度会随之升高。文献［53］实验了 32 K、64 K、128 K 等不同大小的词表。总体来说，对于资源丰富的语种，大词表可以提高翻译质量。而对于资源稀缺的语言，小词表更有效。这是因为资源丰富语种的数据量大，大词表可以提高语义表示能力，而对资源稀缺语言而言，小词表有更好的泛化能力。

在网络容量方面，在 Transformer-big 基础上，从两个方向扩张网络容量，宽模型（wide model）扩展了隐层维度以及多头注意力的个数，深模型（deep model）加深了网络层数。具体设置见表 5-4。实验发现，相比于 Transformer-big，无论是宽模型还是深模型都能显著提升翻译质量，但深层模型表现最好。

表 5-4　宽模型与深模型设置

类型	层数 （编码器+解码器）	Head 个数	Feed-forward 隐层维度	Attention 隐层维度	参数量
Transfomer-big	12（6+6）	16	4096	1024	400 M
宽模型	24（12+12）	32	16 384	2048	1.3 B
深模型	48（24+24）	16	4096	1024	1.3 B

此外，文献［54］分析发现，多语言模型可以学习到相似语言的共享表示，而无需其他外部资源。进一步地说，文献［55］验证了多语言预训练模型学习到

的相似语言共享表征对下游跨语言任务的有效性。

5.6.3 脸书多语言机器翻译

2020 年 10 月, 脸书发布了多语言翻译模型 M2M-100[56] ⊖。M2M 表示多语言到多语言的翻译 (Multilingual-to-Multilingual), 100 表示支持的语种数量。因此 M2M-100 可以支持 100 种语言、9900 个翻译方向的互译。M2M-100 主要在数据和模型两个方面进行了改进。

在数据方面, M2M-100 构建了一个多对多的数据集, 涵盖 100 种语言、75 亿个句对。如果为这 100 种语言中的每个语言对都挖掘训练数据, 显然工作量是非常大的。一般的方法是找一种中间语言 (例如英语), 挖掘其他 99 种语言到英语的双语数据。这种以英语为中心的数据挖掘方法无法涵盖非英语翻译方向。而如果采用随机方法挖掘语言对, 也面临语种覆盖度问题。为了在语言对数量和覆盖度方面取得平衡, 本书提出了一种基于语系 (language family) 和桥接语言 (bridge language) 的语料构建方法 (这实际上是基于枢轴语言的思想):

1) 首先, 将 100 种语言分为 14 组。分组首先依据语言学相似性 (linguistic similarity), 如日耳曼语族 (Germanic)、罗曼语族 (Romance)、斯拉夫语族 (Slavic) 等。对于数据量较少的语言, 再根据地理位置和文化的相近程度进行合并, 如属于乌拉尔语族 (Uralic) 和波罗的语族 (Baltic) 的语言被合并为一组。在语料挖掘时, 对每一组中的所有语言都挖掘双语数据。这 14 组语言就像 14 个岛屿一样, 岛内的语种建立起联系。

2) 为了建立组与组之间的联系, 需要在岛与岛之间修桥。从每组中选取 1~3 种资源丰富的语言作为桥接语言 (bridge language), 一共选取了 26 种桥接语言。在挖掘双语数据的时候, 这 26 种桥接语言之间也挖掘双语句对。

3) 最后, 挖掘所有语言到英语的双语句对。

最终, 通过以上策略, 挖掘了 75 亿双语句对, 涵盖 2200 个语言对。进一步地说, 对于翻译质量较低的语种, 通过回译的方式进行数据增强。

在模型方面, Fan 等人[56] 提出了一种语言相关 (language-specific) 的策略增

⊖ https://github.com/facebookresearch/fairseq/tree/main/examples/m2m_100。

加模型容量。基本思想是，在 Transformer 中将编码器或者解码器中的一个或多个网络层替换为一个新的网络层——语言相关层（language-specific layer），它的参数按照语言组进行切分。例如，如果把所有的语言分为 K 组，那么这个语言相关层就由 K 组参数组成，每组参数对应一组语言。如图 5-20 所示，翻译模型从中文翻译为英语，在解码器端加入了语言相关层，在解码的时候，只需要用对应组的参数（此例中是"语言组 B"）就可以了。如果原始的网络是 24 层，那么将最后一层替换为语言相关层，就变为 23 + 1 层。当然，也可以将多层均替换为语言相关层。

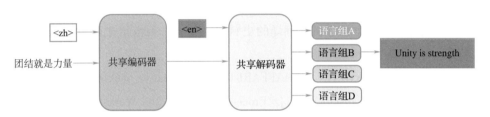

图 5-20   在解码器端加入语言相关层

有意思的是，不同于文献［53］中由实验得出的深层网络更有效，Fan 等人的实验结论是宽模型更有效。

此外，在多语言系统中，脸书也使用了其提出的多语言预训练模型 XLMR、mBART 等，进一步验证了预训练模型在多语言任务中的有效性。

参考文献

［1］ WU H，WANG H. Revisiting pivot language approach for machine translation［C］//Proceedings of the Joint Conference of the 47th Annual Meeting of the ACL and the 4th International Joint Conference on Natural Language Processing of the AFNLP. Suntec：ACL，2009：154-162.

［2］ SENNRICH R，HADDOW B，BIRCH A. Improving neural machine translation models with monolingual data［C］//Proceedings of the 54th Annual Meeting of the Association for Computational Linguistics. Berlin：ACL，2016：86-96.

［3］ PONCELAS A, SHTERIONOV D, WAY A, et al. Investigating backtranslation in neural machine translation ［J］. arXiv preprint , 2018, arXiv：1804.06189.

［4］ EDUNOV S, OTT M, AULI M, et al. Understanding back-translation at scale ［C］//Proceedings of the 2018 Conference on Empirical Methods in Natural Language Processing. Brussels：EMNLP, 2018：489-500.

［5］ BERTOLDI N, BARBAIANI M, FEDERICO M, et al. Phrase-based statistical machine translation with pivot languages ［C］//Proceedings of the 5th International Workshop on Spoken Language Translation. Waikiki：IWSLT, 2008：143-149.

［6］ 冯志伟. 一个关于机器翻译的史料错误 ［J］. 香港语文建设通讯, 2008, 89：1-3.

［7］ HOANG V, KOEHN P, HAFFARI G, et al. Iterative back-translation for neural machine translation ［C］//Proceedings of the 2nd Workshop on Neural Machine Translation and Generation. Stroudsburg：ACL, 2018：18-24.

［8］ LAMPLE G, OTT M, CONNEAU A, et al. Phrase-based & neural unsupervised machine translation ［C］//Proceedings of the 2018 Conference on Empirical Methods in Natural Language Processing. Brussels：EMNLP, 2018：5039-5049.

［9］ MIKOLOV T, SUTSKEVER I, CHEN K, et al. Distributed representations of words and phrases and their compositionality ［C］//Proceedings of the Advances in Neural Information Processing Systems. Lake Tahoe：ACM, 2013：3111-3119.

［10］ PETERS M, NEUMANN M, IYYER M, et al. Deep contextualized word representations ［C］//Proceedings of the 2018 Conference of the North American Chapter of the Association for Computational Linguistics：Human Language Technologies. New Orleans：NAACL, 2018：2227-2237.

［11］ DEVLIN J, CHANG M W, LEE K, et al. BERT：pre-training of deep bidirectional transformers for language understanding ［C］//Proceedings of the 2019 Conference of the North American Chapter of the Association for Computational Linguistics：human language technologies. Minneapolis：NAACL-HLT, 2019：

神经网络机器翻译技术及产业应用

4171-4186.

[12] SUN Y, WANG S H, LI Y K, et al. ERNIE: enhanced representation through knowledge integration [J]. arXiv preprint, 2019, arXiv: 1904. 09223.

[13] VINCENT P, LAROCHELLE H, LAJOIE I, et al. Stacked denoising autoencoders: learning useful representations in a deep network with a local denoising criterion [J]. Journal of machine learning research, 2010, 11 (110): 3371-3408.

[14] ARTETXE M, LABAKA G, AGIRRE E. Learning bilingual word embeddings with (almost) no bilingual data [C]//Proceedings of the 55th Annual Meeting of the Association for Computational Linguistics. Vancouver: ACL, 2017: 451-462.

[15] CONNEAU A, LAMPLE G, RANZATO M, et al. Word translation without parallel data [C]//Proceedings of the 6th International Conference on Learning Representations. Ithaca: OpenReview. net, 2018.

[16] GOODFELLOW I, POUGET-ABADIE J, MIRZA M, et al. Generative adversarial nets [C]//Proceedings of Advances in Neural Information Processing Systems. Montréal: NIPS, 2014: 2672-2680.

[17] RADOVANOVI M, NANOPOULOS A, IVANOVI M. Hubs in space: popular nearest neighbors in high-dimensional data [J]. Journal of machine learning research, 2010, 11 (86): 2487-2531.

[18] ARTETXE M, LABAKA G, AGIRRE E, et al. Unsupervised neural machine translation [C]//Proceedings of the 6th International Conference on Learning Representations. Ithaca: OpenReview. net, 2018.

[19] YANG Z, CHEN W, WANG F, et al. Unsupervised neural machine translation with weight sharing [C]//Proceedings of the 56th Annual Meeting of the Association for Computational Linguistics. Melbourne: ACL, 2018: 46-55.

[20] HE D, XIA Y C, QIN T, et al. Dual learning for machine translation [C]//Proceedings of the 30th Conference on Neural Information Processing Systems. Barcelona: NIPS, 2016: 820-828.

[21] DONG D X, WU H, HE W, et al. Multi-task learning for multiple language

translation〔C〕//Proceedings of the 53rd Annual Meeting of the Association for Computational Linguistics and the 7th International Joint Conference on Natural Language Processing. Beijing：ACL-IJCNLP，2015：1723-1732.

〔22〕 JOHNSON M, SCHUSTER M, LE Q, et al. Google's multilingual neural machine translation system：enabling zero-shot translation〔J〕. Transactions of the association for computational linguistics，2017，5：339-351.

〔23〕 AHARONI R, JOHNSON M, FIRAT O. Massively multilingual neural machine translation〔C〕//Proceedings of the 2019 Conference of the North American Chapter of the Association for Computational Linguistics：Human Language Technologies. Minneapolis：NAACL-HLT，2019：3874-3884.

〔24〕 TAN X, CHEN J L, HE D, et al. Multilingual neural machine translation with language clustering〔C〕//Proceedings of the 2019 Conference on Empirical Methods in Natural Language Processing and the 9th International Joint Conference on Natural Language Processing. Hong Kong：EMNLP-IJCNLP，2019：963-973.

〔25〕 PAUL L, SIMONS G, FENNIG C, et al. Ethnologue：languages of the world〔Z/OL〕.〔2011-06-19〕. http://www. ethnologue. com.

〔26〕 ROKACH L, MAIMON O. Clustering methods in data mining and knowledge discovery handbook〔J〕. Springer，2005：321-352.

〔27〕 DEVLIN J. Multilingual BERT〔R/OL〕. https://github. com/google-research/bert/blob/master/multilingual. md.

〔28〕 RADFORD A, NARASIMHAN K, SALIMANS T, et al. Improving language understanding by generative pre-training〔R/OL〕. Technical Report，2018. https://openai. com/blog/language-unsupervised/.

〔29〕 RADFORD A, WU J, CHILD R, et al. Language models are unsupervised multitask learners〔R/OL〕. Technical Report，2019. https://openai. com/blog/better-language-models/.

〔30〕 Brown T, Mann B, Ryder N, et al. Language models are few-shot learners〔C〕//Proceedings of Advances in Neural Information Processing Systems. Cambridge：MIT Press，2020：1877-1901.

神经网络机器翻译技术及产业应用

[31] SUN Y, WANG S H, LI Y K, et al. ERNIE 2. 0: a continual pre-training framework for language understanding [C]//Proceedings of the 34th AAAI Conference on Artificial Intelligence. New York: AAAI, 2020: 8968-8975.

[32] SUN Y, WANG S H, FENG S K, et al. ERNIE 3. 0: large-scale knowledge enhanced pre-training for language understanding and generation [J]. arXiv preprint, 2021, arXiv: 2107. 02137.

[33] PENNINGTON J, SOCHER R, MANNING C. GloVe: global vectors for word representation [C]//Proceedings of the 2014 Conference on Empirical Methods in Natural Language Processing. Doha: EMNLP, 2014: 1532-1543.

[34] RAFFEL C, SHAZEER N, ROBERTS A, et al. Exploring the limits of transfer learning with a unified text-to-text transformer [J]. Journal of machine learning research, 2020, 21 (140): 1-67.

[35] XIONG W H, DU J F, WANG Y, et al. Pretrained encyclopedia: weakly supervised knowledge-pretrained language model [C]//Proceedings of the 8th International Conference on Learning Representations. Ithaca: OpenReview. net, 2020.

[36] LIU W J, ZHOU P, ZHAO Z, et al. K-BERT: enabling language representation with knowledge graph [J]. arXiv preprint, 2019, arXiv: 1909. 07606.

[37] SUN T X, SHAO Y F, QIU X P, et al. CoLAKE: contextualized language and knowledge embedding [C]//Proceedings of the 28th International Conference on Computational Linguistics. Barcelona: ICCL, 2020: 3660-3670.

[38] WANG S H, SUN Y, XIANG Y, et al. ERNIE 3. 0 titan: exploring larger-scale knowledge enhanced pre-training for language understanding and generation [J]. arXiv preprint, 2021, arXiv: 2112. 12731.

[39] LAMPLE G, CONNEAU A. Cross-lingual language model pretraining [C]// Proceedings of Advances in Neural Information Processing Systems. Vancouver: NIPS, 2019: 7059-7069.

[40] CONNEAU A, KHANDELWAL K, GOYAL N, et al. Unsupervised cross-lingual representation learning at scale [C]//Proceedings of the 58th Annual Meeting of the Association for Computational Linguistics. Stroudsburg: ACL,

2020: 8440-8451.

[41] SONG K T, TAN X, QIN T, et al. MASS: masked sequence to sequence pre-training for language generation [C]//Proceedings of the 36th International Conference on Machine Learning. Long Beach: ICML, 2019: 5926-5936.

[42] LIU Y H, GU J T, GOYAL N, et al. Multilingual denoising pre-training for neural machine translation [J]. Transactions of the association for computational linguistics, 2020, 8: 726-742.

[43] LEWIS M, LIU Y H, GOYAL N, et al. BART: denoising sequence-to-sequence pre-training for natural language generation, translation, and comprehension [C]//Proceedings of the 58th Annual Meeting of the Association for Computational Linguistics. Stroudsburg: ACL, 2020: 7871-7880.

[44] LEWIS M, GHAZVININEJAD M, GHOSH G, et al. Pre-training via paraphrasing [C]//Proceedings of Advances in Neural Information Processing Systems. Cambridge: MIT Press, 2020: 18470-18481.

[45] XUE L T, CONSTANT N, ROBERTS A, et al. mT5: a massively multilingual pre-trained text-to-text transformer [C]//Proceedings of the 2021 Conference of the North American Chapter of the Association for Computational Linguistics: Human Language Technologies. Stroudsburg: ACL, 2021: 483-498.

[46] LIN Z H, PAN X, WANG M X, et al. Pre-training multilingual neural machine translation by leveraging alignment information [C]//Proceedings of the 2020 Conference on Empirical Methods in Natural Language Processing. Stroudsburg: ACL, 2020: 2649-2663.

[47] PAN X, WANG M X, WU L W, et al. Contrastive learning for many-to-many multilingual neural machine translation [C]//Proceedings of the 59th annual meeting of the association for computational linguistics and the 11th international joint conference on natural language processing. Stroudsburg: ACL, 2021: 244-258.

[48] WU Z F, WANG S N, GU J T, et al. CLEAR: contrastive learning for sentence representation [J]. arXiv preprint , 2020, arXiv: 2012. 15466.

[49] OUYANG X, WANG S H, PANG C, et al. ERNIE-M: enhanced multilingual

representation by aligning cross-lingual semantics with monolingual corpora [C]//Proceedings of the 2021 Conference on Empirical Methods in Natural Language Processing. Punta Cana：EMNLP，2021：27-38.

[50] BAHDANAU D，CHO K H，BENGIO Y. Neural machine translation by jointly learning to align and translate [C]//Proceedings of the 3rd International Conference on Learning Representations. San Diego：ICLR，2015.

[51] UTIYAMA M，ISAHARA H. A comparison of pivot methods for phrase-based statistical machine translation [C]//Proceedings of Human Language Technology：the Conference of the North American Chapter of the Association for Computational Linguistics. Stroudsburg：ACL，2007：484-491.

[52] KHALILOV M，COSTA-JUSSA M R，HENRIQUEZ C A，et al. The TALP & I2R SMT systems for IWSLT 2008 [C]//Proceedings of the International Workshop on Spoken Language Translation. Waikiki：IWSLT，2008：116-123.

[53] ARIVAZHAGAN N，BAPNA A，FIRAT O，et al. Massively multilingual neural machine translation in the wild：findings and challenges [J]. arXiv preprint，2019，arXiv：1907.05019.

[54] KUDUGUNTA S，BAPNA A，CASWELL I，et al. Investigating multilingual NMT representations at scale [C]//Proceedings of the 2019 Conference on Empirical Methods in Natural Language Processing and the 9th International Joint Conference on Natural Language Processing. Hong Kong：EMNLP-IJC-NLP，2019：1565-1575.

[55] SIDDHANT A，JOHNSON M，TSAI H，et al. Evaluating the cross-lingual effectiveness of massively multilingual neural machine translation [C]//Proceedings of the 34th AAAI Conference on Artificial Intelligence. New York：AAAI，2020：8854-8861.

[56] FAN A，BHOSALE S，SCHWENK H，et al. Beyond English-centric multilingual machine translation [J]. Journal of machine learning research，2020，22 (1)：4839-4886.

第6章

领域自适应

通过前述章节介绍可知，通常使用所能获得的所有训练数据来训练翻译模型，这种模型称为通用翻译模型。通用翻译模型虽然可以应对一般应用场景的翻译任务，但是在面对领域性较强的翻译内容时会显得力不从心。俗话说"隔行如隔山"，不同领域在词汇、句式、语言风格等方面有较大的差异。训练数据如果与实际应用领域不匹配，会导致翻译质量下降，难以充分发挥机器翻译的优势。

如下面的例子所示，"tissue"通常的意思是"纸巾"，而在生物医药领域，其意思则为"人体细胞组织"。"suppress"常用的意思是"压制"，但在生物医药领域，翻译为"抑制"更合适。

> 原文：HBV suppress IFN-induced TRIM22 expression through HBX in a mouse model, primary human hepatocytes, and human liver tissues
>
> 通用翻译模型：在小鼠型 HBV 原代人肝细胞和纸巾中通过 HBX 压制 IFN 引起的 TRIM22 表达
>
> 生物医药领域翻译模型：在小鼠模型，原代人肝细胞和人肝组织中，HBV 通过 HBX 抑制 IFN 诱导的 TRIM22 表达

在通用翻译模型基础上，针对具体的领域和需求对翻译模型进行调优，以提升在目标领域的翻译质量，这类方法统称为领域自适应（domain adaptation）。

领域自适应面临的主要挑战是缺乏足够的与目标领域相关的训练数据。第 5 章介绍多语言翻译时提到语言资源分布不均衡，大部分语言面临训练数据不足的问题。而即便是资源丰富的语言，也同样面临领域分布不均衡带来的数据稀疏问题。针对这一问题，第 5 章中介绍的数据增强、无监督训练等方法，同样适用于领域自适应。

此外，领域自适应也有自身的特点：

第一，两种语言之间的领域翻译可以借助这两种语言的整体数据优势，首先利用通用领域的数据资源进行预训练，然后再利用高质量领域的数据进行优化训练。

第二，从需求的角度来看，领域翻译对于质量的要求更高。人们期望机器翻译模型对于领域内的术语、专业知识等能够熟练掌握并给出准确译文。较高的期

望提高了领域翻译的难度。

本章将介绍领域自适应技术，通过数据增强、模型训练、术语翻译、翻译记忆库等方法，使得翻译模型在具体领域上能够获得较高的翻译质量，从而满足实际需求。

6.1 概述

根据前述章节介绍可知，机器翻译从大量的训练语料中学习翻译知识。一般而言，要使得机器翻译质量达到最优，需要训练数据和测试数据独立同分布。例如，NIST、WMT 等组织的评测，训练和测试数据主要来自新闻领域，IWSLT 评测则关注口语领域。如果使用新闻领域数据训练的翻译模型去做口语领域翻译，由于训练数据与测试数据分布不一致，翻译质量会大打折扣。

在实际应用中会面临更加复杂的场景。一方面，训练数据的来源和构成复杂多样，如第 2 章中介绍的，从互联网上挖掘的数据涵盖了多种不同的领域和文体；另一方面，用户的翻译需求也丰富多样，既有来自新闻、法律、财经等不同领域的翻译需求，也有小说、诗歌、学术论文等不同文体的翻译需求。为了充分利用训练数据，满足复杂多样的翻译需求，通常的做法是将所有训练数据放在一起训练一个翻译模型，使其能够具有较好的通用性。但是这种方式存在一个问题，翻译模型将所有训练数据都"一视同仁"，看作同一个领域。尽管这种通用翻译模型能够满足大部分用户的通用翻译需求，但是当应用于具体行业和领域时，译文质量下降，翻译模型的潜力不能充分发挥出来。原因是，训练数据与测试数据在词语分布、语义分布等方面存在较大差异。例如前面提到的例子，在大量训练语料中，"tissue"翻译为"纸巾"的概率要远大于其翻译为"人体组织"的概率。此外，具体领域中通常包含大量的专有名词和术语，这些词语可能没有出现在通用的训练语料中，使得翻译模型无法翻译。

领域自适应技术就是为了解决上述问题。其基本思想是，首先利用全量训练数据训练一个通用翻译模型，在此基础上再通过领域数据进行微调，使得翻译模型能够适用于具体领域。这样做的好处是，面对一个新的领域，可以在已有模型的基础上优化训练，而不需要从头开始。一方面可以借助已有模型的优势进一步提升目标领域的翻译质量；另一方面，可以提升研发效率，降低训练成本。

俗话说"兵马未动，粮草先行"，领域数据就是优化领域翻译模型的"粮草"。本章首先从数据角度出发，介绍领域数据增强技术，包括领域数据聚类、领域数据筛选以及领域数据扩充等。有了领域数据作为基础，接下来从模型训练和优化角度出发，通过优化训练方法、调整模型结构等，提升翻译模型在目标领域上的快速适应能力以及模型鲁棒性。针对领域专有名词和术语翻译问题，本章首先介绍前处理、后处理技术以及融合专有名词的解码算法，以提升神经网络机器翻译模型在领域专名翻译方面的能力；接下来介绍基于记忆库的领域翻译技术。行业内积累的语料除了可以作为训练语料训练翻译模型外，也可以以翻译记忆库的形式作为解码时的外部知识帮助翻译模型提升领域翻译质量。本章最后介绍产业化场景中领域自适应解决方案。

6.2 领域数据增强

如前所述，通用机器翻译模型之所以在具体领域翻译上表现不好，主要原因是训练数据与目标领域分布不一致，领域数据淹没于全量数据的"汪洋大海"之中，导致翻译模型未能充分学习到目标领域的翻译知识。针对这一问题的解决方案是"集中优势兵力"，使得训练数据与目标领域分布趋近。一方面，可以通过聚类的方式，按领域对全量训练数据进行聚类；另一方面，可以根据目标领域从全量数据中筛选与目标领域相同或相近的训练数据。这两种方法不产生新的数据，而是按领域对已有数据重新组织。此外，还可以利用第 5 章介绍的回译技术，基于领域单语数据合成双语平行语料。

6.2.1 领域数据聚类

一般来说，用于训练机器翻译模型的语料没有领域标记，这等同于将所有训练数据都视为同一领域，强调数据的"共性"，但忽视了数据的"个性"（领域性）。针对这一问题，可以采用"集中力量办大事"的方法，将领域数据集中起来。本小节介绍的数据聚类和下一小节介绍的数据筛选，实际上都是从通用数据中选取领域数据的方法。二者不同的是，聚类方法事先不知道测试数据的领域，将训练数据聚成若干类。在进行目标领域的自适应时，可以从这些类中选择与之相同或相近的数据优化翻译模型。而筛选方法则事先知道待优化的目标领域，有针对性地从训练数据中选择与目标领域相关的数据。

下面介绍两种常用的领域数据聚类方法，一种是领域标记法，另一种是自动聚类法。

1. 领域标记法

领域标记法是对数据聚合的一种简单方案，即在收集数据时根据先验知识，通过打标签的方式对数据所属领域进行标记，如将来自学术期刊/会议的数据标记为科技文献，将来自新闻媒体类的数据标记为新闻领域等。领域标记并没有统一的标准，可以根据实际需求进行标记。例如，如果需要将新闻领域数据进行细分，又可以分为财经新闻、时政新闻、体育新闻等。机器翻译评测 NIST、WMT 所使用的数据大部分都是新闻领域。近年来，WMT 评测也增加了生物医药领域的翻译任务⊖。

对数据进行领域标记后，在需要针对具体领域优化系统时，可以直接使用相关领域的数据进行调优。这种方法适合对同一来源的大批数据进行统一标记，不适合对训练数据中的句子进行句子级别的标记，原因是人工标记句子级别的领域标签成本太高。

2. 自动聚类法

自动聚类法可以不依赖先验知识，对训练语料中句子进行聚类。常用的聚类方法有 K 均值（K-Means）、高斯混合模型（Gaussian Mixture Model，GMM）等[1]。基本思路是首先将句子映射为词向量表示，然后利用聚类算法进行领域聚类。

Tars 等人[2] 提出了一种基于静态词向量的句子聚类方法，首先根据单词词向量基于 n-gram 平均得到句子向量[3]，然后利用 K 均值方法进行聚类。Currey 等人[4] 则基于多语言预训练模型 mBERT 计算句子向量表示，聚类方法也使用了 K 均值方法。文献［5］基于 GMM 聚类方法比较了多种预训练模型的领域聚类效果。

⊖ https：//www. statmt. org/wmt21/biomedical-translation-task. html。

首先通过对预训练模型网络中的最后一层做平均池化（average pooling），得到句子的向量化表示；然后通过主成分分析（Principal Component Analysis，PCA）对向量进行降维以加快聚类过程，并方便对聚类结果可视化分析；最后基于 GMM 进行聚类。作者使用了一个英德多领域语料库[6] 验证聚类效果。实验结果表明，在英德 5 个领域上的聚类效果可以达到接近 90% 的准确率。与非预训练基线模型（word2vec）相比，基于预训练模型（BERT、GPT-2 等）聚类均取得显著提升，这表明了使用预训练模型进行句子聚类的有效性。与以上使用预训练模型进行句子表示不同，文献［7］直接使用机器翻译模型（transformer-base）训练词向量表示，将句子中的词向量平均值作为句子向量表示，并利用 K 均值进行领域聚类。实验表明，对基于机器翻译模型得到的句子级向量进行领域聚类，效果优于基于预训练语言模型的方法[4]。此外，基于预训练语言模型的方法在篇章级别的聚类效果优于句子级别，原因是长文本包含更丰富的上下文，模型能够提取更深层次的领域特征。

6.2.2 领域数据筛选

如果已知目标领域，则可以直接从训练数据中筛选出与目标领域一致或相近的数据。其基本思想是对训练语料库中的句子进行评分排序，并选择最接近目标领域的数据。下面介绍两种领域数据筛选方法——基于语言模型的筛选方法和基于句子向量的筛选方法。

1. 基于语言模型的领域数据筛选

俗话说"三句话不离本行"，这形象地说明了一个长期从事某一行业的人其话语体系常常带有很强的行业色彩。在自然语言处理中，语言模型通过对单语数据进行建模，可以反映出数据的领域属性。因此，可以基于语言模型进行数据选择。

基本思路是，利用目标领域 D 的单语数据 C_D（可以是源语言数据，也可以是目标语言数据）训练语言模型 LM_D，使用该语言模型对通用领域训练数据 C_G 中的句对 $\langle s_i, t_i \rangle$ 进行评分[⊖]，选择最接近目标领域的句对作为领域数据。

　⊖　如果是源语言数据训练的语言模型，则对源语言句子进行评分，反之则对目标语言句子进行评分。

基于交叉熵的数据选择将通用数据和领域数据看作两个不同的分布[8]，使用交叉熵衡量两个分布的距离：

$$H_p(q) = -\sum_x p(x)\log q(x) \tag{6-1}$$

其中，p、q 表示两个不同的概率分布。以源语言语言模型为例，用 $H_D(s_i)$ 表示使用目标领域语言模型 LM_D 计算通用领域中的句子 s_i 的得分，设定阈值为 α，如果 $H_D(s_i)<\alpha$，则认为句对 $\langle s_i,t_i\rangle$ 属于目标领域 D。

此外，还可以利用交叉熵的差值来评分。在通用领域数据上也训练一个语言模型 LM_G，用 $H_G(s_i)$ 表示基于语言模型 LM_G 计算 s_i 的得分，则交叉熵差值计算如下：

$$\text{score} = H_D(s_i) - H_G(s_i) \tag{6-2}$$

交叉熵差值越小，说明这个句子越接近目标领域，同时与通用领域的差距也越大。

如前所述，可以同时利用源语言和目标语言的领域数据来训练语言模型，因此文献［9］对式（6-2）进行了扩展：

$$\text{score} = (H_{D\_\text{src}}(s_i) - H_{G\_\text{src}}(s_i)) + (H_{D\_\text{tgt}}(t_i) - H_{G\_\text{tgt}}(t_i)) \tag{6-3}$$

其中，$\langle s_i,t_i\rangle$ 是待评价的句对，$H_{D\_\text{src}}(s_i)$ 和 $H_{G\_\text{src}}(s_i)$ 分别表示源语言句子在目标领域和通用领域的交叉熵，$H_{D\_\text{tgt}}(t_i)$ 和 $H_{G\_\text{tgt}}(t_i)$ 分别表示目标语言句子在目标领域和通用领域的交叉熵。同样，差值越小，表明该句对越接近目标领域。

除了基于 n-gram 语言模型外，还可以使用神经网络语言模型（Neural Network Language Model，NNLM）进行数据选择[10]。实验表明，相比 n-gram 语言模型，通过 NNLM 进行领域数据选择可以进一步提升译文质量。

2. 基于句子向量的领域数据筛选

利用句子向量进行数据选择[11] 的基本思想是，将句子 s 映射为向量 $\boldsymbol{E}_s$，计算目标领域和通用领域训练数据的中心点：

$$VC_D = \frac{\sum\limits_{s \in C_D} \boldsymbol{E}_s}{|C_D|} \tag{6-4}$$

$$VC_G = \frac{\sum\limits_{s \in C_G} \boldsymbol{E}_s}{|C_G|} \tag{6-5}$$

其中，C_D 表示目标领域语料库，C_G 表示通用领域语料库。对于通用语料库中的句对 $\langle s_i, t_i \rangle$，通过下式计算其与目标领域和通用领域的差距：

$$\text{score} = d(\boldsymbol{E}_{s_i}, VC_D) - d(\boldsymbol{E}_{s_i}, VC_G) \tag{6-6}$$

其中，$d(\boldsymbol{v}_1, \boldsymbol{v}_2)$ 表示两个向量的距离。差值越小，说明句子与目标领域的相似度越高。

6.2.3 领域数据扩充

前面两小节介绍的方法均基于已有的数据进行目标领域的适配，但不产生新的数据。很多场景下，通过上述方案仍难以获得充足的双语平行语料。相对于双语语料而言，单语语料获取的难度和成本要低很多。因此，可以借助单语语料进行数据扩充。

如第 5 章介绍，回译技术是有效的数据扩充方法，也被广泛用于领域自适应以缓解数据缺乏问题[12-15]。使用回译技术扩充领域数据的基本思想是，首先使用通用领域数据训练通用翻译模型，然后使用该模型翻译领域单语数据，从而合成领域双语平行语料。

不过这种简单的回译方法存在一个问题，即由于通用翻译模型与目标领域不匹配，其生成的译文与通用领域更接近，导致使用合成的双语语料进行目标领域模型调优时效果不好。为了解决这一问题，Wei 等人[14] 基于重构和迭代回译的方法提出了一种领域修复（domain repair）方案，用来提升合成的双语平行语料质量。假设有目标领域句子 y，使用通用翻译模型 $\text{MT}_{y \to x}$ 将其翻译为 x'，再继续使用通用翻译模型 $\text{MT}_{x \to y}$ 将其翻译为 y'，通过比较 y 和 y' 来训练领域修复模型。这一过程可以多次迭代，不断提升合成语料的质量。实验表明，与单次回译、迭代回译相比，加入领域修复模型的多次迭代回译提升了目标领域翻译质量。文献 [15] 在迭代回译中引入了数据筛选策略，在源语言端和目标语言端分别基于 CNN 训练两个分类器，对回译合成的双语平行语料进行筛选，从而提升合成语料的质量。

6.3 模型训练及优化

有了领域数据作为基础，可以开展领域翻译模型的训练和优化。由于模型结构和参数训练密切相关，因此我们在本节一起介绍。首先介绍两种训练方法，一种是预训练加微调的方法，另一种是使用领域数据加权训练的方法。这两种方法都不改变翻译模型的网络结构。接下来介绍模型参数部分微调的技术，通过分析翻译模型不同组件（如编码器、解码器、注意力等）对目标领域的重要程度，仅调整与目标领域相关的部分参数。最后从优化目标函数的角度出发，介绍基于知识蒸馏和基于课程表学习的领域自适应技术。

6.3.1 预训练加微调技术

预训练加微调是领域自适应的一种常用优化方法。如图 6-1 所示，在预训练阶段，使用全量数据训练一个通用翻译模型。在此基础上，再使用领域数据对模型参数进一步微调。这种训练方式的好处是，一方面可以借助大量通用数据的优势提升译文质量，另一方面可以提高效率（由于领域数据规模一般比较小，微调参数的速度比从头开始训练一个翻译模型要快得多）。如同人类的学习一样，该技术通过学习通用知识打牢基础，然后针对新的任务，在已有的经验基础上再进一步学习专业知识。

图 6-1 基于预训练-微调框架的领域自适应技术

然而，这种方法也存在以下问题：

1）过训练（overfitting）。过训练指的是经过微调后的模型变得非常敏感。虽然在目标语料上取得非常好的效果，然而一旦翻译领域发生变化，译文质量就会变得非常差。在目标领域训练语料较少的情况下，模型的过训练问题尤其严重。

2）灾难性遗忘（catastrophic forgetting）[16]。灾难性遗忘是指，模型经过对目标领域 A 的优化之后，再在目标领域 B 上进行微调，则模型在领域 B 上的翻译质量提升，但是在领域 A 上的翻译质量下降。这就类似于"狗熊掰玉米"，学了新的知识，忘了旧的内容。这使得翻译模型在多领域翻译时，不能持续地利用多个领域数据提升优化。

　　一种简单的避免以上问题的方法是控制微调的迭代次数和控制模型学习率[17-18]。此外，还可以从模型层面出发，将调优后的模型（领域模型）与通用模型进行融合（ensemble）[19]，或者从数据方面出发，使用领域外的数据（相当于引入噪声进行正则化）和目标领域数据一起进行微调[20]，以增强模型的鲁棒性。

6.3.2　领域数据加权训练

　　领域数据加权训练的基本思路是使用所有的数据训练翻译模型，但是赋予训练数据不同的权重。与目标领域越相近的数据权重越高，反之则越低。实际上这种方法通过赋予训练语料不同的权重改变训练数据分布，使之与目标领域分布接近。训练的目标函数如下：

$$L(x,y;\theta) = \sum_{\langle x,y \rangle} -W_{\langle x,y \rangle} P(y \mid x;\theta) \qquad (6\text{-}7)$$

其中，$\langle x,y \rangle$ 是双语平行句对，$W_{\langle x,y \rangle}$ 是句对的权重，θ 是模型参数。

　　句对的权重可以使用上一节介绍的数据选择方法进行衡量，如根据领域标记或者聚类结果区分领域内和领域外数据、使用语言模型对句子进行评分等[11,21-22]。

　　Wees 等人[22] 提出了一种动态数据选择方案⊖，使用双语交叉熵[9] 对训练语料进行评分。在模型训练时有两种方案，一是基于采样的方法，基于句子得分计算采样概率，在每一个批次的训练中，领域相关的数据能够以较大的概率被采样到；二是渐进微调（gradual fine-tuning）的方法，在迭代训练过程中，逐步减小通用训练数据的占比，同时增大领域数据的占比。实验结果表明，动态数据选择在领域翻译中优于静态数据选择[9] 方法，且渐进微调方法的训练时间减少了80%。文献［11］提出了一种领域加权（domain weighting）方案，在每个批次训练时，领域内数据和领域外数据按一定比例选择数据量，赋予领域内数据更高的权重。

　　⊖　虽然其论文中称此方法为"动态数据选择"，但由于其跟模型训练结合在一起，因此我们将其视为一种训练策略。

　　　　　　　　　　　　　　　　神经网络机器翻译技术及产业应用

与句子级加权不同的是，其加权是针对领域整体数据而言的，即领域内数据共享一个权重。

领域数据加权训练同时使用领域外数据和领域内数据进行训练，可以起到 6.3.1 节预训练加微调方法中模型融合或者数据融合的作用，从而缓解过训练问题。

此外，在进行多领域翻译模型优化时，可以将多个领域的数据以及通用数据放到一起训练一个多领域统一翻译模型，这种方式也可以看作一种领域数据加权训练方法。借鉴文献［23］在每一个训练句对前面加入语言标签的方法，可以在每一个训练句对前面加一个领域标签[2]（领域标签可以看作一种特殊的权重）。在翻译时可以通过在测试句子前面加入领域标签信息，使得翻译模型生成与目标领域相关的译文。Britz 等人[24] 则在训练时将领域标签添加到平行语料的目标语言端，使得翻译模型不仅对翻译建模，还对领域预测建模。在翻译时，无须事先知道待翻译句子的领域，解码器首先根据源语言句子预测其领域信息，然后再产生目标译文。这种多领域统一模型可以缓解"灾难性遗忘"问题。

6.3.3　模型参数部分调优

模型调优中遇到的过训练或者遗忘问题，是由于在使用领域数据调优过程中，模型参数发生较大变化导致的。利用领域数据进行参数微调的目的是希望模型保持在已知领域上的翻译质量，同时适应新的任务。因此，无须调整模型所有参数，仅调整与目标领域相关的一部分就可以。

子网络更新法[25] 将翻译模型分解为 5 部分——源语言词向量、编码器、解码器、softmax 层、目标语言词向量，设计了两种类型的实验，一种是固定一个子网络调整其他子网络参数（freeze component），例如在微调阶段固定编码器参数，调整其他部分的参数；另一种是固定其他子网络只调整一个子网络参数（freeze all but component），例如在微调阶段只调整编码器参数，而保持其他部分的参数不变。文献［26-27］将这一方法扩展到了 Transformer 模型。

剪枝调参（Prune-tune）[28]：在使用通用领域数据对模型进行预训练时，对参数进行剪枝，即去掉权重较低的参数，因为这意味着这些参数对通用翻译模型的作用不大。当通用翻译模型训练完成后，再使用目标领域数据进行微调。此时，固定已经训练好的参数，仅调整被剪枝掉的参数。该方法可以进一步拓展为多领域模型微调。在对每个目标领域进行微调时，继续沿用剪枝策略，仅调整变化较大的参数，对权重较低的参数进行剪枝。实验结果表明，该方法能够较好地保持在通用领域上的翻译质量，同时提升目标领域的翻译质量。通过比较不同的剪枝率（pruning rate）发现，在微调阶段仅调整 10% 的参数，即能在目标领域上取得最好的翻译质量。文献［29］提出了类似的方法，首先对通用翻译模型进行剪枝，然后使用目标领域数据和知识蒸馏技术对剪枝后的网络进行优化，使其尽可能保持原始网络的翻译效果，最后再将剪枝后的网络扩展为原始大小，并使用目标领域数据进一步微调。

仅对模型部分参数调优的方式，一方面缓解了模型过训练以及遗忘问题，另一方面，在实际应用场景中，不同领域模型可以在通用模型基础上仅存储部分参数即可，可以有效减少对内存的需求。

6.3.4　基于知识蒸馏的领域自适应

第 4 章中介绍了利用知识蒸馏进行模型压缩的技术，通过知识蒸馏，学生模型可以保持与教师模型类似的翻译效果，且模型体积大大缩小。知识蒸馏技术也被广泛应用于领域自适应[30-32]。如果把通用模型看作"教师模型"，领域模型看作"学生模型"，则可以利用知识蒸馏缓解模型遗忘问题。

Dakwale 等人[30] 提出了两种方法，对参数微调进行了改进。第一种方法是多目标微调（multi-objective finetuning），设计知识蒸馏目标函数训练参数；第二种方法称为多输出层微调（multi-output layer finetuning），其与前述调整部分网络参数的思想类似，将通用模型网络分为两部分，解码器输出层参数看作与任务相关的，记为 θ_G^{Output}，其他参数看作共享参数，记为 θ_{share}。首先在通用数据上训练通用模型，然后在领域模型网络上，引入一个新的输出层 θ_D^{Output} 并随机初始化。在训练领域模型的时候，先固定 θ_{share} 和 θ_G^{Output}，训练 θ_D^{Output}，然后再利用知识蒸馏方法训练联合优化目标。文献［31］提出了一种基于知识蒸馏的多领域优化策略，首先使用数据选择技术从通用数据中选取多个子领域，然后使用每个子领域数据训练一个领域模型作为教师模型，接着使用多个教师模型来训练一个学生模型，使得学生模型具备多领域翻译能力。文献［32］提出了一种多阶段（multi-stage）方法用以训练多领域翻译模型，即使用不同领域数据分阶段进行微调。在训练当前领域模型时，将已训练好的领域模型看作教师模型，当前领域模型看作学生模型，通过引入超参数来调节教师模型（历史模型）和学生模型的权重，使得模型既能学习新的知识，又不遗忘历史知识。

使用知识蒸馏技术进行领域自适应，既能够缓解模型遗忘问题，同时还可以起到模型压缩的作用，非常适用于对系统性能要求较高的垂直领域场景。

6.3.5 基于课程表学习的领域自适应

课程表学习（curriculum learning）[33]的基本思想借鉴自人类学习的过程。人们通常会按照一定的顺序由易到难、循序渐进地学习知识。比如数学，学习数学先要认识数字，然后学习四则运算，再学习代数、微积分等，这样才能达到最好的学习效果。如果没有相应的数学基础，一开始就学习微积分，就会"欲速则不达"。根据这一思想设计的训练算法就称为课程表学习。

具体到机器翻译模型训练，传统方法不对训练数据做特定的分类或者排序，而是直接混合在一起训练翻译模型。基于课程表学习的训练，则首先对训练语料库中的句子进行排序，让模型先学习"简单"的句子，然后逐渐增加难度，让模型学习"难"的句子。根据不同的应用场景和需求，有多种方法可以用来衡量训练数据的难易程度，如句子长度、句子结构的复杂程度、词频等[34-35]。

Zhang 等人[36]提出了一种基于课程表学习的领域自适应方法，其主要思想如下。

1）将训练集中的句子按照与领域的相似度得分（例如，使用前文介绍的交叉熵评分）进行排序，并将其均匀存储到多个分组中，使得每个分组中的句子具有大体上一致的相似度。

2）训练开始阶段，首先使用相似度最高的分组数据进行训练。

3）此后的训练则根据相似度排序，在前一个训练阶段的训练数据基础上，依次增加分组数据，直至收敛。

这样做的好处是，总体上来看，训练阶段按照从易到难的顺序进行学习，而在每一个训练阶段内，分组内的训练数据会被重新随机排序，保持了一定的随机性。

Wang 等人[37] 提出了一种面向多领域的课程表学习方法，针对训练语料库中的每个句对，使用多个加权特征对其进行评分，如通用翻译模型和目标领域翻译模型的交叉熵、语言模型交叉熵、跨语言词向量相似度、预训练模型评分等。在训练过程中，首先通过少量次数迭代调整特征权重，然后按照句对得分对训练集中的句子升序排列，训练翻译模型。作者基于 LSTM 构建翻译模型在英法翻译方向上进行了实验，测试领域包括新闻、TED 演讲以及专利翻译等。与不使用课程表学习的基线模型以及使用单一特征进行课程表学习的方法相比，使用多个特征综合打分排序的方式在多领域测试集上均有稳定的提升，显示了该方法具有较好的鲁棒性以及多领域适应能力。

6.4 专有名词和术语的翻译

语言中普遍存在一词多义的现象，而专有名词和术语⊖则通常具有单义性，在具体的领域中具有确定的概念。同时，术语还具有科学性和专业性，需要严谨和规范的表达。正因如此，专有名词和术语翻译的准确与否，对领域机器翻译质量的影响有决定性作用。一个句子如果领域相关的重要词语翻译错误，即便其他部分都翻译正确，总体而言用户也是无法接受的。例如，"crane" 在英文中有"起重机"和"鹤"的意思。在下面的例子中，在机械工程领域显然应该把"crane"翻译为"起重机"，如果错误地翻译为"鹤"，则会贻笑大方（如图 6-2 所示）。

英文：walking or standing under the crane is prohibited
正确译文：禁止在起重机下行走或者停留

图 6-2　英中翻译示例

⊖ 专有名词、术语既有区别也有联系，有些名词既是专有名词同时也是术语。本章不严格区分这两种表述，重点讨论在领域自适应的场景下，如何应用领域相关的词表提升翻译质量。

在统计机器翻译模型中，可以相对容易地把专有名词和术语融合到模型中，常用的做法是把术语直接添加到短语表中，解码时就可以直接使用了。但是在神经网络机器翻译中，术语翻译就不那么容易了。原因是，神经网络机器翻译模型直接在句子对齐的双语数据上训练模型参数，训练后的模型不依赖短语表或者词典，因此很难将术语直接加到模型中。

为了提升神经网络机器翻译模型对专有名词和术语翻译的处理能力，人们开展了广泛研究。按照专名/术语处理模块在模型训练、解码的不同阶段，可以将专名/术语翻译方法分为三类——前处理技术、后处理技术以及融合专名/术语翻译的解码算法。

6.4.1 前处理技术

前处理技术是指通过对训练语料进行相应处理，使得模型从训练数据中学习如何处理术语翻译，从而在解码的时候，可以利用术语表进行翻译的技术。这种策略只需要对训练数据做一些改变，而无须改动翻译模型或者解码算法。

1. 标签替换法

基于标签替换的专名/术语翻译[38-39]的基本思想是，将训练语料（双语句对）中的源语言句子中的专名/术语和对应的目标语言句子中的专名/术语替换为相应的标签，例如将名字替换为"〈NAME〉"，地点替换为"〈LOC〉"等，从而使得模型对专名/术语翻译具有泛化能力。在解码时，首先识别出输入句子中的专名/术语并进行标签替换，然后对解码出来的译文，将其中的标签替换为相应的目标语言专名/术语即可。其中，标签的类型可以根据实际场景和需求自定义。

如图6-3所示，通过查找专名/术语表将源语言中的"兰新铁路"替换为标签［RL］（铁路名），"北河""截河坝""青山堡"替换为标签［LOC］（地点名），如果有多个相同的标签，则按照顺序编号，地点名分别编号为［LOC#N］，$N=1$，2，3。将标签替换后的句子输入翻译模型进行翻译，输出的译文中也带有标签及编号。最后，将对应标签还原为目标专名/术语即可。

虽然最后专名/术语还原是在解码完成后进行的（后处理），但是由于专名/术语的识别和标签替换是在训练数据上进行的，因此，我们把这种方法也归为专名/术语前处理。

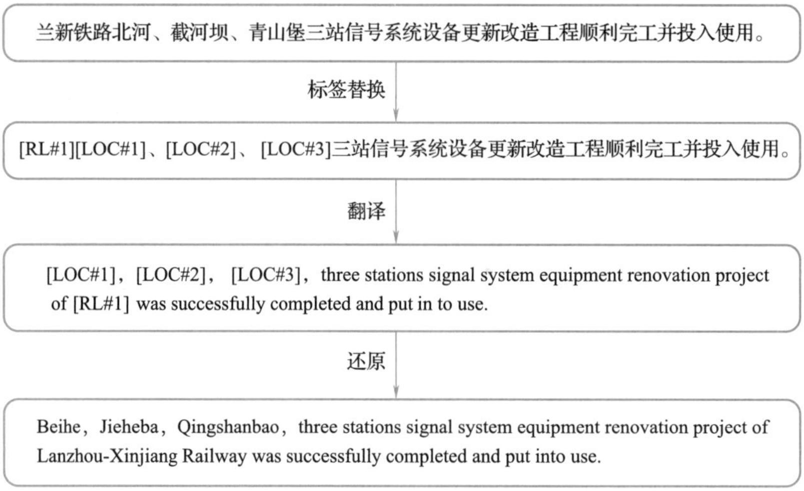

图 6-3　基于标签替换的术语翻译

2. 术语混合法

术语混合法[40]的基本思路是将目标语言术语直接放到源语言中对应的位置，源语言句子同时包含源语言和目标语言术语。

有两种方法变换训练数据——增加（append）或者替换（replace）。"增加"是指在源语言术语后面直接加入其对应的目标译文，"替换"则使用目标译文替换源语言句子中的术语。为了达到这一目的，对句子中的词语进行 3 种标记，"0"表示普通词语，"1"表示源语言术语，"2"表示源语言术语对应的目标译文。

如表 6-1 所示。在解码的时候，对于输入的源语言句子，首先检索专名/术语表，将专名/术语添加到输入句子对应的专名/术语后面或者将输入句子中的专名/术语替换为目标语言（与训练保持一致），进而可以通过翻译模型生成目标语言句子。

表 6-1　对训练数据进行变换使得模型具备术语翻译能力

源语言		北京　冬奥会　的　吉祥物　是　冰墩墩
	增加	北京$_0$ 冬奥会$_0$ 的$_0$ 吉祥物$_0$ 是$_0$ 冰墩墩$_1$Bing$_2$Dwen$_2$Dwen$_2$
	替换	北京$_0$ 冬奥会$_0$ 的$_0$ 吉祥物$_0$ 是$_0$Bing$_2$Dwen$_2$Dwen$_2$
目标语言		The mascot of the Beijing Winter Olympics is Bing Dwen Dwen

神经网络机器翻译技术及产业应用

兰新铁路北河、截河坝、青山堡三站信号系统设备更新改造工程顺利完工并投入使用。

↓ 标签替换

[RL#1][LOC#1]、[LOC#2]、[LOC#3]三站信号系统设备更新改造工程顺利完工并投入使用。

↓ 翻译

[LOC#1], [LOC#2], [LOC#3], three stations signal system equipment renovation project of [RL#1] was successfully completed and put in to use.

↓ 还原

Beihe, Jieheba, Qingshanbao, three stations signal system equipment renovation project of Lanzhou-Xinjiang Railway was successfully completed and put into use.

图 6-3　基于标签替换的术语翻译

6.4.2 后处理技术

后处理技术通常也无须对翻译模型进行改动，而是在解码结束后，对译文中的专名/术语翻译进行修改。

术语注入（terminology injection）是一种常用的后处理方法[41]。主要思想是，在翻译模型输出译文后，根据注意力信息来确定源语言单词和目标语言单词之间的对应关系，并根据这种对应关系使用源语言术语对应的翻译直接替换译文中相应的译文。

如表 6-2 所示，源语言是中文，目标语言是英文，通过注意力矩阵得到“双碳目标”对应的英文“double carbon goal”，然后可以通过查找术语表进行术语替换，将英文替换为“the goal of carbon peaking and carbon neutrality”。

表 6-2 根据注意力矩阵进行术语注入（中英翻译）

	为	实现	双碳	目标	贡献	力量
Contribute	0.09	0.06	0.03	0.02	0.50	0.30
to	0.80	0.02	0.03	0.05	0.06	0.04
the	0.20	0.3	0.15	0.05	0.12	0.18
realization	0.01	0.90	0.01	0.03	0.03	0.02
of	0.20	0.15	0.20	0.25	0.05	0.15
the	0.18	0.12	0.20	0.25	0.13	0.12
double	0.06	0.04	**0.80**	0.03	0.02	0.05
carbon	0.05	0.03	**0.81**	0.04	0.03	0.04
goal	0.01	0.01	0.01	**0.95**	0.01	0.01

后处理技术非常适用于无需模型训练的场景。很多时候，用户希望其所提供的术语表能够立即在机器翻译系统中生效，此时，利用后处理技术可以快速修正术语翻译错误。不过这种方法受词语对齐准确率的影响。如果注意力得分计算不准确，将直接影响到词语之间的对齐关系，进而影响术语翻译准确率。

6.4.3 融合专名/术语翻译的解码算法

该方法通过在解码过程中加入术语约束实现术语翻译。

文献［42］提出了一种基于网格柱式解码（Grid Beam Search，GBS）的约束解码（Constrained Decoding）策略，在传统的柱式搜索基础上引入了一个"约束"维度。如图 6-4 所示，其中，每一个矩形表示一个栈，栈中的元素是解码的部分结果，即假设（hypothesis）。传统柱式搜索从左到右按照时间状态进行序列搜索，每个时刻 t 都对应 k 个假设，直到搜索结束（产生句子结束符号〈EOS〉）。GBS 算法引入了一个"约束"变量 c 用来记录当前栈中覆盖的约束词（constrained token）的个数。用一个二维数组 constraint 来记录句子中的术语（约束词或短语），例如这个例子中有两个约束短语 ｛祝融号火星车，Zhurong Mars Rover｝和 ｛火星表面，Martian surface｝。constraint$_{ij}$ 表示目标短语中第 i 个约束中的第 j 个词。例如 constraint$_{21}$ 对应第 2 个约束的第 1 个单词 "Martian"。

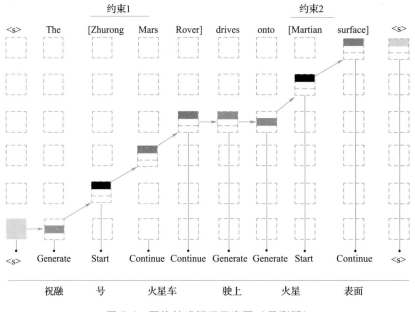

图 6-4 网格柱式解码示意图（见彩插）

为了进行网格柱式解码，将假设（hypothesis）分为两种类型。

1）开放假设（open hypothesis）：可以依据模型产生候选译文（传统搜索）或者从术语约束中产生译文。

2）封闭假设（closed hypothesis）：只能从术语约束中产生译文。

网络中每一个假设 $\text{Grid}[t][c]$ 有三种产生方式。

1）来自左侧开放假设 $\text{Grid}[t-1][c]$，同传统柱式搜索一样，根据模型产生候选译文，如图 6-4 中蓝色部分。

2）来自左下方开放假设 $\text{Grid}[t-1][c-1]$，位于约束词（短语）的开始，根据约束产生译文，如图 6-4 中绿色部分。

3）来自左下方的封闭假设 $\text{Grid}[t-1][c-1]$，位于约束短语的中间，继续根据约束产生译文，如图 6-4 中红色部分。

这种方法提供了一种融合术语的思路，但是由于引入了一个新的约束维度，计算复杂度也相应增加。传统的柱式搜索的复杂度是 $O(kn)$，GBS 的复杂度是 $O(knC)$，其中，k 是柱式搜索的个数，n 是句子长度，C 是约束个数。当约束增多的时候，解码速度下降很快。针对这一问题，动态柱分配 DBA（Dynamic Beam Allocation）算法[43] 通过将覆盖相同约束个数的假设进行分组并且在每一步动态分配一个固定大小的存储栈，将复杂度降低到了传统柱式搜索的水平。

6.5 翻译记忆库

翻译记忆库技术是机器翻译常用的技术之一。其主要动机是，在很多场景中，有些句子经常被重复翻译，例如产品手册。产品的迭代升级会更新产品手册中的相应内容，但是与上一代产品重复部分的内容是无须修改的。这种情况下，已有重复内容的译文就可以直接使用，只需要翻译新增部分就可以了。将已经翻译过的句子及其译文存储起来，供以后翻译相同或者相似句子的时候直接使用或者参考使用，这就是翻译记忆库技术。针对领域自适应，领域数据可以作为翻译记忆库来使用。

在实际应用中，如果待翻译的句子能够完全匹配到记忆库中的内容，那直接从记忆库中拷贝译文就可以了。不过一字不差地严格匹配到记忆库中的句子是一种理想的情况，很多场景下，可能只匹配到记忆库中句子的一部分内容，此时还可以利用记忆库来帮助翻译。

利用记忆库进行翻译主要包含两部分：第一，从记忆库中检索出与待翻译句子匹配度高的句子，通常使用编辑距离[44]、逆向文档频率[45]、余弦相似度[46]等来计算两个句子的匹配程度，这一步实际上是一个动态数据选择的过程；第二，翻译模型利用检索到的相似句子进行翻译，以提高翻译质量。

本节介绍三种翻译记忆库技术——基于记忆库的数据增强、融合记忆库的翻译模型以及k-近邻翻译模型。

6.5.1 基于记忆库的数据增强

该方法的基本思想是在原始训练语料中加入从翻译记忆库中检索得到的相似句子，相当于做了数据增强。翻译模型在解码时，除了利用源语言句子信息外，还可以利用翻译记忆库中的句子。该方法的优点是，无须对翻译模型进行改动。

记忆库句子拼接[47]：对于训练语料中的句对$\langle s_i, t_i \rangle$，从记忆库中检索出匹配的句对$\langle s', t' \rangle$，将记忆库中句对的目标端t'与源语言句子s_i拼接，组成新的句对$\langle s_i@@@t', t_i \rangle$，其中，"@@@"是拼接符号，用来区分原始源语言句子和记忆库中的目标语言句子。使用新的训练语料训练翻译模型无须改动网络结构。在解码的时候，仍然按照上述方法构造源语言串，并进行解码。如图 6-5 所示，通过检索记忆库，匹配到句式类似的句子"是……之一"，进而将源语言句子和匹配到的记忆库目标语言句子拼接为一个长的字符串进行解码，从而可以利用记忆库中的句式"is one of"。

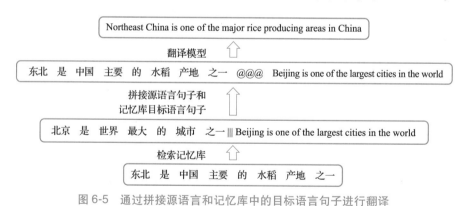

图 6-5　通过拼接源语言和记忆库中的目标语言句子进行翻译

文献［48］进一步将上述方法进行扩展，除了直接拼接外，还提出了以下拼接方案：①只拼接记忆库目标语言句子匹配到的部分；②利用标记区分匹配部分和不匹配部分。如图 6-6 所示，使用"S""T""R"分别标记源语言单词、记忆

　神经网络机器翻译技术及产业应用

库中匹配到的目标语言单词以及记忆库中未匹配到的目标语言单词。这些标记也作为编码器的输入。

东北 是 中国 主要 的 水稻 产地 之一	北京是世界最大的城市之一 Beijing is one of the largest cities in the world

东北 是 中国 主要 的 水稻 产地 之一 @@@ is one of the

a)

东北 是 中国 主要 的 水稻 产地 之一	北京是世界最大的城市之一 Beijing is one of the largest cities in the world

东北 是 中国 主要 的 水稻 产地 之一 @@@ Beijing is one of the largest cities in the world
S　S　S　S　S　S　S　R　R　T T T T　R　R T R　R

b)

图 6-6　a) 只拼接记忆库目标语言句子匹配到的部分；b) 引入标记区分匹配词和非匹配词

6.5.2　融合记忆库的翻译模型

除了通过数据增强融合记忆库外，也可以对翻译模型做适当修改，使其能够利用记忆库信息进行翻译。

门控翻译记忆库（gated translation memory）[46] 为检索出来的记忆库句对中的目标语言句子构建了一个新的编码器，与待翻译的源语言句子编码器一起形成双编码器输入。同时，还引入了一个门控网络来计算源语言编码器与记忆库编码器的权重，解码器综合利用源语言句子和记忆库中匹配句子的译文来产生翻译结果。文献［45］基于此方法做了两点改进，一是在检索记忆库的时候基于 n-gram 匹配检索出相似句子集合，二是在编码器端同时使用了记忆库中的源语言句子和其对应的目标语言句子。

Cai 等人[49] 提出了一种仅用目标语言单语数据的翻译记忆库方法。该方法将记忆库检索和翻译模型放到一个端到端的框架中，使得可以通过联合训练来优化参数。主要思想如下：

1）对于一个源语言句子 x，从翻译记忆库（目标语言句子集合）Z 中检索相关的候选句子集合 $\{(z_i, f(x, z_i))\}|_{i=1}^{M}$，其中，$f(x, z_i)$ 用于计算源语言句子 x 与记忆库目标句子 z_i 的匹配度得分，M 是从记忆库中检索到的句子个数。匹配度得分通过句子向量点乘计算得到。

$$f(x, z) = E_{\mathrm{src}}(x)^{\mathrm{T}} E_{\mathrm{tgt}}(z) \tag{6-8}$$

2）根据源语言句子以及检索得到的目标句子、匹配度得分，计算译文得分 $p(y \mid x, z_1, f(x, z_1), \cdots, z_M, f(x, z_M))$。解码器除了计算源语言句子的注意力外，还计算记忆库句子的注意力 c_t

$$\alpha_{ij} = \frac{\exp(h_t^T W_m z_{i,j})}{\sum\limits_{i=1}^{M} \sum\limits_{k=1}^{L_i} \exp(h_t^T W_m z_{i,k})} \tag{6-9}$$

$$c_t = W_c \sum\limits_{i=1}^{M} \sum\limits_{j=1}^{L_i} \alpha_{ij} z_{i,j} \tag{6-10}$$

其中，L_i 是句子 z_i 的长度。

根据如下公式预测 t 时刻的目标单词 y_t：

$$p(y_t \mid x) = (1 - \lambda_t) P_v(y_t) + \lambda_t \sum\limits_{i=1}^{M} \sum\limits_{j=1}^{L_i} \alpha_{ij} \mathbb{I}_{z_{ij} = y_t} \tag{6-11}$$

其中，$P_v(y_t)$ 表示根据源语言句子产生单词 y_t 的概率；$\mathbb{I}_{z_{ij} = y_t}$ 是一个指示函数，表示目标单词与记忆库中的单词匹配；λ_t 用于调节源语言句子和记忆库的权重。

6.5.3　k-近邻翻译模型

基于 k-近邻（k-Nearest Neighbor，kNN）的翻译模型[50]，在解码时根据源语言句子和已经翻译的译文单词从双语语料库（或翻译记忆库）中实时检索及预测目标单词。

具体而言，首先根据双语语料库构建数据库，数据库的每一条记录是一个键值对 $\langle \mathrm{key}, \mathrm{value} \rangle$，定义如下：

$$\langle \mathrm{key}, \mathrm{value} \rangle = \langle f(x, y_{<t}), y_t \rangle \tag{6-12}$$

其中，$\langle x, y \rangle$ 是双语句对，y_t 是在解码时 t 时刻的目标语言单词，也即待预测的目标词（value）。key 是一个高维向量，由双语句对中的源语言句子 x 以及目标语言句

子中的历史词 $y_{<t}$ 通过函数 $f(\cdot)$ 映射得到，通常使用翻译模型解码器最后一层的隐向量来表示 key。该数据库可以看作一种语言模型，通过源语言句子和已经产生的目标单词来预测下一个单词。表 6-3 展示了从一个双语句对构建数据库的例子。

表 6-3　由句对〈知识 就是 力量，Knowledge is power〉构建的数据库。为了便于理解，Key 使用词语的形式展示，实际数据库中以向量形式存储

Key	Value
知识 就是 力量，NUL	Knowledge
知识 就是 力量，Knowledge	is
知识 就是 力量，Knowledge is	power
知识 就是 力量，Knowledge is power	〈EOS〉

在解码时，根据如下公式计算目标单词概率：

$$p(y_t \mid x, y_{<t}) = \lambda p_{\text{MT}}(y_t \mid x, y_{<t}) + (1-\lambda) p_{k\text{NN}}(y_t \mid x, y_{<t}) \tag{6-13}$$

其中，$p_{\text{MT}}(y_t \mid x, y_{<t})$ 是翻译模型的预测概率，$p_{k\text{NN}}(y_t \mid x, y_{<t})$ 是通过检索上述数据库得到的目标单词概率，λ 用于调节两者的权重。首先通过解码器隐状态获得 $f(x, y_{<t})$ 作为检索向量，从数据库中检索相似度最高的 k 个向量（数据库向量）及其对应的目标单词集合，然后根据检索向量和数据库向量的距离对目标单词做归一化，计算得到 $p_{k\text{NN}}(y_t \mid x, y_{<t})$。

该方法的优点是可以很方便地加入外部数据而无须重新训练翻译模型，例如用不同领域的数据构建数据库，可以使得翻译模型具有多领域自适应的能力。实验表明，通过引入多领域数据库，kNN 翻译模型在多领域测试集上相对基线模型，BLEU 值平均提升（绝对提升）9.2 个百分点。

该方法的一个缺点是检索数据库带来的系统开销较大。实验显示[50]，从包含 10 亿条数据的数据库中检索 64 条数据（$k=64$）的时间比翻译模型慢了 2 个数量级。更快的检索技术将有助于进一步提升该方法的实用性。

6.6　面向产业应用的领域自适应解决方案

前面的小节介绍了领域自适应常用技术，在实际应用场景中，通常综合使用多种技术来提升领域翻译质量。图 6-7 展示了一种常用的领域自适应技术方案，首

先使用大规模数据训练通用翻译模型，然后基于领域数据进行微调得到领域定制化模型，同时融合术语库、记忆库等领域知识库。

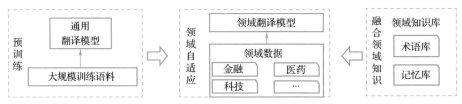

图 6-7　产业应用中的领域自适应方案

此外，面向具体行业和领域的机器翻译还需要关注以下问题：

1）文档翻译。在具体行业应用中，文档翻译的需求越来越旺盛，例如学术论文、合同、标书、产品手册等。这些文档带有丰富的格式信息，文档形式也复杂多样，如 Word、Excel、PDF、XML 等。这就要求机器翻译系统不仅能翻译其中包含的文本内容，还需要保持文档格式。以学术论文为例，其中包含了大量的图片、公式、表格等内容，需要对其进行格式解析，分离格式标签和待翻译的文本，待翻译完成后，在译文相应部分还原格式标签。文档解析的准确率对于翻译质量有直接影响，而格式还原度则直接影响用户体验。

2）篇章翻译。与文档翻译相对应，其翻译内容不是独立的句子，而是一篇文章或者一本手册。篇章翻译需要保持上下文的一致性和连贯性，是机器翻译中的一个经典问题。通常，可以通过使用更多的上下文信息来提升篇章翻译的质量[51-53]。此外，统一的行业术语表和过往积累的语料（记忆库）也有助于提升篇章翻译的质量。

3）数据安全。产业化应用中，很多场景都对数据安全有很高的要求，例如金融、能源等。一方面，需要从底层硬件、训练平台、翻译模型、数据传输与存储等多方面实现全流程可控，以保障数据安全；另一方面，通常采用离线私有化部署的方式，将翻译系统与公共网络物理隔离。

参考文献

[1] PRESS W, TEUKOLSKY S, VETTERLING W, et al. Gaussian mixture mod-

els and k-means clustering［M］// Numerical Recipes: the Art of Scientific Computing(3rd ed.). New York: Cambridge University Press, 2017.

［2］ TARS S, FISHEL M. Multi-domain neural machine translation［C］// Proceedings of the 21st Annual Conference of the European Association for Machine Translation. Alicante: EACL, 2018: 259-268.

［3］ PAGLIARDINI M, GUPTA P, JAGGI M. Unsupervised learning of sentence embeddings using compositional n-gram features［C］//Proceedings of the 2018 Conference of the North American Chapter of the Association for Computational Linguistics: Human Language Technologies. New Orleans: NAACL-HLT, 2018: 528-540.

［4］ CURREY A, MATHUR P, DINU G. Distilling multiple domains for neural machine translation［C］//Proceedings of the 2020 Conference on Empirical Methods in Natural Language Processing. Stroudsburg: ACL, 2020: 4500-4511.

［5］ AHARONI R, GOLDBERG Y. Unsupervised domain clusters in pretrained language models［C］//Proceedings of the 58th Annual Meeting of the Association for Computational Linguistics. Stroudsburg: ACL, 2020: 7747-7763.

［6］ KOEHN P, KNOWLES R. Six challenges for neural machine translation［C］// Proceedings of the First Workshop on Neural Machine Translation. Vancouver: ACL, 2017: 28-39.

［7］ DEL M, KOROTKOVA E, FISHEL M. Translation transformers rediscover inherent data domains［C］//Proceedings of the Sixth Conference on Machine Translation (WMT). Stroudsburg: ACL, 2021: 599-613.

［8］ MOORE R, LEWIS W. Intelligent selection of language model training data ［C］//Proceedings of the 48th Annual Meeting of the Association for Computational Linguistics. Uppsala: ACL, 2010: 220-224.

［9］ AXELROD A, HE X, GAO J. Domain adaptation via pseudo in-domain data selection［C］//Proceedings of the 2011 Conference on Empirical Methods in Natural Language Processing. Edinburgh: EMNLP, 2011: 355-362.

［10］ DUH K, NEUBIG G, SUDOH K, et al. Adaptation data selection using neural language models: experiments in machine translation［C］//Proceedings of the 51st Annual Meeting of the Association for Computational Linguistics. Sofia: ACL, 2013:678-683.

[11] WANG R, UTIYAMA M, LIU L, et al. Instance weighting for neural machine translation domain adaptation [C]//Proceedings of the 2017 Conference on Empirical Methods in Natural Language Processing. Copenhagen: EMNLP, 2017: 1482-1488.

[12] SENNRICH R, BIRCH A, CURREY A, et al. The university of Edinburgh's neural MT systems for wmt17 [C]//Proceedings of the Second Conference on Machine Translation (WMT). Copenhagen: WMT, 2017: 389-399.

[13] JIN D, JIN Z J, ZHOU T Y, et al. A simple baseline to semi-supervised domain adaptation for machine translation [J]. arXiv preprint , 2020, arXiv: 2001.08140.

[14] WEI H R, ZHANG Z R, CHEN B X, et al. Iterative domain-repaired back-translation [C]//Proceedings of the 2020 Conference on Empirical Methods in Natural Language Processing. Dominican Republic: EMNLP, 2020: 5884-5893.

[15] KUMARI S, JAISWAL N, PATIDAR M, et al. Domain adaptation for nmt via filtered iterative back-translation [C]//Proceedings of the Second Workshop on Domain Adaptation for Nlp. Kyiv: ACL, 2021: 263-271.

[16] MICHAEL M, COHEN N. Catastrophic interference in connectionist networks: the sequential learning problem [J]. Psychology of learning and motivation, 1989 24:109-165.

[17] LI X Q, ZHANG J J, ZONG C Q. One sentence one model for neural machine translation [C]//Proceedings of the Eleventh International Conference on Language Resources and Evaluation. Miyazaki: European Language Resource Association, 2018.

[18] FARAJIAN M, TURCHI M, NEGRI M, et al. Multi-domain neural machine translation through unsupervised adaptation [C]//Proceedings of the Second Conference on Machine Translation (WMT). Copenhagen: ACL, 2017:127-137.

[19] FREITAG M, AL-ONAIZAN Y. Fast domain adaptation for neural machine

translation [J]. arXiv preprint, 2016, arXiv: 1612. 06897.

[20] CHU C H, DABRE R, KUROHASHI S. An empirical comparison of domain adaptation methods for neural machine translation [C]//Proceedings of the 55th Annual Meeting of the Association for Computational Linguistics. Vancouver: ACL, 2017:385-391.

[21] FOSTER G, GOUTTE C, KUHN R. Discriminative instance weighting for domain adaptation in statistical machine translation [C]//Proceedings of the 2010 Conference on Empirical Methods in Natural Language Processing. Cambridge: EMNLP, 2010: 451-459.

[22] WEES M, BISAZZA A, MONZ C. Dynamic data selection for neural machine translation [C]//Proceedings of the 2017 Conference on Empirical Methods in Natural Language Processing. Copenhagen: EMNLP, 2017: 1400-1410.

[23] JOHNSON M, SCHUSTER M, LE Q, et al. Google's multilingual neural machine translation system: enabling zero-shot translation [J]. Transactions of the association for computational linguistics, 2017, 5: 339-351.

[24] BRITZ D, LE Q, PRYZANT R. Effective domain mixing for neural machine translation [C]//Proceedings of the Second Conference on Machine Translation (WMT). Copenhagen: WMT, 2017: 118-126.

[25] THOMPSON B, KHAYRALLAH H, ANASTASOPOULOS A, et al. Freezing subnetworks to analyze domain adaptation in neural machine translation [C]// Proceedings of the Third Conference on Machine Translation (WMT). Brussels: WMT, 2018:124-132.

[26] DENG Y C, YU H F, YU H, et al. Factorized transformer for multi-domain neural machine translation [C]//Findings of the Association for Computational Linguistics: EMNLP 2020. Stroudsburg: ACL, 2020: 4221-4230.

[27] GU S H, FENG Y. Investigating catastrophic forgetting during continual training for neural machine translation [C]//Proceedings of the 28th International Conference on Computational Linguistics. Barcelona: ICCL, 2020: 4315-4326.

[28] LIANG J Z, ZHAO C Q, WANG M X, et al. Finding sparse structures for domain specific neural machine translation [C]//Proceedings of the 35th AAAI

Conference on Artificial Intelligence. Palo Alto：AAAI，2021：13333-13342.

[29] GU S H，FENG Y，XIE W Y. Pruning-then-expanding model for domain adapta-
tion of neural machine translation ［C］//Proceedings of the 2021 Conference of
the North American Chapter of the Association for Computational Linguistics：Hu-
man Language Technologies. Stroudsburg：ACL，2021：3942-3952.

[30] DAKWALE P，MONZ C. Fine-tuning for neural machine translation with limit-
ed degradation across in and out-of-domain data ［C］//Proceedings of the XVI
Machine Translation Summit. Nagoya：MTSUMMIT，2017：156-169.

[31] MGHABBAR I，RATNAMOGAN P. Building a multi-domain neural machine
translation model using knowledge distillation ［C］//Proceedings of the 24th
European Conference on Artificial Intelligence. Santiago de Compostela：
ECAI，2020：2116-2123.

[32] CAO Y，WEI H R，CHEN B X，et al. Continual learning for neural machine
translation ［C］//Proceedings of the 2021 Conference of the North American
Chapter of the Association for Computational Linguistics：Human Language
Technologies. Stroudsburg：ACL，2021：3964-3974.

[33] BENGIO Y，LOURADOUR J，COLLOBERT R，et al. Curriculum learning
［C］//Proceedings of the 26th Annual International Conference on Machine
Learning. Montreal：ICML，2009：41-48.

[34] KOCMI T，BOJAR O. Curriculum learning and minibatch bucketing in neural
machine translation ［C］//Proceedings of the International Conference Recent
Advances in Natural Language Processing. Varna：RANLP，2017：379-386.

[35] PLATANIOS E，STRETCU O，NEUBIG G，et al. Competence based curric-
ulum learning for neural machine translation ［C］//Proceedings of the 2019
Conference of the North American Chapter of the Association for Computational
Linguistics：Human Language Technologies. Minneapolis：NAACL-HLT，
2019：1162-1172.

[36] ZHANG X，SHAPIRO P，KUMAR G，et al. Curriculum learning for domain
adaptation in neural machine translation ［C］//Proceedings of the 2019 Con-
ference of the North American Chapter of the Association for Computational

Linguistics: Human Language Technologies. Minneapolis: NAACL-HLT, 2019:1903-1915.

[37] WANG W, TIAN Y, NGIAM J, et al. Learning a multidomain curriculum for neural machine translation [C]//Proceedings of the 58th Annual Meeting of the Association for Computational Linguistics. Stroudsburg: ACL, 2019:7711-7723.

[38] LI X Q, ZHANG J J, ZONG C Q. Neural name translation improves neural machine translation [J]. arXiv preprint, 2016, arXiv: 1607. 01856.

[39] WANG L Y, TU Z P, WAY A, et al. Exploiting cross-sentence context for neural machine translation [C]//Proceedings of the 2017 Conference on Empirical Methods in Natural Language Processing. Copenhagen: EMNLP, 2017:2826-2831.

[40] DINU G, MATHUR P, FEDERICO M, et al. Training neural machine translation to apply terminology constraints [C]//Proceedings of the 57th Annual Meeting of the Association for Computational Linguistics. Florence: ACL, 2019: 3063-3068.

[41] DOUGAL D, LONSDALE D. Improving NMT quality using terminology injection [C]//Proceedings of the 12th Language Resources and Evaluation Conference. Marseille: LREC, 2020: 4820-4827.

[42] HOKAMP C, LIU Q. Lexically constrained decoding for sequence generation using grid beam search [C]//Proceedings of the 55th Annual Meeting of the Association for Computational Linguistics. Vancouver: ACL, 2017: 1535-1546.

[43] POST M, VILAR D. Fast lexically constrained decoding with dynamic beam allocation for neural machine translation [C]//Proceedings of the 2018 Conference of the North American Chapter of the Association for Computational Linguistics: Human Language Technologies. New Orleans: NAACL-HLT, 2018: 1314-1324.

[44] XIA M Z, HUANG G P, LIU L M, et al. Graph based translation memory for neural machine translation [C]//Proceedings of the AAAI Conference on Artificial Intelligence. Hawaii: AAAI, 2019: 7297-7304.

[45] BAPNA A, FIRAT O. 2019. Non-parametric adaptation for neural machine

translation [C]//Proceedings of the 2019 Conference of the North American Chapter of the Association for Computational Linguistics：Human Language Technologies. Minneapolis：NAACL-HLT，2019：1921-1931.

[46] CAO Q，XIONG D Y. Encoding gated translation memory into neural machine translation [C]//Proceedings of the 2018 Conference on Empirical Methods in Natural Language Processing. Brussels：EMNLP，2018：3042-3047.

[47] BULTE B，TEZCAN A. Neural fuzzy repair：integrating fuzzy matches into neural machine translation [C]//Proceedings of the 57th Annual Meeting of the Association for Computational Linguistics. Florence：ACL，2019：1800-1809.

[48] XU J T，CREGO J，SENELLART J. Boosting neural machine translation with similar translations [C]//Proceedings of the 58th Annual Meeting of the Association for Computational Linguistics. Stroudsburg：ACL，2020：1580-1590.

[49] CAI D，WANG Y，LI H Y，et al. Neural machine translation with monolingual translation memory [C]//Proceedings of the 59th Annual Meeting of the Association for Computational Linguistics and the 11th International Joint Conference on Natural Language Processing. Stroudsburg：ACL，2021：7307-7318.

[50] KHANDELWAL U，FAN A，JURAKSKY D，et al. Nearest neighbor machine translation [C]//Proceedings of the 9th International Conference on Learning Representations. Austria：ICLR，2021.

[51] WANG Y G，CHENG S B，JIANG L Y，et al. Sogou neural machine translation systems for wmt17 [C]//Proceedings of the Second Conference on Machine Translation. Copenhagen：ACL，2017：410-415.

[52] MICULICICH L，RAM D，PAPPAS N，et al. Document-level neural machine translation with hierarchical attention networks [C]//Proceedings of the 2018 Conference on Empirical Methods in Natural Language Processing. Brussels：EMNLP，2018：2947-2954.

[53] MA S M，ZHANG D D，ZHOU M. A simple and effective unified encoder for document-level machine translation [C]//Proceedings of the 58th Annual Meeting of the Association for Computational Linguistics. Stroudsburg：ACL，2020：3505-3511.

神经网络机器翻译技术及产业应用

7

第 章

机器同声传译

同声传译（Simultaneous Interpretation），简称"同传"，是指在不打断讲话者的条件下，将讲话内容不间断地、实时地翻译给听众的一种翻译方式。同声传译与交替传译都属于口译方式。两者的不同点在于，在同传方式下，说话人可以连贯地发言，同传译员边听边译，二者同步进行；而交传方式下，说话人和译员交替发言，需要的时长约是同传的 2 倍。

世界上首次在国际会议中使用同传开始于 1945 年[1]。在第二次世界大战结束后的纽伦堡审判中，为了加速审判的进程，大会使用了 36 名同传译员同时提供英、俄、法、德 4 种语言的同声传译。需要注意的是，这种翻译方式在当时颇具争议——在如此重要的场合，使用一种全新的翻译方式能否保证翻译的准确性，进而保证审判的公正。最终，考虑到同声传译的实时性优势，会议创新性地使用了这一翻译方式，极大地提升了审判效率。此后，同声传译开始服务于联合国等国际组织。随着全球化的深入发展，人们在经济、贸易、文化等领域的交流日益频繁，同声传译被广泛地应用于国际会议、外交谈判、商务会谈等重要场合。

同传的高效率对译员提出了很高的要求。同传译员需要极高的心理素质、灵活的应变能力、高度集中的注意力，如此高强度的脑力劳动对人的精力和体力都是极大的挑战。研究表明[2-3]，如果让一个专业的同传译员连续不间断地工作，在 30 分钟后，其翻译的准确性和完整度将急剧下降，此后每 5 分钟下降约 10%。因此，会议同传通常是两个人一组，并且每隔一段时间就交换休息[4]。由于同传的门槛极高，使得全球同传译员极度稀缺。国际会议口译员协会（AIIC）是会议口译唯一的全球性专业协会，其全球会员仅有 3000 多人[⊖]，会员们每天在世界各地的多语种会议和国际活动中翻译 400 多种语言，其中从事汉英翻译的会员不足百人。而据不完全统计，仅中国每年需要同传的国际会议就有 10 000 多场。与巨大的市场需求相比，同传译员严重短缺。

机器同传是缓解上述矛盾的重要技术手段。机器同传涉及语音识别、语音合成、机器翻译等技术，具有重要的科学意义，同时也具有广阔的应用场景。与人类同传译员相比，机器同传最大的优势在于可以不知疲倦地持续工作，并且翻译效果不会随工作时长的增加而下降。在实时性方面，目前的机器同传系统基本可

⊖ https：//aiic. net/directories/interpreters/lang/1。

神经网络机器翻译技术及产业应用

以达到人类同传的平均水平。在翻译质量方面，随着语音处理技术、机器翻译技术取得的一系列进展，机器同传的翻译质量显著提升，已经应用于国际会议、行业新闻发布会、跨语言学习等场景并受到认可。需要指出的是，目前的机器同传水平仍然与人们理想的要求存在一定差距，在对翻译质量要求较高的场合，如外交谈判、重要国际会议等，仍然需要经验丰富的同传译员。在实践应用中，可以结合具体需求，选择使用机器同传还是人类同传，或者两者结合的方式。

"有一天，当你在北京人民大会堂和世界各国友人聚会的时候，你会发现，无论哪个国家的人在台上讲话，与会者都能从耳机里听到自己国家的语言；同时你会觉察到，在耳机里做翻译的不是人，而是我们的'万能翻译博士'……"这是20世纪60年代由刘涌泉、高祖舜、刘倬合著的《机器翻译浅说》里对"机器同传"的展望。今天，随着科技的进步，以前看似"科幻"的场景正逐步地变为现实。

本章将介绍机器同传的原理、面临的挑战以及主要技术方案。

7.1 概述

机器同传属于语音翻译范畴，因此在详细介绍机器同传之前，首先简要介绍语音翻译。将语音处理技术和机器翻译技术结合起来进行语音翻译，开始于20世纪80年代[5-7]。受当时技术制约，最初的研究面向特定领域和受限词汇的口语对话，如医疗问诊、旅游信息咨询、会议日程安排等。为了促进相关技术的发展，国际上相继成立了语音翻译学术组织和会议，如语音翻译先进研究联盟（Consortium for Speech Translation Advanced Research，C-STAR）、国际口语翻译研讨会（International Workshop on Spoken Language Translation，IWSLT）等，它们通过建设数据集、举办系统评测、技术合作和研讨等方式，极大地促进了语音翻译的研究进展，语音翻译系统逐渐向开放领域和开放场景发展。不过，这一时期的语音翻译主要集中在交替传译的形式，即对输入的语音信号（一般以句子为单位）先进行语音识别，等待识别完成后，再调用机器翻译系统对识别后的文本进行翻译，语音识别和机器翻译两者交替进行。这种翻译方式主要的优化目标是最终的翻译质量。因此，在 IWSLT 举办的相关语音翻译评测中，评价指标主要使用第 2 章中介绍的机器翻译质量评价指标，如 BLEU 等。

与交替传译不同，除了翻译质量外，同声传译还必须考虑时间延迟。这就要求机器同传像人类同传一样"边听边译"，而不能等待一个句子说完之后再进行翻译。机器同传对实时性、同步性的要求使得技术难度骤然增加。一方面，为了提升翻译质量，机器需要等待更多的输入信息；另一方面，为了保持与说话人实时同步，机器需要尽快地输出译文而不能长时间等待，这不可避免地会影响到翻译质量。机器同传需要同时兼顾翻译质量和时间延迟，这是区别于传统语音翻译的最大特点，也是面临的最大挑战。

机器同传本质上也是序列到序列映射的任务，与文本翻译不同的是，机器同传的输入是源语言的语音信号。根据不同的产品形式，输出则是目标语言的文本或者语音。如果输出是目标语言文本，我们称为语音到文本翻译（Speech-to-Text），如果输出是目标语言语音，则称为语音到语音翻译（Speech-to-Speech）。如图 7-1 右侧所示，典型的机器同传包含三部分，语音识别（Auto-Speech-Recognition，ASR）模块将源语言语音信号转换（transcription）为源语言文本，机器翻译（Machine Translation，MT）模块将源语言文本翻译为目标语言文本，最后语音合成（Text-To-Speech，TTS）模块将目标语言文本合成为目标语言语音。这种 ASR-MT 或者 ASR-MT-TTS 的模型称为级联模型（cascaded model），由于其结构简单，各系统松耦合，可以分别优化，实际性能较好，是目前主流的同传模型。

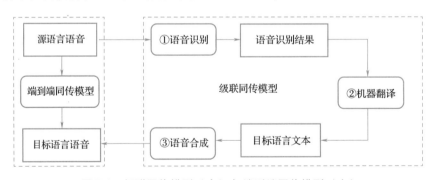

图 7-1　级联同传模型（右）与端到端同传模型（左）

此外，如图 7-1 左侧所示，可以直接对源语言语音和目标语言语音（或者文本）进行建模，称为端到端（end-to-end）模型。该模型不显式地包含语音识别、机器翻译、语音合成模块，而是通过一个模型直接对源语言输入和目标语言输出进行建模。由于缺乏训练数据、模型复杂等，端到端同传模型目前在开放数据条件下还未显著超过级联模型，尚未大规模应用于实际系统。在限定数据的实验条件下，有些端到端的同传模型已经取得与级联模型相当的效果，显示了其较大的潜力。端到端同传模型目前是机器同传领域的研究热点。

下面首先分析机器同传面临的挑战，这将有助于读者理解后续介绍的各类方法；然后介绍级联同传模型和端到端同传模型中的主流技术，以及提升模型鲁棒性的方法；接下来介绍机器同传的公开数据以及评价方法。我们还将对辅助同传做一些简要讨论。本章最后介绍机器同传产品以及如何利用开源工具搭建一个机器同传系统。

7.2 主要挑战

与传统的语音翻译相比，机器同传既面临语音翻译已有的共性挑战，又有自身的特殊问题。在探讨机器同传面临的挑战之前，我们不妨先从"同声传译"这4个字入手分析其含义。

- "同"是指同步，要求时间延迟小，在说话人演讲的同时就要进行翻译。
- "声"是指声音，需要语音处理技术，包括语音识别和语音合成。
- "传"是指传递，要求信息传递完整准确。
- "译"是指翻译，需要机器翻译技术。

这4个字里包含了两种技术——语音处理和机器翻译，两个要求——时间延迟小、信息传递准。由此，机器同传面临的挑战可以归结为三大方面，一是技术挑战，二是数据挑战，三是评价挑战。

7.2.1 技术挑战

我们从一个中文到英文的同传例子入手分析机器同传面临的技术挑战。如下是中文语音识别的结果：

> 那么大家知道这个重庆家最怕的是出现病虫害一旦就是一个病虫害出现防治不及时的话会造成大量的这个减产

主要挑战表现在如下方面。

1. 无句子边界

同声传译与传统的文本翻译、语音翻译第一个大的区别是其输入没有传统意义上的句子边界。文本翻译的输入是含有标点信息的规范文本，传统的语音翻译虽然是口语输入，但是输入完成后会停下来，等待机器翻译系统完成翻译。而同传的输入是连续的语音信号，语音识别结果没有任何标点符号标识句子边界。语音识别的"句读之不知"，导致翻译模型"惑之不解"，不知该从何时开始翻译，也不知翻译到哪里结束。这进一步带来两个问题，第一个问题是机器翻译训练语料与测试数据不一致带来的质量下降。训练机器翻译模型的双语平行语料是带有标点符号的规范文本，而同传的语音识别结果则是没有标点的连续文本，要想取得较高的翻译质量，必须对语音识别结果进行断句处理。由此产生了第二个问题，如何断句，在哪里断句，这直接影响到翻译质量和时间延迟，我们接下来详细讨论。

2. 同传质量与实时性难以兼顾

同声传译最大的特点就在于它的实时性，换句话说，就是要求在保证信息传递准确的前提下，机器翻译与说话人之间的时间延迟要尽可能小。而信息传递准确（翻译质量高）与时间延迟小之间存在着矛盾。一方面，如果想获得高准确率的翻译，就需要等待说话人的意思表达得相对完整以使得翻译模型获取更多的上下文信息。那么断句策略就应该倾向长句，但是这会导致较高的时间延迟。另一方面，如果为了追求时间延迟小，那么断句策略就应该倾向短句。例如考虑极端的情况，以字为单位进行断句，由于缺少上下文信息，势必造成翻译质量下降。如何做到同传质量和实时性两者兼得，是机器同传面临的特有挑战。

3. 语音识别错误

目前没有任何一个语音识别模型能够做到100%的识别准确率，即便是人类在日常交流中也常常有听错的时候。影响语音识别的因素有很多，例如环境噪声、信号传输的衰减、说话人的口音、同音字等。如上面的例子，语音识别系统就将

"种庄稼"错误地识别为了"重庄家"。语音识别错误在后面的处理中会被进一步放大，直接导致翻译质量急剧下降。试想，如果有一个字准（文字准确率）为95%的语音识别系统，假设演讲人讲了10句话，每句话包含10个字，而恰恰有5句话中都错了1个关键字，那么给到机器翻译系统的语音识别结果只有5个句子是正确的。即便机器翻译系统的准确率是100%，也只有5个句子能够翻译正确，这样系统的最终准确率也仅有50%，更何况机器翻译还无法达到100%的准确率。研究表明，级联同传模型中，有约39%的翻译错误是语音识别错误导致的[8]。因此，提升语音识别准确率是语音识别和机器同传面临的共同课题，对于提升同传译文质量具有重要作用。

4. 口语化表达

无论是会议演讲还是一般性的会晤谈判，人们在用语音表达的时候，其风格、句式等都与书面语有很大的不同，经常会带有一些口语化的成分。口语化的表达给机器同传带来巨大的挑战。例如上面的例子中，"一个病虫害"中的"一个"，"这个减产"中的"这个"都是口语成分，直接删除掉并不影响整个句子的意思。此外，口语中还经常包含"嗯、啊"等无实际意义的语气词，例如"今天，嗯，我演讲的题目是，嗯……"等。这些口语成分在实际的演讲中并没有包含太多的信息，而如果原封不动地翻译，则翻译结果包含了很多冗余信息，增加了时间延迟。此外，目前大部分机器翻译系统都是在相对规范的书面语数据上训练的，用这样的翻译模型来翻译口语句子，将由于训练数据与实际应用场景不匹配，降低翻译准确率。

7.2.2 数据挑战

无论是对于语音处理还是对于机器翻译，数据的重要性都不言而喻。在长期的发展过程中，语音处理领域和机器翻译领域都各自积累了大量的数据用以训练语音模型和翻译模型。例如，业界汉语语音识别系统的语音训练数据（同一语言的语音信号和文本标注结果）多达十几万小时，中英翻译模型的训练数据（源语言和目标语言的双语平行语料）多达十几亿句对。但是，机器同传训练数据（源语言语音信号和目标语言语音/文本标注数据）非常稀缺。以中英同传为例，目前可以使用的开放数据不足一百小时，这些数据对于训练一个实用的同传系统可谓杯水车薪。

具体而言，数据挑战主要表现在如下方面：

1. 面向真实场景的同传数据少

传统的语音翻译主要是交替传译，并非面向同传场景。交替传译方式下，语音识别和翻译模型可以以松耦合的方式各自利用本领域的数据进行优化。而近年来随着深度学习技术的发展，尤其是端到端模型在多个领域取得了突破性进展，人们意识到直接建立端到端的同传模型具有较大潜力，但端到端模型所需要的同传数据却并无相应的积累。

同传数据最直接的来源是各种有同传的国际会议、商务会谈等场合。但是从这些场景下采集数据面临较大困难。一方面，版权问题难以界定。同传数据涉及说话人语音、演讲内容、翻译内容、会议主办机构、会议服务机构等多个内容和角色，关于版权的归属，目前业界还未形成统一规范，使得数据的采集面临较大困难。另一方面，很多会议内容具有保密性质，如一些高级别的商务谈判、公司内部培训等，这部分数据由于其敏感性，通常也难以获得。

2. 训练数据与真实场景不匹配

翻译模型的训练数据大多来自书面语，行文相对规范，而且有标点符号区分句子。而在真实同传场景下，说话人含有较多的口语化成分，且语音识别后的结果会有错误。换句话说，机器翻译的训练数据与同传场景是不匹配的，这使得依靠书面语训练的翻译模型难以应对演讲、会话场景下的翻译任务。此外，同传场景一般带有很强的领域属性，比如某行业研讨会、某领域的商务会谈等。如果直接使用通用数据训练的语音识别和机器翻译模型，则难以达到理想的效果，需要使用第 6 章介绍的领域自适应技术提升翻译质量。

7.2.3 评价挑战

如前文所述，评价机器翻译的方式有多种，如自动评价、人工评价等。然而，这些指标大都是面向文本翻译所设计的。在文本翻译的时候，人工译员可以有充足的时间查阅资料，润色译文，还有多重审校保证译文质量。而在同传场景下，译员需要实时地将说话人的内容传递给现场观众，没有充足的时间去思考、加工。为了兼顾翻译质量和实时性，同传译员一般采用省略、近似、替换等方式，在理解原文的基础上翻译出大致意思[9]。用传统的文本翻译评价指标来评价同传是不合适的。

下面通过几个例子来具体说明文本翻译和同声传译的不同，进而说明同传面临的评价挑战。

> 原文：I went to Beijing for a seminar at 9 AM yesterday.
>
> 文本翻译：我 **昨天 上午 9 点** 去 北京 参加 了 一个 研讨会。
>
> 同传译文：我 去 北京 参加 了 一个 研讨会，**时间 是 昨天 上午 9 点**。

这个例子是从英文翻译成中文。英文习惯将时间状语放在句子后半部分，如"at 9 AM yesterday"。当翻译为中文时，中文通常把时间状语放在前面，如"昨天上午 9 点"。可以看到，这里有一个大范围的语序调整——翻译的时候需要看到英语句子结束部分的时间状语，才能把其顺序提前到中文句子的前面。而在同传过程中，如果等到原文句子结束才开始翻译，那么时间延迟就非常大了。在本例中，同传采用了"顺句驱动"的原则，即译文整体上保持了与原文一致的顺序，这样可以最大限度地与说话人节奏保持一致，减小时延。但是，时间状语直接放在句子末尾的中文句子读起来会非常生硬且不连贯。为了符合中文的表达特点，同传译文在时间状语前面加上了"时间 是"，从而保证了流畅性。

> 原文：然后 这个 粉色 的 **方框** 是 算法 **自动 预测** 出来 的 结果。
>
> 文本翻译：While the pink **box** is **predicted automatically** by an algorithm.
>
> 同传译文：And the pink **one** is **through** algorithms.

这个例子是从中文翻译成英文。说话者对他的演讲内容非常熟悉，语速也很快。在此，同传译文采取了"合理简约"的原则，在理解演讲内容的基础上，适当地进行了替换和省略。例如把"方框"根据前文信息翻译为"one"，同时简化了"自动 预测 出来 的 结果"的译文，仅使用一个英语单词"through"来表达。这样做既传达了原文的信息，又保持了较低的时延。

以上例子，如果采用文本翻译的评价方式，同传译文的得分会比较低。一方面，在调序上，同传通常倾向于顺序翻译，影响流利度；另一方面，同传译文有所简化和省略，原文有些非关键信息没有翻译出来，从完整度来说是有损的。然而这些策略并未影响信息的传递，相反，在时间要求极高的条件下，同传译文在信息传递和时间延迟方面取得了较好的平衡。由此可知，应该设计更合理的评价标准和评价方式来衡量机器同传，而不是简单地套用文本翻译的指标。而对于机器同传而言，没有一个合理的衡量指标（目标函数），难以对模型参数进行优化，进而直接影响模型效果。

7.3 级联同传模型

如上一节分析，如何平衡同声传译中的翻译质量和时间延迟是一项极具挑战性的国际公认难题。近年来，此方向上的研究有较大进展，将机器同传的研究和实用系统向前推进了一大步。级联模型将语音识别和机器翻译串行连接。语音识别输出流式文本（streaming text），没有句子边界及标点符号信息。翻译模型需要决定何时接收源语言流式文本（读操作）——读入语音识别的结果，何时开始进行翻译（写操作）——将已经读入的源语言文本翻译为目标语言并输出。"读操作"等待的源语言信息越多，通常翻译质量也越高，时间延迟也越大。反之，则时间延迟小，但也存在损失翻译质量的风险。读、写操作策略实际上是一种断句策略，直接影响翻译质量和同传时延。

针对上述问题，主要有两类思路，一类是固定策略（fixed policy），另一类是自适应策略（adaptive policy）。固定策略事先确定一个固定长度对源语言流文本进行切分，而不依赖具体上下文。最简单的方式是，对语音识别后的流式文本设定一个固定窗口（例如 4 个词、6 个词等）[10]，每当读入文本长度达到预设的窗口值时，就将其输入机器翻译模型进行翻译。自适应策略动态调整读入源语言文本的长度，相对于固定策略而言，更加灵活。本节介绍这两类策略的典型方法。

7.3.1 wait-k 模型

wait-k 模型采取了固定策略，该模型借鉴了人类同传译员的翻译方式。在人类译员进行同传的时候，首先会倾听说话人的发言内容，待发言人开始说话之后（通常是几秒钟的时间），再开始翻译，并且是边听边译。这里有两个值得借鉴的

神经网络机器翻译技术及产业应用

地方：

第一，模型首先"读入"一部分源语言词语（相当于人类译员在翻译之前首先倾听发言内容），例如 k 个词。这 k 个词为翻译模型提供了一部分信息。k 的大小直接影响翻译系统的时间延迟，k 越大，时间延迟越长。

第二，在读入 k 个词之后，翻译模型开始一边接收新的输入，一边输出译文，类似于人类的边听边译。

受此启发，wait-k 模型[11] 的主要思想是首先从输入端接收 k 个词，然后再开始翻译，并且从第 k 个词后，每当接收到 1 个源语言词，就输出 1 个目标词。如图 7-2 所示，图 7-2a 表示的是文本翻译或者交替传译的翻译方式——在源语言句子全部输入完毕后才开始执行翻译。而图 7-2b 则是 wait-k 模型的工作方式，即不必等待原文输入完毕，而是在原文开始 k 个词之后（图中，$k=3$），就开始执行翻译。这样一来，时间延迟就显著减少了。

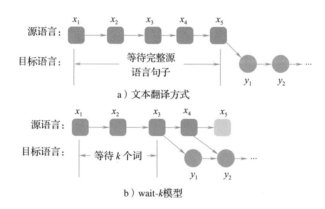

图 7-2　文本翻译方式与 wait-k 模型的对比示意图

可以通过设置不同的 k 来平衡时延和翻译质量。当 $k=0$ 时，翻译与原文同时开始，无须等待，此时虽然时间延迟小，但是译文基本靠预测生成，质量难以保证。当 $k=|x|$，即原文句子长度时，模型就退化为文本翻译模型，即等待完整句子后才开始翻译。此时虽然翻译质量较高，但是时间延迟也非常大。在实际系统中，需要根据不同的语言、现场需求等综合考虑设置合适的 k。

1. 模型定义

在详细介绍 wait-k 模型前，先回顾传统神经网络机器翻译模型的公式：

$$P(y \mid x) = \sum_{t=1}^{|y|} \log p(y_t \mid x, y_{<y}) \tag{7-1}$$

其中，$x = (x_1, \cdots, x_n)$ 表示源语言句子，$y_{<t}$ 表示已经生成的目标句子的单词 $(y_1, \cdots, y_{t-1})$。在传统神经网络机器翻译模型的解码过程中，每次都根据原文整句 x 以及已经产生的目标单词 $y_{<t}$ 来产生当前目标单词 y_t，直到整个目标句子生成完毕。

而在同传场景下，wait-k 模型在原文第 k 个词出现后就开始解码，此后每当原文句子输入增加一个词，目标端就产生一个新词，直到原文句子输入完毕后（不再增加新的输入），翻译模型将剩余的译文一次性产生完毕并输出。wait-k 模型的公式如下：

$$P_k(y \mid x) = \sum_{t=1}^{|y|} \log p(y_t \mid x_{\leqslant g(t)}, y_{<t}) \tag{7-2}$$

其中，$g(t)$ 表示生成第 t 个目标词的时候，已读入的源语言词数，定义如下：

$$g(t) = \min\{k+t-1, |x|\} \tag{7-3}$$

我们用一个具体的例子来说明翻译过程。如图 7-3 所示，图中为从中文翻译为英文的场景。设定 $k=2$，即在接受到源语言句子中的 2 个词之后，开始执行翻译，从源语言句子中的第 3 个词（"将"）开始，每当接受到原文中的一个词，目标端就

两国　　领导人　　将　　在　　十月　　举行　　会谈

wait-2　　The leaders of　the　two countries will hold talks in October

	The	leaders	of	the	two	countries	will	hold	talks	in	October
两国	R										
领导人	R	W									
将		R	W								
在			R	W							
十月				R	W						
举行					R	W					
会谈						R	W	W	W	W	W

$g(1)=2$　$g(2)=3$　$g(3)=4$　$g(4)=5$　$g(5)=6$　$g(6)=7$　$g(7)=7$　$g(8)=7$　$g(9)=7$　$g(10)=7$　$g(11)=7$

图 7-3　wait-k 翻译过程示例

注：R（Read）表示读操作，W（Write）表示写操作（翻译）

输出一个词。当目标端产生到第 6 个词（"countries"）的时候，原文句子全部输入完毕，不再增加新词。此时，模型在最后一步将剩余的译文 "will hold talks in October" 一次性全部输出。

对比式（7-1）和式（7-2）可以看出，wait-k 模型与传统翻译模型的区别在于利用原文信息的多少不同。仅需要较少地修改编码器和解码器就能容易地实现 wait-k 模型。文献［11］提供了 RNN 和 Transformer 两种不同的实现方式。

2. 追赶（catch-up）策略

基本的 wait-k 模型虽然缩短了等待时间——在原文出现 k 个词的时候，模型就可以输出译文，此后译文跟随原文词逐个产生。理想状态下，如果译文句子和原文句子长度差不多，并且 k 设置得较小时，那么当原文结束时，译文也基本输出结束了。然而现实的情况是，大部分句子在原文和译文中的长度是不同的。以中英翻译为例，英文译文的长度一般要比中文句子长，大约是中文句子的 1.25 倍[12]。这种情况下，当原文句子输入完毕时，wait-k 模型会瞬时将剩余所有的译文产生出来，给用户接受信息带来很大的负担。如图 7-3 中的例子所示，模型在最后一次性输出了 5 个英文词。

针对上述情况，文献［11］提出了一种优化的 wait-k 追赶（catch-up）策略。基本的思路是，将目标端最后一次输出的长译文分摊到句子中间，即目标译文不总是跟随原文一个词一个词地产生，而是在合适的地方多产生几个词。为此，修改 $g(t)$ 的定义如下：

$$g_c(t) = \min\{k+t-1-\lfloor ct \rfloor, |x|\} \tag{7-4}$$

其中，$c=r-1$，r 表示目标语言与源语言句子的长度比。例如，英文与中文的句子比例约为 1.25，则 $c=0.25$。

图 7-4 所示为以上两种策略。如图 7-4b 所示，图中采取的策略是 1-1-2，即目标端产生译文的节奏是 1 个词、1 个词、2 个词。换句话说，当模型接收到原文输入的 3 个新词时，目标端产生 4 个词（而不是原来 wait-k 的 3 个词）。在追赶策略下，模型在最后一步输出了 3 个词，相比原来的一次性输出 5 个词，减轻了用户的信息接收负担。

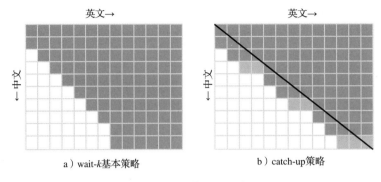

a）wait-*k*基本策略　　　　　　　　b）catch-up策略

图 7-4　两种策略的示意图

wait-*k* 模型简洁，易于实现，并且可以通过调节 *k* 来平衡质量和时延。在中英翻译上的实验表明[11]，随着 *k* 增大，翻译质量提升，但是时间延迟也相应变大。当设置 *k* = 5 时，wait-*k* 模型比使用全句翻译策略（即 *k* = ∞）的 BLEU 值下降了 5 个百分点以上，对翻译质量的影响还是非常明显的。

7.3.2　语义单元驱动的同传模型

wait-*k* 模型没有解决同传输入的句子边界问题，它的输入仍然要求是一个句子或者不太长的文本，否则随着时间的推移，其计算负荷会越来越大。此外，wait-*k* 模型将每个字（或者词）看作一个处理单元，这种简单的固定切分策略没有充分考虑上下文信息，从而会导致翻译质量下降[11]。

实际上，人类译员在进行同传的时候，并非听到一个字就翻译一个字，而是会等待一个完整的语义片段才进行翻译，这样既保持了较高的翻译质量，又保证了实时性。受此启发，文献［8］提出了语义单元（Meaningful Unit，MU）驱动的同传模型，见表 7-1。

表 7-1　语义单元驱动的同传示例

源语言文本流	上午 10 点 我 去了 趟 公园		
语义单元切分	上午 10 点	我 去了 趟	公园
机器同传译文	At 10 a. m.	I went to	the park

该模型持续接收语音识别结果（源语言文本流），并根据上下文动态判断所接

　　　　　　　　神经网络机器翻译技术及产业应用

收到的词串是否构成一个语义单元。在表 7-1 中，源语言词串被模型切分为 3 个语义单元，即"上午 10 点""我 去了 趟""公园"。一旦模型识别出一个语义单元，就立刻将其输入机器翻译模型进行解码。在解码过程中，使用强制解码（force-decoding）策略，即将已经生成的译文作为历史信息，并以此为基础来翻译当前语义单元，从而增强了译文的流利度和连贯性。

语义单元驱动的同传模型克服了 wait-k 模型以字词作为固定切分单元难以有效利用上下文信息的缺点，更加接近人类同传译员的翻译方式。语义单元并不是事先确定长度，而是根据上下文动态决定，是一种自适应策略。

1. 何为语义单元

尽管人类同传也使用基于语义单元的策略，但实际上，关于什么是语义单元并没有一个确切的定义和确定的标准。对同一段演讲内容，不同的同传译员会有不同的翻译风格。例如，有的译员与说话人保持更紧密的同步（时间延迟短），那么语义单元的片段就会比较短，有的译员则倾向于听到更多的信息后再进行翻译（时间延迟长），则语义单元会相对长一点。这给语义单元的识别带来了很大难度。

一般来说，语义单元应当遵循如下两个原则：

1) 语义单元要尽量短，语义单元越短则时间延迟越小，越长则时间延迟越大。考虑极端的情况，如果一个句子作为一个语义单元，那么同传的时延就与交传类似了。

2) 语义单元需要包含较为完整的语义信息，这样才能保证较高的翻译质量。在实际系统中，一旦确定了一个语义单元，就需要立刻输出其译文，并且其译文不随着接收更多的信息而改变，即不能频繁地修改已经翻译出来的内容，否则一直在修正翻译结果，一方面会对后面新接收的原文内容造成更大的延迟，另一方面会伤害用户体验——用户看到的是由于不断修正译文而不断闪烁的同传字幕。

2. 语义单元切分

语义单元的切分可以看作一个二分类任务。对于输入序列 $x = \{x_1, x_2, \cdots\}$，分类器判断当前词 x_t 是不是一个语义单元的边界（结束位置）。分类器的输入由两部分组成，一是上文信息，即 $c_t = \{x_{\leqslant t}\}$，表示 x_t 及其之前的词，二是下文信息，即 $f_t = \{x_{t+1}, \cdots, x_{t+m}\}$，表示 x_t 之后的 m 个词，通常可以设置为 $m = 1$ 或者 $m = 2$，使得分类器可以利用下文信息，而又不至于增加很多的时间延迟。分类器输出 x_t 是否为语义单元边界的概率 $p(l_t = 1 \mid c_t, f_t; \theta)$，其中，$l_t$ 表示 x_t 的类别标记，$l_t = 1$ 表示 x_t 是语义单元边界，θ 是模型参数。如果概率大于设定阈值，则判定 x_t 是语义单元边界。

如图 7-5 所示，图 7-5a 中 x_t = "10"，c_t = {"上午 10"}，f_t = {"点我"}，分类器输出 x_t 为语义单元边界的概率为 0.4，小于设定的阈值（设为 0.7），说明分类器没有足够的信心确定语义单元边界。则模型继续读入单词并将语义单元的边界识别后移一个词，如图 7-5b 所示，此时 x_t = "点"，c_t = {"上午 10 点"}，f_t = {"我去了"}，分类器输出 x_t 为语义单元边界的概率为 0.9，大于设定阈值，从而识别出一个语义单元"上午 10 点"。模型将此语义单元传递给翻译模型输出翻译结果，同时分类器继续识别下一个语义单元，此时 x = {我去了…}。在实际系统中，随着说话人不断地讲话，分类器持续识别语义单元边界并将识别出的语义单元输入给翻译模型进行翻译，直到讲话结束。

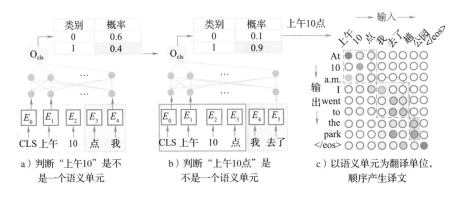

图 7-5　语义单元切分及翻译。CLS 是预训练模型加在句子前面的分类标记（见彩插）
注：a）模型判断"上午 10"不是一个语义单元（分类概率小于设定阈值）；b）继续读入下一个词，并扩展语义单元的判断范围，此时"上午 10 点"的分类概率大于设定阈值，则识别为一个语义单元；c）一旦一个语义单元识别完成，则调用机器翻译模型输出翻译结果，图中蓝色方块代表语义单元。

3. 语义单元分类器训练

由于语义单元没有统一的切分标准，因此也没有现成的训练数据。如果以标点符号作为语义单元的边界，则粒度太大，翻译模型需要等待一个子句的长度才能开始翻译，这样就增加了时间延迟。因此，需要构建训练数据来训练分类器。

根据语义单元的切分原则，提出了基于前缀匹配的训练数据构建方法[8]。其基本思想是，对于一个源语言句子 $x=\{x_1,x_2,\cdots,x_T\}$，首先使用整句解码得到完整译文 $\widetilde{y}=M_{\mathrm{nmt}}(x)$，然后模拟同传输入，对 x 的前缀 $x_{\leqslant t}=\{x_1,x_2,\cdots,x_t\}$（$1\leqslant t\leqslant T$）进行解码，如果其译文 $y^t=M_{\mathrm{nmt}}(x_{\leqslant t})$ 是 $\widetilde{y}$ 的前缀，那么将 x_t 作为语义单元边界。

图 7-6 展示了构建过程。当输入第一个词"上午"的时候，译文"Morning"无法匹配到整句译文的前缀，因此继续读入，直到读入第 3 个单词"点"。此时源语言读入的字符串是"上午 10 点"，译文是"At 10 a.m."，匹配到了整句译文"full translation（prefix-attention）"（整句译文（前缀注意力））的前缀，因此被识别为一个语义单元。根据以上算法，整个句子被识别出 3 个语义单元。需要注意的是，如果整句译文有较大范围的调序（如"full translation（standard-attention）"（整句译文（标准注意力））所示），使用标准的注意力机制进行解码，将时间状语放到句子末尾，则在同传译文中，很难匹配到前缀。为了克服这个问题，文献[8] 提出了一种优化策略，基于前缀注意力（prefix-attention）机制使得整句解码译文偏向于单调解码，从而产生调序较小的整句译文。

源语言	上午	10	点	我	去了	趟	公园
full translation (standard-attention)	I went to the park at 10 a.m.						
full translation (prefix-attention)	At 10 a.m., I went to the park.						
$M'_{\mathrm{nmt}}(x_{\leqslant 1})$	Morning						
$M'_{\mathrm{nmt}}(x_{\leqslant 2})$	Morning 10			匹配前缀与完整翻译（优化策略）			
$M'_{\mathrm{nmt}}(x_{\leqslant 3})$	At 10 a.m.						
$M'_{\mathrm{nmt}}(x_{\leqslant 4})$	At 10 a.m.			me			
$M'_{\mathrm{nmt}}(x_{\leqslant 5})$	At 10 a.m.			I went there			
$M'_{\mathrm{nmt}}(x_{\leqslant 6})$	At 10 a.m.			I went to			
$M'_{\mathrm{nmt}}(x_{\leqslant 7})$	At 10 a.m.			I went to			the park
S_{MU}	上午 10 点			我 去了 趟			公园

图 7-6　基于前缀匹配的训练数据构建

从该例子中抽取的训练数据如表 7-2 所示。每一个训练实例是一个三元组 $<c_t,f_t,l_t>$，c_t 表示已经读入的源语言词，f_t 表示下文信息，l_t 表示类别，0 表示 x_t 非语义单元边界，1 表示 x_t 是语义单元边界。基于构建的训练数据，可以根据预训练模型训练分类器。

表 7-2　语义单元训练数据

t	c_t	f_t (m=2)	l_t
1	上午	10 点	0
2	上午 10	点 我	0
3	上午 10 点	我 去了	1
4	上午 10 点 我	去了 趟	0
5	上午 10 点 我 去了	趟 公园	0
6	上午 10 点 我 去了 趟	公园	1
…	…	…	…

语义单元驱动的同传模型借鉴了人类同传常用的两个策略，一是将连续的流式文本（说话人的语音信号经语音识别后的结果）动态识别为语义单元，二是顺句翻译，保持语义单元的顺序不变，仅在语义单元内部做局部调整。相比于 wait-k 模型，语义单元驱动的同传模型在策略上更加灵活，兼顾翻译质量和同传时延，在实现上也比较简单，易于部署。试验表明[8]，机器同传的总体可懂度达到与人类同传译员可比的水平，而在漏译率方面，机器同传明显低于人类同传。这说明，机器同传比较"刻板"，几乎一字不漏地翻译原文信息，而人类译员会灵活处理，合理省略掉不太重要的信息，虽然漏译率较高，但是仍然取得了较高的总体可懂度。此外，通过错误分析发现，语音识别错误的占比高达 39%，说明语音识别对于同传效果影响非常大，需要进一步提升语音识别准确率以及翻译模型的容错能力。

7.3.3　基于强化学习的同传模型

强化学习（reinforcement learning）[13] 是机器学习中的一种常用技术，智能体（agent）通过与环境的交互获得反馈（奖励或者惩罚），不断调整参数，达成目标。将强化学习应用于机器同传受到广泛关注[14-16]。

基于强化学习的同传模型训练智能体何时从源语言序列读入信息，何时进行翻译，这实际上也是一种自适应的断句策略。文献［15］将这两种操作定义为"等待"（Wait）和"提交"（Commit），文献［16］则将其定义为"读"（Read）和"写"（Write）（如图 7-7 所示）。这两种定义只是名称不同，其作用是一致的。

下面以文献［16］所提出的方法为例进行介绍。

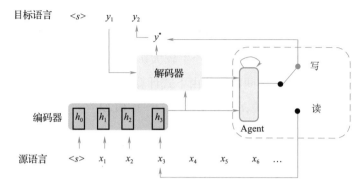

图 7-7　基于强化学习的同传模型。智能体 Agent 根据由编码器、解
　　　码器得到的观察序列，做出动作决策：读操作和写操作

1. 智能体定义

智能体（Agent）的主要任务是，根据观察序列 $O = \{o_1, \cdots, o_T\}$，做出动作决策 $A = \{a_1, \cdots, a_T\}$。观察序列信息包括编码器产生的上下文向量、解码器产生的当前译文状态以及当前候选译文的词向量。将这 3 个向量拼接形成观察序列作为智能体的输入。

智能体的动作决策有：

- 读操作，即拒绝当前候选译文，继续等待编码器从源语言序列读入更多信息；
- 写操作，即接受当前候选译文，并输出到目标序列中。

2. 智能体训练

智能体训练采用策略梯度（policy gradient）[17] 方法。设计奖励函数的主要原则是平衡翻译质量和时间延迟。因此，奖励函数由两部分构成：

$$r_t = r_t^Q + r_t^D \tag{7-5}$$

其中，r_t^Q 表示翻译质量，r_t^D 表示时间延迟。这两部分可以根据实际需要灵活设计。文献［16］提出了一种奖励函数的计算方法。

翻译质量基于 BLEU 值计算：

$$r_t^Q = \begin{cases} \Delta\mathrm{BLEU}^0(y, y^*, t) & t < T \\ \mathrm{BLEU}(y, y^*) & t = T \end{cases} \tag{7-6}$$

其中，y 是机器译文，y^* 是参考译文。

$$\mathrm{BLEU}(y,y^*) = \mathrm{BP} \cdot \mathrm{BLEU}^0(y,y^*) \tag{7-7}$$

BLEU^0 是不带惩罚因子计算的 BLEU 值，主要用于计算中间译文的翻译质量，否则引入长度惩罚因子会对中间译文产生较大影响。待整句译文生成完毕后，再引入 BP 计算 BLEU 值。在中间状态，由下式计算 BLEU 的增量：

$$\Delta\mathrm{BLEU}^0(y,y^*,t) = \mathrm{BLEU}^0(y^t,y^*) - \mathrm{BLEU}^0(y^{t-1},y^*) \tag{7-8}$$

下面介绍两种衡量时间延迟 r_t^D 的方法。

3. 衡量时间延迟

1）平均等待比例（Average Proportion，AP）。主要衡量在产生每个目标词的时候，平均等待需要读入的源语言单词数，计算公式如下：

$$d(x,y) = \frac{1}{|x||y|} \sum_t s(t) \tag{7-9}$$

其中，$s(t)$ 表示在产生目标词 Y_t 时等待的源语言单词数，$d(x,y)$ 是整句的平均等待比例。

2）连续等待长度（Consecutive Wait length，CW）。在同传的时候，听众对于长时间未产生目标词而导致的沉默时间也非常敏感。因此，使用 CW 衡量在产生连续两个目标词之间等待的源语言单词数。计算如下：

$$c_t = \begin{cases} c_{t-1}+1 & a_t = \mathrm{READ} \\ 0 & a_t = \mathrm{WRITE} \end{cases} \tag{7-10}$$

其中，$c_0 = 0$。当模型执行一次写操作（即 $a_t = \mathrm{WRITE}$），则等待长度重置为 0。否则，每读入一个源语言词，等待长度就加 1。

延迟时间综合了 AP 和 CW 两个指标，计算如下：

$$r_t^D = \alpha \cdot \left[\mathrm{sgn}(c_t - c^*) + 1 \right] + \beta \cdot \lfloor d_t - d^* \rfloor_+ \tag{7-11}$$

其中，c^* 和 d^* 是优化的目标，也即系统在实际场景下需要控制的延迟，可以根据需求自定义；$\alpha \leqslant 0$、$\beta \leqslant 0$ 是权重参数；$\mathrm{sgn}(\,\cdot\,)$ 是符号函数，如果参数大于 0 则返回 1，参数小于 0 则返回 -1，否则返回 0。

7.3.4 基于单调无限回溯注意力机制的同传模型

如前文所述，注意力机制是神经网络机器翻译模型的重要组成部分。一般来说，在解码器预测 t 时刻的输出 y_t 时，注意力机制计算其与源语言输入序列中所有单词的关联程度。这种计算注意力机制的方式是一种软注意力（soft attention）机制（如图 7-8a 所示）。这里"软"的意思是对所有源语言单词都计算注意力，用注意力得分描述单词对应关系的强弱。软注意力机制不太适合同传模型，因为模型训练和解码时，软注意力机制都需要获取源语言句子中的所有词语，而同传场景下，翻译模型需要在仅有部分输入的情况下就输出译文。因此，优化注意力机制使之适应机器同传任务，成为研究人员关注的方向之一。

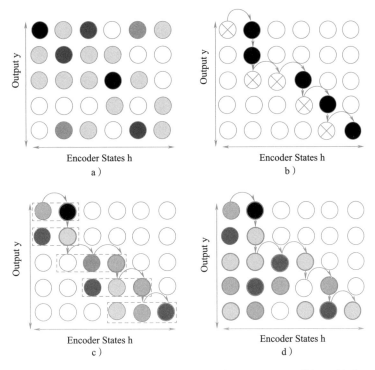

图 7-8　a）软注意力机制；b）单调注意力机制；c）单调组块注意力；d）单调无限回溯注意力。颜色越深表示对齐的权重越大

与软注意力机制相对应的，是硬注意力（hard attention）机制，其意味着非 0 即 1 的对应关系。单调注意力机制[18] 就是一种硬注意力机制，其在传统的软注意力机制的基础上添加了单调约束，在预测 t 时刻的输出 y_t 时，解码器从上一时刻对应的输入位置开始向后搜索并且仅选择 1 个源语言单词（隐状态）计算注意力

（如图 7-8b 所示），而不像软注意力机制一样对所有的源语言单词都计算注意力。源语言单词的选择可以视为一个随机过程，服从伯努利（Bernoulli）分布。单调性的限制大大简化了注意力的计算复杂度，在语音识别、机器翻译等任务上，取得了与软注意力机制可比的效果。不过这种非 0 即 1 的对应方式也限制了注意力机制的优势。为了缓解这一问题，研究人员提出了单调组块注意力（monotonic chunk-wise attention）[19]，在"软注意力"和"硬注意力"之间做了一个平衡。具体而言，在预测 t 时刻的输出时，首先与单调注意力一样，向后选定一个源语言单词 i，然后定义一个窗口 w，计算 y_t 与窗口内的源语言单词 $\{x_{i-w+1}, \cdots, x_i\}$ 的注意力（如图 7-8c 所示）。如此一来，模型可以通过向前回溯 w 个词，从而利用局部信息提升翻译质量。

沿着这一思路，单调无限回溯注意力（Monotonic Infinite Lookback attention，MILk）（如图 7-8d 所示）[20] 进一步放宽了窗口范围，使之可以回溯到输入序列的第一个词。这一改进使得该模型非常适合机器同传。一方面，MILk 保持了单调性，即时刻 t 的输出仅与已经读入的源语言单词相关，与未读入的单词（对应到同传场景下说话人还没有说的内容）无关；另一方面，对于已经读入的所有单词计算注意力，这种方式保持了软注意力机制的优势，可以充分利用已知的原文信息。Arivazhagan 等人基于 LSTM 模型进行了实验，在英法、德英翻译上的实验结果相比 wait-k 模型在翻译质量和时间延迟上取得了更好的平衡。该方法在 Transformer 模型上也取得了很好的效果[21]。

7.4 端到端语音翻译及同传模型

受到近年来端到端模型在语音处理、自然语言处理等多项任务上取得突破的鼓舞，研究人员尝试直接从源语言语音信号到目标语言的建模。目前，研究工作主要集中在源语言语音到目标语言文本的翻译（speech-to-text），也有部分工作涉及语音到语音（speech-to-speech）直接建模。

本节我们将首先讨论端到端的语音翻译模型，然后再介绍端到端同传的最新进展。这两者的主要区别是，端到端语音翻译对输入的语音信号（完整的源语言

　　　　　　　　　神经网络机器翻译技术及产业应用

句子）整体进行建模，而端到端同传模型由于引入了时间延迟限制，需要对流式语音信号（非完整的源语言句子）建模。这两种翻译方式在端到端建模时面临共同的挑战：

1）语音与文本的跨模态融合问题。在级联模型中，语音识别模型和机器翻译模型顺序连接，两种模态松耦合。而端到端模型使用统一模型建模，面临如何将语音信号和文本深度融合的问题。

2）数据稀缺问题。如前文所述，直接的源语言语音到目标语言文本的数据资源非常少，难以充分训练端到端模型。

针对上述问题，近年来开展了多方面的工作，并取得了阶段性进展。

7.4.1 从级联模型至端到端模型的过渡

本章开头提到，语音翻译也是一种序列到序列的映射。因此，人们自然地想到可以直接使用"编码器-注意力-解码器"的神经网络建模方式对语音翻译进行端到端建模[22]，编码器对语音信号进行编码，解码器生成目标语言句子。在 Berard 等人的实验[22]中，借鉴语音识别任务的编码方法[23]，使用卷积滤波器（convolutional filter）将语音信号映射为向量表示，然后基于 LSTM 生成目标语言序列。其实验规模很小，训练数据来自旅游领域数据集 BTEC（Basic Travel Expression Corpus），包含 2 万个英法句对，平均每个句子仅包含约 10 个词。由于缺乏"源语言语音-目标语言"的训练数据，因此使用语音合成软件将训练数据中的法语句子合成语音，从而构造训练语料。从实验设置来看，数据量比较小且通过语音合成构造数据的方式与实际应用场景不符。

早期的端到端语音翻译借鉴了级联模型的结构，仍然将语音识别和机器翻译两个模块串联在一起，二者不同的是，端到端语音翻译不输出中间的语音识别结果。基于课程表学习的方法[24]，将语音识别和机器翻译看作两个任务，训练模型先学习其中一个任务，然后再学习第二个任务。例如，首先使用"源语言语音-源语言文本"语料训练语音识别网络，然后将网络中的解码器替换为机器翻译解码器，并利用"源语言语音-目标语言文本"语料重新训练解码器（图 7-9 方式（1））。同样，也可以先训练机器翻译模型，然后将编码器替换为语音识别编码器再重新训练（图 7-9 方式（2））。Kano 等人[24]仍然在 BTEC 上进行了实验，翻译方向为英语到日语，所用训练数据规模为 4500 句对，使用语音合成来构造源语言语音数据。该工作同样存在的局限性是，没有在更大规模真实场景的数据上验证端到端语音翻译模型的效果。

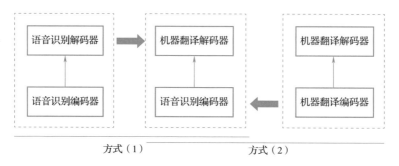

图 7-9　基于课程表学习的端到端语音翻译模型。方式（1）先训练语音识别网络，然后将解码器替换为机器翻译解码器；方式（2）先训练机器翻译网络，然后将编码器替换为语音识别编码器

借鉴级联方式构造端到端模型的另一个工作是两阶段（two-stage）模型以及注意力传递（attention-passing）模型[25]。其与级联模型的主要区别是在源语言端机器翻译模型接收到的信息不同。如图 7-10a 所示，级联模型中，机器翻译模型的输入是语音识别的结果，即源语言文本。两阶段模型（如图 7-10b 所示）中，机器翻译模型以语音识别解码器的隐状态作为输入，不需要重新对源语言文本进行编码。相比于级联模型，两阶段模型的优势在于语音识别和机器翻译耦合性更紧，共享更多的参数。在此模型基础上，可以很容易地融合语音识别模型，从而可以利用多任务学习来训练模型参数。不过两阶段模型将语音识别解码器隐状态作为机器翻译的输入仍然与级联模型一样存在错误传递问题。为了缓解这一问题，注意力传递模型（如图 7-10c 所示）将语音识别编码器的上下文向量（由语音识别编码器注意力机制计算得到）作为机器翻译的输入。在设置方面，实验使用了真实场景的西班牙语到英语的电话语音对话数据，训练数据包含 162 小时源语言音频，约 139K 句子。训练数据的格式是面向语音翻译任务的三元组，即〈源语言语音，语音转写结果，目标语言译文〉。实验发现，基于注意力传递的端到端模型可以有效降低语音错误传播，比级联模型和两阶段模型取得了更好的翻译质量。对比文献［22，24］的工作，Sperber 等人[25] 的实验面向真实应用场景，训练数据

规模也扩大不少，实验结论说明端到端语音翻译模型存在较大的潜力。

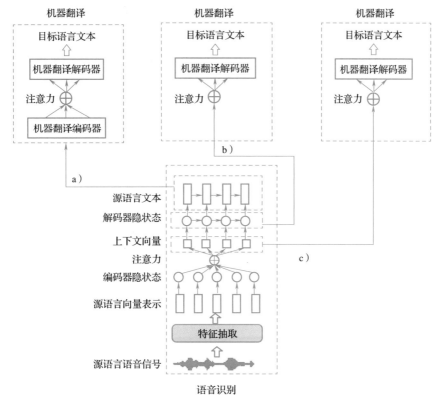

图 7-10　a）级联模型；b）两阶段模型；c）注意力传递模型

7.4.2　基于多任务学习的端到端模型

在多语言翻译模型中，我们曾介绍了基于多任务学习的共享编码器模型，多语言翻译可以在源语言端共享信息，翻译模型可以学习到更好的语义表示。同样，在语音翻译中同样可以使用多任务学习来提升翻译质量。基本的基于多任务学习的语音翻译共享语音信号编码器[26]（如图 7-11a 所示），语音识别解码器和机器翻译解码器各自独立地计算注意力。这种共享信息的方式停留在语音信号编码的层面，没有利用更深层次的信息表示。此外，两个任务在解码器端各自独立，在模态融合方面也不够深入。针对这一问题，紧密的（tied）多任务语音翻译模型[27]

在语音翻译解码器端，除了使用来自编码器的信息计算注意力之外，还使用了语音识别解码器的隐状态来计算注意力，将得到的两个上下文向量拼接，用来计算语音翻译解码器的隐状态。在西班牙语到英语的电话语音数据集上的实验表明，紧密的多任务语音翻译模型比基本的多任务模型和级联模型在翻译质量上有显著提升。在低资源语音翻译任务上（姆博西语（Mboshi）到法语、阿依努语（Ainu）到英语，训练数据分别仅有 4.4 小时和 2.5 小时），该模型也表现出较好的效果，说明多任务模型能够缓解训练数据匮乏的问题。

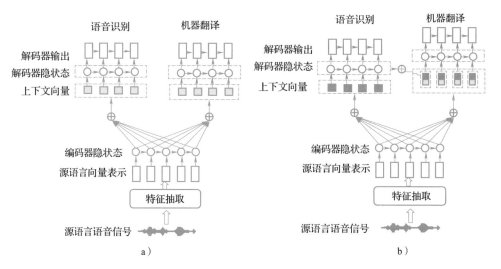

图 7-11　a）基本的基于多任务学习的语音翻译模型将语音识别和机器翻译看作两个独立任务，仅共享编码器信息。b）紧密（tied）模型在机器翻译解码器端同时使用编码器和语音识别解码器的隐状态来计算注意力，将计算得到的上下文向量拼接作为机器翻译解码器的上下文向量

此外，基于知识蒸馏的端到端语音翻译模型[28] 也可以看作一种多任务模型。主要思想是，利用大规模双语对齐的文本数据训练机器翻译模型作为教师模型（teacher model），用来优化语音到文本的端到端模型——学生模型（student model）。如图 7-12 所示，该模型主要包含两部分：左侧是语音翻译模型，右侧是文本翻译模型，两个模型均基于 Transformer 建模。

定义一个三元组 $D=(s,x,y)$，分别表示源语言语音信号 s、转写后的源语言文本 x 以及目标语言文本 y，则语音翻译模型的损失函数可以由下式计算：

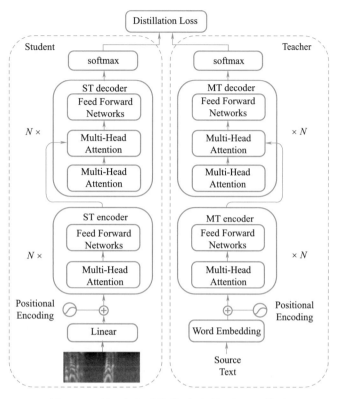

图 7-12　基于知识蒸馏的端到端语音翻译模型

$$L_{\text{ST}}(D;\theta) = - \sum_{(s,y)\in D} \log P(y \mid s;\theta) \tag{7-12}$$

其中，θ 是模型参数。

蒸馏模型的损失函数根据交叉熵定义如下：

$$L_{\text{KD}}(D;\theta,\theta_T) = - \sum_{(x,y)\in D} \sum_{t=1}^{N} \sum_{k=1}^{|V|} Q(y_t = k \mid y_{<t}, x;\theta_T) \log P(y_t = k \mid y_{<t}, s;\theta)$$

$$\tag{7-13}$$

其中，N 是目标语言句子长度，$|V|$ 是目标语言词表个数，$Q(y_t = k \mid y_{<t}, x;\theta_T)$ 是文本翻译模型，$P(y_t = k \mid y_{<t}, s;\theta)$ 是语音翻译模型。

则总的损失函数定义如下：

$$L_{\text{ALL}}(D;\theta,\theta_T) = (1-\lambda) L_{\text{ST}}(D;\theta) + \lambda L_{\text{KD}}(D;\theta,\theta_T) \tag{7-14}$$

其中，λ 用来调节两个损失函数的权重。

实验显示，在英法、英中两个语音翻译任务上，基于知识蒸馏的方法相比于直接的端到端语音翻译模型在翻译质量上有显著提升。

7.4.3 语音识别与翻译交互解码模型

如前所述，基于多任务学习的语音翻译模型在语音和文本两种模态的融合方面还不够深入，而紧密的多任务语音模型[27]虽然使用了语音识别解码器的隐状态来作为额外的上下文信息融合到语音翻译解码器中，但是这只是单方向的融合，两个任务并未深度交互。

语音识别与翻译交互解码模型通过注意力机制将两种模态进行了深度融合[29]。基本思想如图 7-13 所示，以英中语音翻译为例，对于输入的语音信号（英文），当语音翻译模型在时刻 $T=2$ 生成中文"一切"时，可以利用时刻 $T=1$ 识别的结果"everything"。而当识别模型在时刻 $T=4$ 识别"now"的时候，可以利用时刻 $T=1$ 翻译结果"现在"。简言之，识别和翻译在解码过程中，除了利用自身解码器产生的历史信息之外，还可以互相利用对方模型的信息来提升自身模型。为了提升翻译质量，语音识别与翻译交互解码模型借鉴了 wait-k 的思想，等待语音识别模型识别出 k 个词之后再开始翻译模型解码，从而可以利用更多的源语言信息。

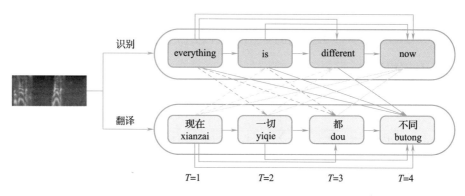

图 7-13　语音识别与翻译交互解码示例

基于上述想法，作者对 Transformer 模型进行了改进。整个系统的框架如图 7-14a 所示，主要包含 3 部分：

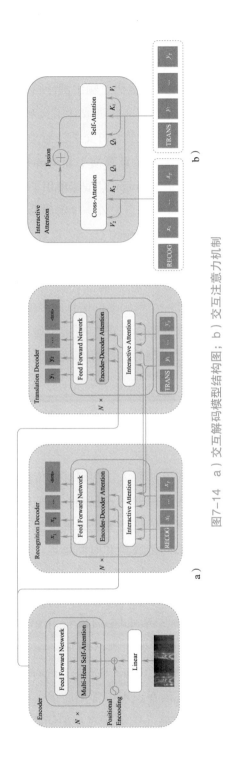

图7-14 a）交互解码模型结构图；b）交互注意力机制

1）编码器，对原始语音信号进行编码，映射为向量表示；

2）语音识别解码器，对语音向量进行解码，输出语音识别的结果（源语言文本）；

3）翻译解码器，对语音向量进行解码，输出翻译结果（目标语言文本）。

为了使得两个解码器互相共享信息，作者设计了交互注意力（interactive attention）机制。如图 7-14b 所示，交互注意力由交叉注意力（cross-attention）和自注意力（self-attention）构成。自注意力的计算与 Transformer 模型一致：

$$H_{\text{self}} = \text{Attention}(Q_1, K_1, V_1) \tag{7-15}$$

交叉注意力机制中的 Key 和 Value 则来自另外一个解码器：

$$H_{\text{cross}} = \text{Attention}(Q_1, K_2, V_2) \tag{7-16}$$

将这两个向量相加作为最终的注意力：

$$H_{\text{final}} = \text{Fusion}(H_{\text{self}}, H_{\text{cross}}) = H_{\text{self}} + \lambda H_{\text{cross}} \tag{7-17}$$

其中，参数 λ 用来调节来自另外一个解码器的信息的多少。

在英德、英法、英中、英日等翻译任务上的实验显示，交互解码模型相比于两阶段模型、基本的多任务学习模型等，能够有效降低语音识别错误率，同时提升翻译质量。

7.4.4　端到端同传模型

随着端到端语音翻译研究的不断深入，端到端同传模型的研究也受到越来越多的关注。端到端同传模型加入了时间延迟限制，模型的输入是连续的流式语音信号。与级联模型类似，端到端同传模型重点要解决的一个问题是语音信号的切分问题，切分策略需要同时考虑同传质量和时间延迟。近年来，端到端同传模型取得较大进步，下面介绍几种典型的方法。

1. SimulSpeech

借鉴级联模型中的 wait-k 方法，SimulSpeech[30] 由语音信号编码器、流式语音信号切分器以及 wait-k 解码器组成（如图 7-15 所示）。语音编码器提取语音信号特征并映射为向量表示，再使用 CTC（Connectionist Temporal Classification）损失函数训练语音信号切分模块。CTC 是语音识别中常用的损失函数，用来解决输入的语音信号（音素）和输出的识别结果（单词）对齐的问题（如图 7-16 所示）。解码器则采用 wait-k 算法将切分后的语音信号翻译为目标语言文本。此外在训练时引入了机器翻译以及语音识别作为辅助，使用注意力级别的知识蒸馏和句子级别的知识蒸馏来提升翻译质量。

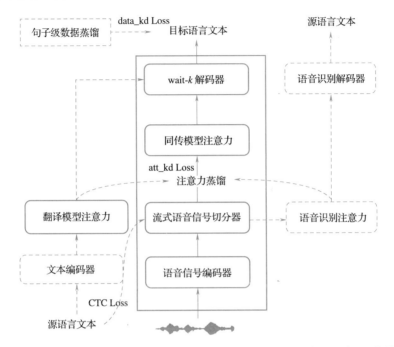

图 7-15　SimulSpeech 模型结构图。其中，虚线部分是训练流程，引入了机器翻译、语音识别作为辅助任务

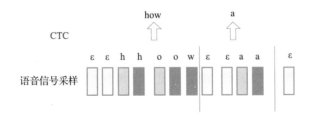

图 7-16　语音识别示意图。其中，ε 表示空标识（blank token）

损失函数定义如下：

$$L = \lambda_1 L_{ctc} + \lambda_2 L_{att\_kd} + \lambda_3 L_{data\_kd} \tag{7-18}$$

其中，λ_1、λ_2、λ_3 是超参数，L_{ctc} 是 CTC 损失函数，L_{att_kd} 是注意力蒸馏损失函数，

$L_{\text{data\_kd}}$ 是句子级蒸馏损失函数。

训练数据为一个三元组 $\langle S, X, Y \rangle$，其中，S 是源语言语音信号，X 是其对应的源语言文本，Y 是对应的目标译文，则上述三个损失函数分别定义如下。

- CTC 损失函数：

$$L_{\text{ctc}} = -\sum_{(s,x) \in (S,X)} \sum_{z \in \phi(x)} P(z \mid s) \tag{7-19}$$

其中，$\phi(x)$ 是所有可能的 CTC 路径集合。

- 注意力蒸馏损失函数：

$$L_{\text{att\_kd}} = -\beta(A_{\text{NMT}} \times A_{\text{ASR}}) \times A_{\text{ST}} \tag{7-20}$$

其中，A_{NMT}、A_{ASR}、A_{ST} 分别表示机器翻译模型、语音识别模型、同传模型的注意力矩阵，β 是二值化操作，当矩阵中元素大于 0.05 时，取值为 1，否则取值为 0。理论上来说，对于同一个句子，注意力矩阵应该满足

$$A_{\text{ST}} = A_{\text{NMT}} \times A_{\text{ASR}} \tag{7-21}$$

因此，通过式（7-21）引入机器翻译和语音识别的注意力，训练同传模型的注意力与其乘积趋于一致。

- 句子级蒸馏损失函数：

$$L_{\text{data\_kd}} = -\sum_{(s, y') \in (S, Y')} \log P \ (y' \mid s) \tag{7-22}$$

其中，对于训练集中的句子 (s, y) 使用机器翻译模型解码得到 y'，使用重新构造的数据集 (S, Y') 来训练同传模型使其生成的译文趋近 y'。

在英西（训练数据 496 小时）、英德（训练数据 400 小时）数据集上的实验显示，SimulSpeech 在翻译质量和同传时延上的效果优于级联模型。

2. RealTranS

RealTranS[31] 着重解决语音和文本模态不匹配的问题[29]，一是语音信号特征与文本特征之间长度不匹配的问题，如图 7-17 所示。通常语音信号经过特征抽取编码之后，其序列长度仍然远大于其对应的文本长度。长度不匹配大大增加了注意力计算的难度和复杂度。二是语音信号编码后缺乏对语义信息的深度建模，而语义信息对于提升翻译质量有重要作用。

针对上述两个问题，RealTranS 将编码器拆分为 3 个子模块：语音编码器、隐状态加权收缩以及语义编码器（如图 7-17 所示）。对于输入的语音信号，编码分为 3 步。

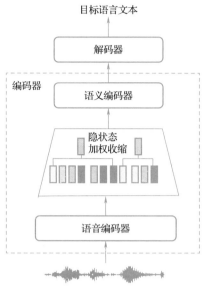

图 7-17　RealTranS 模型结构图

1）语音编码器将其映射为特征向量并基于 CTC 进行切分。

2）加权收缩模块将一个切分单元中的特征向量加权平均，作为该切分单元的向量表示，从而起到长度收缩的作用，计算公式如下：

$$h_{t'}^{\mathrm{shrink}} = \sum_{t \in \mathrm{seg}t'} h_t \frac{\exp(\mu(1-p_t^b))}{\sum_{s \in \mathrm{seg}t'} \exp(\mu(1-p_s^b))}$$

其中，p_t^b 是语音帧 t 被预测为空标识的概率，h_t 表示语音帧 t 对应的隐状态。参数 $\mu \geq 0$ 用来调节加权收缩的分布。当 $\mu = 0$ 时，对切分单元内的所有帧取平均，而随着 μ 增大，概率大的帧的隐状态会发挥更大的作用。

3）语义编码器通过引入位置信息以及自注意力机制等进一步对收缩后的隐状态进行抽象表示，以提取语义特征。

在解码器部分同样借鉴了 wait-k 解码算法，并做了些许调整，称之为 wait-k-stride-n 策略。解码器在读完 k 个语音切分单元后，不是输出 1 个目标词，而是输出 n 个目标词，然后再读入 n 个切分单元，再输出 n 个目标词，直到结束。实际上，这种方式相当于将 wait-k 逐词产生译文扩展到了短语粒度，从而有助于在搜索时利用上下文信息提高翻译质量。当 n = 1 时，该方法与 wait-k 算法等价。在实验中，可以设置 $n=2$ 或者 $n=3$，随着 n 增大，时延也会增大。

作者在英法、英西、英德翻译任务上验证了该方法的有效性。wait-k-stride-n 在翻译质量和同传时延上，相比 SimulSpeech 均取得了提升。

3. Translatotron

前文主要介绍了语音到文本翻译的端到端同传模型。Translatotron[32] 则是一种语音到语音的端到端同传模型。如图 7-18 所示，主要模型是其中的深色部分，基于序列到序列的神经网络模型 LSTM 进行建模，输入是源语言语音信号，输出是目标端语音信号。为了进一步提升模型效果，作者借鉴多任务学习机制，增加了两个额外的解码器（灰色框部分），用来输出源语言和目标语言的语音识别和翻译文本。该模块只在训练时优化参数，实际系统的解码过程没有使用。可选地，为了使得合成的声音更接近发言人的音色，模型引入了一个发言人声音编码器（浅色框部分），用来提升语音合成的效果。其在西班牙语到英语翻译任务上验证了直接端到端语音同传的可行性。

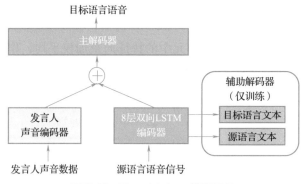

图 7-18　Translatotron 模型结构

目前，直接语音到语音的端到端同传还未有深入研究。一方面，该模型将语音识别、机器翻译、语音合成整合到一个统一的模型中，而其中每一个任务都具有非常大的挑战，整合后的统一模型结构复杂。另一方面，训练数据匮乏导致无法训练出真正实用的同传系统。不过，尽管面临较大的挑战，语音到语音的端到端同传模型仍是具有较大潜力的一个研究方向。

整体而言，端到端同传模型的相关工作在公开数据集上取得了与级联模型可比的效果，但目前难以大规模应用于实际系统。这是因为，在实际应用中，级联模型可以使用大规模的数据来分别训练语音识别和机器翻译系统，而用来训练端到端同传模型的数据则非常少，难以充分发挥端到端模型的潜力。我们将在 7.6 节进一步介绍机器同传/语音翻译的公开数据集。

7.5 同传模型鲁棒性

如前所述，级联同传模型是目前实用系统所采用的主要方法，而在级联模型中，语音识别错误会被传递到后续的机器翻译模型中并被放大，从而影响翻译质量[33-34]。例如各语言中普遍存在的同音字现象，常常导致识别错误。如果没有相关的背景知识和领域的限定，对于"同传时延"这个短语，有可能将"同传"识别为"同船"，将"时延"识别为"食盐"等。如果将错误的语音识别结果传递给机器翻译模型，则生成的译文与原文的意思相去甚远，可谓"差之毫厘，谬以千里"。

本节着重探讨语音识别后机器翻译的容错机制。主要介绍三种方法：第一，直接在翻译模型中融合音节信息；第二，语音识别纠错；第三，增强机器翻译模型的鲁棒性。

7.5.1 融合音节信息的翻译模型

传统的翻译模型所使用的训练数据是基于文字的，没有使用音节信息，这使得翻译模型对于同音字识别错误的容错性较差。例如下面的例子，原文表达的意思是在一个酒店的"大堂"（lobby）见面，而语音识别错误地识别为"大唐"，导致翻译错误。

原文：我们下午六点在酒店**大堂**见面。
参考译文：Let's meet at the hotel **lobby** at 6 p. m.
识别结果：我们下午六点在酒店**大唐**见面。
机器译文：Let's meet hotel at 6 p. m. in **Datang**.

针对这一问题的解决方案，通常可以在机器翻译模型中融合音节信息[35-36]。以中英翻译为例，在源语言端引入汉语拼音与汉语词语联合编码。如图 7-19 所示，在编码端引入拼音向量后，由于训练数据中"datang"对应到多个词语，如"大唐""大堂"等，使得翻译模型有了容错能力，最终输出了正确的译文。在文本和音节信息的融合方法上，可以使用向量拼接的方式[36]或者向量加权的方式[35]。

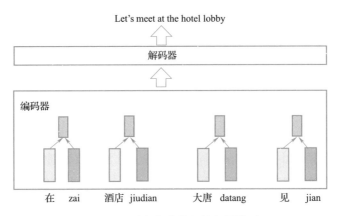

图 7-19　融合音节信息的翻译模型

下面以向量加权为例进行介绍。假设一个词 w 的发音由 L 个音节单元构成，表示为 $\boldsymbol{\Psi}(w)=\{s_1,s_2,\cdots,s_L\}$。对于每一个音节单元，其向量表示为 $\boldsymbol{E}(s_l)$，单词 w 的向量表示为 $\boldsymbol{E}(w)$。首先将音节单元向量取平均作为单词 w 的音节向量：

$$\boldsymbol{E}(\boldsymbol{\Psi}(w))=\frac{1}{L}\sum\boldsymbol{E}(s_l) \tag{7-23}$$

然后，将文本向量和音节向量加权求和作为机器翻译编码器的输入：

$$\boldsymbol{E}=(1-\alpha)\times\boldsymbol{E}(w)+\alpha\times\boldsymbol{E}(\boldsymbol{\Psi}(w)) \tag{7-24}$$

其中，超参数 α 用来调节文本向量和音节向量的权重。当 $\alpha=0$ 时，该模型仅利用文字信息编码，退化为传统翻译模型；当 $\alpha=1$ 时，该模型仅利用音节信息编码。在实际系统中，可以根据需要设置 α。

7.5.2　语音识别纠错

除了直接融合音节信息到机器翻译模型中以外，还可以在语音识别和机器翻译模型之间加入语音识别纠错模块，对语音识别错误进行纠正。

语音识别纠错也可以看作一个序列到序列的映射任务[37]，编码器的输入是待纠错的字符串（语音识别结果），解码器输出纠错后的字符串。近年来，随着预训

　　　　　　　　　　　　　　神经网络机器翻译技术及产业应用

练技术的发展，基于预训练的纠错[38-39] 取得了不错的效果。

文献［39］提出了一种基于预训练的端到端纠错模型，包含两个子网络——错误检测网络和错误修正网络（如图 7-20 所示）。对于输入文本 $x_w = \{x_1, x_2, \cdots, x_I\}$，错误检测网络的目标是检查每一个词 x_i（$1 \leq i \leq I$）是否正确，输出其是错误词的概率 p_{err_i}：

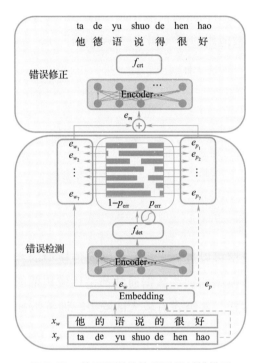

图 7-20　基于预训练的端到端纠错模型

$$p_{\mathrm{err}_i} = p(l_i = 1 \mid x_w, \theta_d) \tag{7-25}$$

其中，l_i 是类别标记，$l_i = 1$ 表示单词 x_i 被预测为错误单词，θ_d 是模型参数。

除了使用文本信息以外，还可以同时使用音节信息以提升模型的纠错能力。文本信息和音节信息通过错误概率加权，作为错误修正网络的输入：

$$\boldsymbol{e}_m = (1 - p_{\mathrm{err}}) \cdot \boldsymbol{e}_w + p_{\mathrm{err}} \cdot \boldsymbol{e}_p \tag{7-26}$$

其中，$\boldsymbol{e}_w$ 和 $\boldsymbol{e}_p$ 分别表示 x_w 对应的文本向量和音节向量。p_{err} 用来调节文本向量和音节向量的权重。考虑两种特殊情况，如果错误检测网络预测单词 x_i 是错误的（即 $p_{\mathrm{err}} = 1$），则修正网络使用音节向量作为输入；而如果错误检测网络预测单词 x_i

是正确的（即 $p_{err}=0$），则修正网络直接使用文本向量作为输入。

最终，修正网络以检测网络的输出作为输入，并预测修正后的序列：

$$y = \operatorname{argmax} p(y' \mid \boldsymbol{e}_m, \boldsymbol{\theta}_c) \tag{7-27}$$

使用预训练模型 MLM-phonetics 初始化网络，其对基于掩码的预训练模型 MLM 做了改进，使之可以融合音节特征。如图 7-21 所示，对输入序列中的词语进行替换和掩码操作，以鼓励模型预测同音字（如"的-德""豪-好"）、从音节预测词（如"de-得"）、预测被掩码的词（如"[Mask]-语"）。

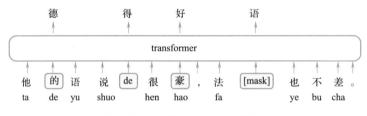

图 7-21　MLM-phonetics 示意图

7.5.3　鲁棒性翻译模型

鲁棒的机器翻译模型可以进一步提升机器同传模型的容错能力，进而提升翻译质量。由于机器翻译模型的训练数据通常都是比较规范的文本，而在实际场景中，待翻译内容复杂多样，甚至含有较大的噪声，训练数据与测试数据的不匹配会导致翻译质量下降。

针对这一问题，通常的做法是在训练阶段就引入噪声[36,40-41]，从而增强模型的泛化和容错能力。表 7-3 列举了常用的对训练语料加入噪声的操作，源语言文本为宁夏素有"塞上江南"之称。

表 7-3　常用的对训练语料加入噪声的操作

加噪操作	宁夏素有"塞上江南"之称
替换	零下素有"塞上江南"之称
插入	宁夏素有"塞上江南"的之称
删除	宁夏有"塞上江南"之称
调序	宁夏素有"塞上江南"称之

1）替换：将句子中的字替换为其他的字，例如替换为同音字，从而增强模型

　神经网络机器翻译技术及产业应用

对于同音字识别错误的容错能力。

2）插入：在句子中的随机位置插入字，以应对语音识别添字的情况。

3）删除：随机删除句中的字，以应对语音识别"吞字"的现象。

4）调序：将句子中的两个字调换顺序，以增强模型对于口语中不规范表达的容错能力。

在实际系统中，可以根据需要有针对性地加噪声[42]。例如语音识别模型中的替换错误比其他错误类型更常见，对于翻译质量有较大影响，因此在加噪操作中可以提高替换操作的比例；通过分析语音识别的错误类型对噪声词表加以限制，仅对出错频率较高的字词进行加噪操作等。

7.6 同传数据

随着机器同传研究的深入，数据缺乏导致的瓶颈问题日益凸显。相比于语音识别、机器翻译等长期积累的大规模数据，可以用来训练机器同传系统的数据捉襟见肘。近年来，同传数据建设受到越来越多的关注，更多开放的数据集对于技术进步也起到很大的促进作用。表 7-4 列举了目前常用的一些同传（语音翻译）数据集。

表 7-4　机器同传开放数据集

数据集名称	涉及语言	数据量（小时数）
EPIC[①]	意、英、西	18
EPPS[43]	英、西	216
Fisher & Callhome[44]	西、英	38
KIT-Lecture Corpus[45]	德、英	13
Augmented LibriSpeech[46]	英、法	236
MuST-C[47]	英、德、西、法、意、荷、葡、俄、罗马尼亚	3617
Europarl-ST[②]	英、法、德、意、西、葡、荷、波兰、罗马尼亚	1642
Multilingual TEDx[48]	西、法、葡、意、俄、英、希腊	418
CIAIR[49]	日、英	182

数据集名称	涉及语言	数据量（小时数）
NAIST[50]	日、英	22
MSLT[51]	中、日、英、德、法	43
BSTC[52]	中、英	68

①http：//catalog. elra. info/en-us/repository/browse/ELRA-S03231。

②http：//www. mllp. upv. es/europarl-st/。

7.6.1　欧洲语言同传语料库

1）英西同传语料库[43]是基于欧洲议会数据（European Parliament Plenary Sessions，EPPS）构建的约100小时的英西同传语料库。EPPS通过卫星以欧盟的官方语言进行直播，主要是新闻政治领域，并使用ASR对语音进行转写，其中英文的ASR错误率平均约为13%，西班牙语的ASR错误率平均约为9%。

2）欧洲议会同传语料库（European Parliament Interpretation Corpus，EPIC）。2004年，意大利博洛尼亚大学（University of Bologna）翻译、语言和文化交叉学科研究系（Department of Interdisciplinary Studies in Translation，Languages and Cultures）成立了一个研究小组，基于欧洲议会的演讲内容，建设以意大利语、英语和西班牙语为源语和目标语的平行语料库EPIC。该语料库包含演讲的视频、同传音频以及文本转写，每一种语言都对应另外两种语言的同传译文。源语言共有119场演讲（其中，英语81场，意大利语17场，西班牙语21场），最终生成的语音数据总计18个小时。

此外，欧洲语言之间还有一些语音翻译数据集，其构建方式是通过对源语言音频进行转写，然后对转写后的文本进行翻译。虽然不是通过同传的方式构建，但同时包含语音和翻译，也可以用作同传系统的训练。文献［44］构建了约38个小时的西班牙语到英语的对话语音翻译语料库；文献［45］构建了约13个小时的德语到英语的语音翻译语料库，其内容主要来自卡尔斯鲁厄理工学院（KIT）计算机科学系的讲座；文献［46］为用于语音识别的英语语料库LibriSpeech[53]（主要内容是有声电子书籍）补充了法语译文，最终得到约236个小时的英法语音翻译语料库；文献［47］基于英语TED演讲数据，构建了英语到8种语言（德语、西班牙语、法语、意大利语、荷兰语、葡萄牙语、罗马尼亚语、俄语）共计 3617 个小时的多语言语音翻译数据集 MuST-C（Multilingual Speech Translation Corpus）；Europarl-ST 数据集收集整理了欧洲议会 2008-2012 年的数据，发布了 9 种语言、72 个翻译方向的语音翻译数据集，共计 1642 个小时；文献［48］基于 TED 演讲构建了多语言语料库用于语音识别和语音翻译，其中，语音翻译有约 418 个小时的数据，涉及西、法、葡、意、俄、英、希腊语 7 种语言。

7.6.2 日英同传语料库

1）名古屋大学综合声学信息研究中心（Center for Integrated Acoustic Information Research of Nagoya University）构建了日英同传语料库 CIAIR[49]，包含 182 个小时的同传数据，分为演讲和对话。其中，演讲涉及经济、历史、文化等领域，对话集中在旅游领域，如机场、酒店等场景。每个演讲由 2~4 名同传译员分别进行翻译，对话则在说话人之间各配备一个同传译员。该数据集还提供了丰富的工具，如可视化的时间轴用来分析演讲者和同传译员的说话时间，对齐工具用来进行构建原文和译文的双语对齐句子等。

2）日本奈良先端科学技术大学院大学（Nara Institute of Science and Technology）制作了一个同传语料库[50]，翻译方向为日-英、英-日两个方向。源语言声音（日语加英语）时长约 22 个小时，转写后包含约 387K 单词。其数据来源有 4 个：TED、CSJ（corpus of spontaneous Japanese）[54]、美国有线电视新闻网（CNN）、日本放送协会（NHK）。领域主要集中在学术报告、新闻以及通用领域。其中，TED 和 CNN 的原始音频是英语，目标语言是日语，CSJ 和 NHK 的翻译方向是日语到英语。每一场演讲均请了 3 位不同从业年限的同传译员模拟现场同传，产生译文。在翻译前，研究人员向每位同传译员提供每场演讲相关的材料，如 TED 和 CSJ 提供摘要及术语，CNN 和 NHK 则直接提供完整的新闻文本。译员翻译完成后，再转写为文本，在演讲者停顿以及不太连贯的地方用符号标记，同时标记语音错误及正确文本。

7.6.3 中英同传语料库

1）MSLT（The Microsoft Speech Language Translation Corpus）[51] 是微软发布的

数据集，通过即时通讯（如 Skype）收集真实场景的对话数据，内容涉及体育、宠物、家庭、教育、食物等。这些对话被切分为小于 30 秒的片段，然后进行转写和翻译。数据集涉及中、日、英、德、法 5 种语言。不过这份数据集的数据量比较少，其中，中英数据集只有不到 5 小时数据。

2）BSTC（Baidu Speech Translation Corpus）是百度发布的同传数据集[一]。该数据集是面向真实演讲场景的中英同传数据集，资源主要来自百度技术培训中心[二]、造就[三]、听道[四]等，包含约 68 个小时的会议演讲语音数据，涵盖科技、经济、文化、艺术等多个领域。BSTC 数据见表 7-5，BSTC 加工流程如图 7-22 所示。

表 7-5　BSTC 数据一览表

数据集	演讲数	句子数	词数		时长（小时）
			中文	英文	
训练集	215	37 901	1 028 538	606 584	64. 57
开发集	16	956	26 059	75 074	1. 58
测试集	6	975	25 832	70 503	1. 46

该数据集的处理流程如下：

图 7-22　BSTC 加工流程图

1. 人工转写与校对

每一个音频文件均通过人工转写与校对产生对应的文本文件，最大限度地与语音信号对应。如保留"啊、嗯、这个这个"等语气词、重复词等。这为研究鲁棒性翻译模型、口语翻译提供了相关数据。

　⊖　http://ai. baidu. com/broad/subordinate? dataset=bstc。
　⊜　http://bit. baidu. com/index。
　⊝　http://www. zaojiu. com。
　㉓　http://www. tndao. com。

神经网络机器翻译技术及产业应用

2. 翻译

每场演讲的文本文件由一位译员负责翻译，以保证一致性。翻译后的文本也经过多次校对，以保证翻译质量。

3. 分句

根据翻译后的文本，对语音文件、转写后的文本进行切分断句。

为了更真实地模拟同传场景，在制作测试集的时候，请了 3 位具有多年工作经验的人类同传译员进行标注。3 位译员各自对测试集语音进行翻译，听到语音的同时就进行翻译，目标文本以语音的形式记录，后期根据同传译员的语音进行文本转写。

7.7 同传评价

同传的高实时性特点以及由此带来的翻译方式上的灵活性增加了同传评价的难度。人类口译员（含交传及同传）的资格认证考试中，常用的评价维度有准确度（accuracy）、表达（delivery）、语言规范（language use）、完整性（completeness）、口译技巧（interpreting skills）等[55]。此外，在时间延迟方面，常用的衡量指标是"ear-voice span"[56]，指从说话人发出语音到听众听到同传结果的时间跨度。一般认为人类同传的时延在 2~6 秒[57]。然而这些指标难以直接应用于机器同传评价。

近年来，对机器同传的评价更多的研究集中在对时间延迟的评价上，而在翻译质量评价方面，主要还是使用第 2 章中介绍的评价文本翻译的指标。本节首先介绍一种基于阅读理解的同传质量评价方法，然后介绍常用的评价同传时延的指标，最后介绍将两种指标结合的综合评价方法。

7.7.1 基于阅读理解的翻译质量评价

如前分析，与文本翻译（笔译）相比，同传侧重信息的传递。基于此，Hamon 等人[58] 提出了一种基于阅读理解的端到端同传评价方法。该方法主要关注两个方面：信息传递的完整性以及总体同传质量。

1）采用问答的形式衡量信息传递的完整性（information preservation）。首先基于源语言内容生成包含若干问题的问卷，同时标注答案。问题有三类：基本事实类（simple fact，占比70%）、是非类（yes \ no，占比20%）、列表类（list，占比10%）。然后将问题通过人类译员翻译为目标语言，并请听过目标端语音（机器同传的输出）的听众回答问题。听众由领域专家（具有演讲内容的领域知识）和非领域专家组成。最后，对于每一个问题，通过比对标准答案和听众答案进行评分，二者信息一致计1分，否则计0分。

2）总体同传质量（quality evaluation）。在回答完上述问卷之后，要求评委对该段同传做一个总体评价，从1分（非常差，不可用）到5分（非常有用）评分。

基于该方法，Hamon等人对人类同传和机器同传进行了比较分析，翻译方向是英语到西班牙语，内容是语音处理领域的演讲报告。需要注意的是，当时所用的机器翻译模型还是统计机器翻译模型。在总体同传质量评价方面，人类同传的得分是3.03分，机器同传的得分是2.35分。可以看出，由于翻译内容的专业性较强，即便是对于人类同传而言，难度也相当大。进一步分析发现，人类同传的问题主要在于犹豫、不合适的停顿、粗心造成的翻译错误以及西班牙语的性数格等词形问题。在信息保持方面，人类同传译员可以保持约85%的信息，而当时所用的机器翻译系统可以保持约50%的信息。

相对于面向文本的翻译评价方式，基于阅读理解的端到端同传评价方式侧重于内容的理解，更贴近同传场景。不过，这种评价方式需要耗费较大的人力和时间成本。

7.7.2 基于平均延迟的同传时延评价

高实时性是同声传译区别于其他翻译方式的最大特点。富有经验的人类同传译员通常保持与说话人的节奏基本一致，使得听众可以跟上说话人的内容。实际同传过程中，时间延迟受多种因素影响，如信息密度（information density）、语言的句法特点、词语顺序、冗余度等[56]。正因如此，很难定义一个准确、全面的反映时间延迟的指标。除了前面提到的平均等待比例、连续等待程度等，文献［11］提出了平均延迟（Average Lagging，AL）来衡量时间延迟。

AL的基本思想是用源语言的单词个数来衡量听众接收到的信息落后于演讲者

的程度。如图 7-23a 所示，源语言和目标语言具有相同的句子长度。定义其中黑色粗实线标记的 AL 为 0，即理想的同传时延。如果采用 wait-k 策略，设定 k=1，即解码器等待源语言 1 个词后开始产生译文，每次都落后源语言端 1 个词，此时 AL=1，即图 7-23 中黄色区域。进一步地说，如果设定 k=4，那么解码器等待源语言 4 个词后开始产生译文，即图 7-23 中红色和黄色区域，此时 AL=4。图 7-23a 是源语言和目标语言句子等长的情况，但在实际场景中，两种语言很少出现句子长度相等的情况。图 7-23b 显示了源语言长度为 10、目标语言长度为 13 的情况。如果还是按照前述定义 AL=0 的情况，在 wait-1（黄色部分）策略下，随着解码的步数增加，其 AL 是逐步变大的。而实际上，此设置下翻译模型仅落后源语言 1 个词。出现这种情况的原因是源语言和目标语言长度不一致，因此有必要将长度比例纳入 AL 的计算中。

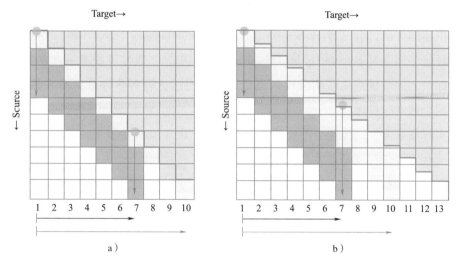

图 7-23　AL 示例（见彩插）

修正后的计算公式如下：

$$\mathrm{AL} = \frac{1}{T} \sum_{t=1}^{T} g(t) - \frac{t}{\gamma} \qquad (7\text{-}28)$$

其中，$\gamma = \frac{|y|}{|x|}$，表示目标句子与源语言句子的长度比例，$g(t)$ 表示目标端产生单词 y_t 的时候，编码器已经处理的源语言单词数。$T = \mathrm{argmin}_t(g(t) = |x|)$，表示接

收到源语言句子全部单词时，目标端产生的单词位置。在图 7-23 中，对于 wait-1（黄色区域）策略，$T=10$，对于 wait-4（红色区域）策略，$T=7$，即在目标端产生第 7 个词的时候，源语言句子就已经全部接收完毕了。AL 计算简单，能够直观地反映时间延迟，近年来被广泛采纳。

7.7.3 综合翻译质量和同传时延的评价

目前还未有被广泛使用的综合评价翻译质量和时间延迟的方法。直观地说，一个好的同传系统应该在尽量短的时间内保持高的翻译质量，也即衡量同传的性能指标应该与翻译质量成正比而与时间延迟成反比。通常将翻译质量和时延做成二维坐标图，纵轴表示翻译质量，横轴表示时间延迟，通过采样将不同时延下的翻译质量标记在坐标图上。为了对比不同系统的性能，IWSLT2021 同传评测任务将时延分为 3 类——低时延、中时延、高时延，并在每个类别下比较系统的翻译质量。机器同传研讨会（Workshop on Automatic Simultaneous Translation）⊖则使用了单调最优序列（Monotonic Optimal Sequence）算法[59]，通过寻找各系统在质量-时延坐标系上的最优点曲线构成单调最优序列，通过比较各参评系统落在该序列上的点的个数进行排序。

实际场景下，同传是一个极其复杂的过程，由于其直接服务对象是现场听众，现场听众的接受程度是非常重要的一个因素。有些场合下，人们对翻译质量要求高，而另外一些场合，人们更希望时间延迟小。此外，除了翻译质量和时间延迟这两个指标外，还有很多其他的因素影响同传效果，如停顿、节奏、语气等，这都增加了评价的难度。

7.8 机器同传系统及产品

前面介绍了机器同传的主要技术，本节我们介绍机器同传系统以及主要产品形式，最后简要探讨机器辅助同传。

⊖ https://autosimtrans.github.io。

神经网络机器翻译技术及产业应用

7.8.1 机器同传系统

图 7-24 展示了一个典型的级联式机器同传系统的结构图，级联式方案是目前实际应用中的主流方案，主要包含以下模块。

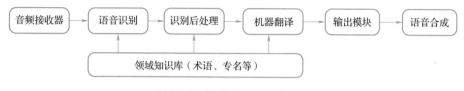

图 7-24　级联式机器同传系统

1）音频接收器：接收说话人的音频信号，一般使用专用的收音设备（如麦克风）可以保证较高的语音信号质量。此外，也可以使用手机进行收音，部署起来非常方便。不过手机收音的效果比专业设备要差一些。

2）语音识别：将语音信号映射为源语言文本。

3）识别后处理：对识别后的文本进行处理，包括识别纠错、文本归一化、断句标点等。

4）机器翻译：将源语言文本翻译为目标语言文本，翻译模型可以使用本章介绍的同传模型。

5）输出模块：翻译后的文本可以直接以文字的形式输出，也可以调用语音合成模块以目标语言语音的形式输出。

6）领域知识库：在实际应用系统中，领域知识库对于提升翻译质量非常重要，通常需要在同传之前收集同传应用场景相关的内容，例如领域术语，人名、地名等专有名词。这些知识库可以用来提升语音识别、机器翻译的质量，使得重要信息能够准确传达。

在系统部署方面，可以根据需求进行离线部署和云端部署。离线部署是将同传系统封装在一个离线机器里，其优点是不受网络影响，同时可以缩短系统时间延迟；缺点是如果是临时会议，会增加机器的运输和部署成本。云端部署是将同传系统部署在云端，优点是部署和维护都比较方便，可以迅速接入会议；缺点是受网络波动、带宽等影响，可能会增加时延甚至出现中断的情况。

7.8.2　机器同传产品形式

根据机器同传系统输出模态的不同,主要展现形式有"字幕式"和"语音式"。

所谓"字幕式",就是将识别和翻译结果用字幕的方式投影到大屏幕上,现场观众通过看字幕了解演讲内容。这种方式我们也称为"看同传"。其优点是直观,部署起来也比较简单,既可以放到主屏幕下方,也可以单独使用一块屏幕。目前大部分的同传系统都采用这种方式。其缺点也比较明显,第一,不利于多语言扩展。如果观众有多种语言翻译的需求,大屏幕上的字幕难以同时展现;第二,观众会分散出一部分精力用来观看字幕,难以集中精力在演讲者本身或者演讲内容上面;第三,此种展现形式将语音识别及翻译与演讲内容紧密结合(同时出现在前方屏幕),使得观众获取信息的同时,也捕捉到了语音识别及翻译错误。这些错误以视觉的形式呈现出来,从某种程度上激发了观众们对错误的敏感性,从而降低了信息传递的质量。

所谓"语音式",是将同传的结果以语音的形式播放出来,我们也称之为"听同传"。其优点有如下方面:第一,这种形式可以使观众获得与传统的人类同传译员类似的体验,观众无须在字幕、演讲者、演讲投屏之间来回切换,可以将注意力更集中于演讲本身;第二,可以容易地进行多语言扩展,用户通过手机接入会议,可以个性化地选择自己的母语收听会议内容;第三,以语音的形式接收同传内容,会规避一些同音字错误,例如播报为"da tang",用户会结合上下文明确其含义,而如果以字幕的形式展示,一旦出现错字,会损害用户体验。当然,这种方式也存在一些挑战。第一,需要引入语音合成模块,语音合成的音色、流畅度都会直接影响用户体验;第二,语音合成的引入,增加了时间延迟。字幕形式直接投影到大屏幕即可,观众可以一目十行地看过去,而语音合成必须每个字都合成发音。如果演讲人语速快、内容多,翻译出来的内容可能会受到语音播报的速度影响而越积越多。

7.8.3　机器辅助同传

机器同传技术的不断进步,对传统的同传方式也产生了重要影响。其中重要的一点就是机器辅助同传(Computer Assisted Interpreting,CAI)越来越受到同传译员的重视。

　神经网络机器翻译技术及产业应用

俗话说"台上一分钟，台下十年功"，这话用在同传上也非常贴切。通常一场同传都是围绕某一个主题或者领域展开的，而这些领域对于同传译员来说可能是非常陌生的。因此，他们在会前需要做大量的准备工作，查询并熟悉相关的背景知识、领域术语等。经验丰富的同传译员，经过多年积累，通常都会有一个小册子，分门别类记录各领域的知识与术语。即便如此，在信息爆炸的时代，新的词汇、新的领域等仍然带来了巨大挑战。对于经验不太丰富的同传"新人"来说，准备过程更要付出加倍的努力。而计算机在存储和查询方面有着天然优势，因此，利用计算机来辅助同传将大大减轻同传译员的负担。研究表明，相比于传统的以纸张为载体的"小册子"，使用 CAI 软件（Interplex [⊖]、Interpreters'Help [⊜]、InterpretBank [⊜]）可以有效提升术语翻译的准确性以及同传质量[60]。

传统的 CAI 软件主要侧重于术语管理，如存储和检索。随着技术进步，CAI 软件可以为译员提供更为丰富的功能。如图 7-25 所示，语音识别的结果会实时地显示在译员端的电脑屏幕，以减轻译员记忆的负担。同时，其中的重要词汇，如命名实体、术语等，无须译员检索，可以直接显示翻译提示，供译员参考。机器翻译系统也给出整句的翻译建议，如果译员认可机器翻译结果，可以直接采纳。此外，在同传结束后，机器同传系统可以自动整理会议纪要，并将原文和译文的内

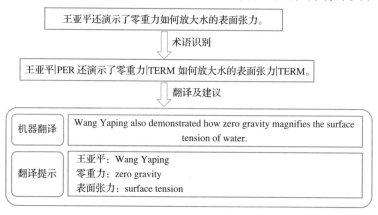

图 7-25　计算机辅助同传

　⊖　http：//www.fourwillows.com/interplex.html。
　⊜　https：//www.interpretershelp.com。
　⊜　https：//www.interpretbank.com/site/。

容进行对齐处理，提供给译员进行总结和提高，也可以将此作为训练数据用以持续提升同传模型的性能。

由于同传任务的复杂性，机器辅助同传仍然面临一些挑战[61]。例如，同传译员在工作中需要高度集中精力，耳朵要听、脑子要想、眼睛要看、手要记录，如果再多一路 CAI 的输入信号，是减轻了译员的负担还是增加了对译员的干扰，目前还没有确切的实验结论。机器同传研究者与人类同传译员应当更加紧密的结合，一方面，机器同传研究者应当深入了解同传译员的需求，从技术和产品设计上研发更适合译员的 CAI 工具；另一方面，在同传教学和实践中，同传译员应当更开放包容地使用 CAI 工具，提出建议。通过双方的共同努力，相信 CAI 将会得到更广泛的应用，提升翻译效率。

7.9 搭建一个机器同传系统

本节将使用深度学习平台飞桨 PaddlePaddle，以中英翻译为例实现基于 wait-k 策略的同声传译系统[⊖]。

7.9.1 数据准备

通过以下命令安装环境：

```
1. PaddleNLP=/home/work/NMT
2. cd $PaddleNLP && git clone https://github.com/PaddlePaddle/PaddleNLP.git
3. git checkout release/2.0
4. cd PaddleNLP/examples/simultaneous_translation/stacl
5. pip install -r requirements.txt
```

依照 README.md 所给地址下载 BPE 分词词典文件，并对语料进行分词处理：

```
1. from utils.tokenizer import STACLTokenizer
2. tokenizer_zh = STACLTokenizer('2M.zh2en.dict4bpe.zh', is_chinese=
   True)# 处理中文字符串
```

⊖ https://github.com/PaddlePaddle/PaddleNLP/tree/release/2.0/examples/simultaneous_translation/stacl。

3. print(tokenizer_zh.tokenize('玻利维亚举行总统与国会选举'))

4. #输出: 玻@@ 利@@ 维亚 举行 总统 与 国会 选举

5. tokenizer_en = STACLTokenizer('2M.zh2en.dict4bpe.en', is_chinese = False)#处理英文字符串

6. print(tokenizer_en.tokenize('bolivia holds presidential and parliament elections'))

7. #输出: bol@@ i@@ via holds presidential and parliament elections

分词结果保存在 data/nist2m/文件夹下的 train.zh-en.bpe,其中每个平行句对占一行,用制表符分隔。

7.9.2 训练

执行以下命令进行模型训练:

python -m paddle.distributed.launch --gpus "0" train.py --config ./config/transformer.yaml

可以在 config/transformer.yaml 文件中设置相应的参数。如果不提供 --config 选项,程序将默认使用 config/transformer.yaml 的配置。

通常为了得到更好的效果,首先进行整句模型预训练,这一步如同训练普通的文本翻译模型一样,然后再进行 wait-k 模型微调,只需要将参数中的"wait-k"设置为对应的正整数数值即可。参考配置如下:

Pretrain 训练整句模型(即 wait-k =-1)

- waitk 表示 wait-k 策略,这里设置为-1,表示整句翻译模式
- training_file 表示训练集,数据格式同上文
- validation_file 表示验证集,数据格式同上文
- init_from_checkpoint 表示模型目录,从该 checkpoint 恢复训练,这里设置为空
- init_from_pretrain_model 表示模型目录,从该 checkpoint 开始 finetune 下游任务,这里设置为空
- device 选择训练用的设备,支持 cpu/gpu/xpu,默认为 gpu
- use_amp 表示混合精度训练,示例设置为 False

7.9.3 解码

执行以下命令进行解码:

```
python predict.py --config ./config/transformer.yaml
```

Predict 根据具体的 wait-k 策略来进行翻译,可在 config/transform-er.yaml 文件中配置参数。主要参数如下:

- waitk 表示 wait-k 策略,例如,设置为 3 表示预测采用 wait-3 策略
- predict_file 表示测试集,数据格式是 BPE 分词后的源语言,按行区分
- output_file 表示输出文件,翻译结果会输出到该参数指定的文件
- init_from_params 表示模型所在目录,根据实际目录位置进行设置

参考文献

[1] GAIBA F. The origins of simultaneous interpretation：The Nuremberg Trial [M]. Ottawa：University of Ottawa Press，1998.

[2] MOSER-MERCER B, KUNZLI A, KORAC M. Prolonged turns in interpreting：effects on quality, physiological and psychological stress (pilot study) [J]. Interpreting, 1998, 3 (1)：47-64.

[3] FÜGEN C, WAIBEL A, KOLSS M. Simultaneous translation of lectures and speeches [J]. Machine translation, 2007, 21 (4)：209-252.

[4] VIDAL M. New study on fatigue confirms need for working in teams [J]. Proteus，1997：6 (1).

[5] TOMITA M, TOMABECHI H, SAITO H. SpeechTrans：An experimental real-time speech-to-speech translation [J]. Language research, 1990, 26 (4)：663-672.

[6] KATO Y. The future of voice-processing technology in the world of computers and communications [J]. Proceedings of the National Academy of Science, 1995, 92 (22)：10060-10063.

[7] KITANO H. Speech-to-speech translation：a massively parallel memory-based approach [M]. Berlin：Springer, 1994.

[8] ZHANG R Q, ZHANG C Q, HE Z J, et al. Learning adaptive segmentation

神经网络机器翻译技术及产业应用

policy for simultaneous translation [C]//Proceedings of the 2020 Conference on Empirical Methods in Natural Language Processing. Stroudsburg: ACL, 2020: 2280-2289.

[9] AL-KHANJI R, SHIYAB S, RIYADH H. On the use of compensatory strategies in simultaneous interpretation [J]. Meta: journal des traducteurs/Meta: translators' journal, 2000, 45 (3): 548-557.

[10] SRIDHAR V K R, CHEN J, BANGALORE S, et al. Segmentation strategies for streaming speech translation [C]//Proceedings of the 2013 Conference of the North American Chapter of the Association for Computational Linguistics: Human Language Technologies. Atlanta: NAACL-HLT, 2013: 230-238.

[11] MA M B, HUANG L, XIONG H, et al. STACL: Simultaneous translation with implicit anticipation and controllable latency using prefix-to-prefix framework [C]//Proceedings of the 57th Annual Meeting of the Association for Computational Linguistics. Florence, Italy: ACL, 2019: 3025-3036.

[12] Huang L, Zhao K, Ma M B. When to finish? optimal beam search for neural text generation (modulo beam size) [C]//Proceedings of the 2017 Conference on Empirical Methods in Natural Language Processing. Copenhagen, Denmark: EMNLP, 2017: 2134-2139.

[13] SUTTON R S, BARTO A G. Reinforcement learning: an introduction [M]. Cambridge: The MIT Press, 1998.

[14] GRISSOM A, HE H, BOYD-GRABER J, et al. Don't until the final verb wait: reinforcement learning for simultaneous machine translation [C]//Proceedings of the 2014 Conference on Empirical Methods in Natural Language Processing. Doha: EMNLP, 2014: 1342-1352.

[15] SATIJA H, PINEAU J. Simultaneous machine translation using deep reinforcement learning [C]//Procedings of the ICML 2016 Workshop on Abstraction in Reinforcement Learning. New York: ACM, 2016.

[16] GU J T, NEUBIG G, CHO K H, et al. Learning to translate in real-time with neural machine translation [C]//Proceedings of the 15th Conference of

the European Chapter of the Association for Computational Linguistics. Valencia：EACL, 2017：1053-1062.

[17] WILLIAMS R J. Simple statistical gradient-following algorithms for connectionist reinforcement learning ［J］. Machine learning, 1992, 8 （3-4）：229-256.

[18] RAFFEL C, LUONG M T, LIU P J, et al. Online and linear-time attention by enforcing monotonic alignments ［C］//Proceedings of the International Conference on Machine Learning. New York：ACM, 2017, 70：2837-2846.

[19] CHIU C C, RAFFEL C. Monotonic chunkwise attention ［C］//Proceedings of the International Conference on Learning Representations. Ithaca：arXiv, 2018, arXiv：1712. 05382.

[20] ARIVAZHAGAN N, CHERRY C, MACHEREY W, et al. Monotonic infinite lookback attention for simultaneous machine translation ［C］//Proceedings of the 57th Annual Meeting of the Association for Computational Linguistics. Florence：ACL, 2019：1313-1323.

[21] MA X T, PINO J M, CROSS J, et al. Monotonic multihead attention ［C］//Proceedings of International Conference on Learning Representations. Ithaca：arXiv, 2020, arXiv：1909. 12406.

[22] BERARD A, PIETQUIN O, SERVAN C, et al. Listen and translate：a proof of concept for end-to-end speech-to-text translation ［C］//Proceedings of NeurIPS Workshop on end-to-end Learning for Speech and Audio Processing. Ithaca：arXiv, 2016, arXiv：1612. 01744.

[23] CHOROWSKI J, BAHDANAU D, SERDYUK D, et al. 2015. Attention-based models for speech recognition ［C］//Proceedings of the Advances in Neural Information Processing Systems. Montréal：NIPS, 2015：577-585.

[24] KANO T, SAKTI S, NAKAMURA S. Structured based curriculum learning for end-to-end English-Japanese speech translation ［C］//Proceedings of Interspeech. Ithaca：arXiv, 2018, arXiv：1802. 06003.

[25] SPERBER M, NEUBIG G, NIEHUES J, et al. Attention-passing models for

神经网络机器翻译技术及产业应用

robust and data-efficient end-to-end speech translation [J]. Transactions of the association for computational linguistics, 2019, 7: 313-325.

[26] WEISS R J, CHOROWSKI J, JAITLY N, et al. Sequence-to-sequence models can directly transcribe foreign speech [C]//Proceedings of Interspeech. Ithaca: arXiv, 2017, arXiv: 1703.08581.

[27] ANASTASOPOULOS A, CHIANG D. Tied multitask learning for neural speech translation [C]//Proceedings of the 2018 Conference of the North American Chapter of the Association for Computational Linguistics: Human Language Technologies. New Orleans: NAACL-HLT, 2018: 82-91.

[28] LIU Y C, XIONG H, HE Z J, et al. End-to-end Speech translation with knowledge distillation [C]//Proceedings of Interspeech. Ithaca: arXiv, 2019, arXiv: 1904.08075.

[29] LIU Y C, ZHANG J J, XIONG H, et al. Synchronous speech recognition and speech-to-text translation with interactive decoding [C]//Proceedings of the AAAI Conference on Artificial Intelligence. Palo Alto: AAAI, 2020, 34 (05): 8417-8424.

[30] REN Y, LIU J L, TAN X, et al. SimulSpeech: end-to-end simultaneous speech to text translation [C]//Proceedings of the 58th Annual Meeting of the Association for Computational Linguistics. Stroudsburg: ACL, 2020: 3787-3796.

[31] ZENG X S, LI L Y, LIU Q. RealTranS: end-to-end simultaneous speech translation with convolutional weighted-shrinking transformer [C]//Findings of the Association for Computational Linguistics. Stroudsburg: ACL-IJCNLP, 2021: 2461-2474.

[32] JIA Y, WEISS R J, BIADSY F, et al. Direct speech-to-speech translation with a sequence-to-sequence model [C]//Proceedings of Interspeech. Ithaca: arXiv, 2019, arXiv: 1904.06037.

[33] RUIZ N, FEDERICO M. Assessing the impact of speech recognition errors on machine translation quality [C]//Proceedings of the 11th Conference of the Association for Machine Translation in the Americas: MT Researchers

Track. Stroudsburg：ACL, 2014：261-274.

[34] ZHANG H, SPROAT R, NG A H, et al. Neural models of text normalization for speech applications [J]. Computational linguistics, 2019, 45 (2)：293-337.

[35] LIU H R, MA M B, HUANG L, et al. Robust neural machine translation with joint textual and phonetic embedding [C]//Proceedings of the 57th Annual Meeting of the Association for Computational Linguistics. Florence：ACL, 2019：3044-3049.

[36] LI X, XUE H Y, CHEN W, et al. Improving the robustness of speech translation [J]. arXiv preprint, 2018, arXiv：1811. 00728.

[37] WANG D M, TAY Y, ZHONG L. Confusionset-guided pointer networks for Chinese spelling check [C]//Proceedings of the 57th Annual Meeting of the Association for Computational Linguistics. Florence：ACL, 2019：5780-5785.

[38] ZHANG S H, HUANG H R, LIU J C, et al. Spelling error correction with soft-masked BERT [C]//Proceedings of the 58th Annual Meeting of the Association for Computational Linguistics. Stroudsburg：ACL, 2020：882-890.

[39] ZHANG R Q, PANG C, ZHANG C Q, et al. Correcting Chinese spelling errors with phonetic pre-training [C]//Findings of the Association for Computational Linguistics. Stroudsburg：ACL-IJCNLP, 2021：2250-2261.

[40] BELINKOV Y, BISK Y. Synthetic and natural noise both break neural machine translation [C]//Proceedings of the International Conference on Learning Representations. Ithaca：OpenReview, 2018.

[41] KARPUKHIN V, LEVY O, EISENSTEIN J, et al. Training on synthetic noise improves robustness to natural noise in machine translation [C]//Proceedings of the 5th Workshop on Noisy User-generated Text (W-NUT 2019). Stroudsburg：ACL, 2019：42-47.

[42] SPERBER M, NIEHUES J, WAIBEL A. Toward robust neural machine translation for noisy input sequences [C]//Proceedings of the International Workshop on Spoken Language Translation. Tokyo：IWSLT, 2017：90-96.

[43] PAULIK M, WAIBEL A. Automatic translation from parallel speech：simulta-

神经网络机器翻译技术及产业应用

neous interpretation as MT training data ［C］//Proceedings of the 2009 IEEE Workshop on Automatic Speech Recognition & Understanding. Cambridge: IEEE, 2009: 496-501.

［44］ POST M, KUMAR G, LOPEZ A, et al. Improved speech-to-text translation with the Fisher and Callhome Spanish-English speech translation corpus ［C］// Proceedings of the 10th International Workshop on Spoken Language Translation. Heidelberg: IWSLT, 2013.

［45］ CHO E, FÜNFER S, STÜKER S, et al. A corpus of spontaneous speech in lectures: The KIT lecture corpus for spoken language processing and translation ［C］//Proceedings of the Ninth International Conference on Language Resources and Evaluation. Reykjavik: LREC, 2014: 1554-1559.

［46］ KOCABIYIKOGLU A C, BESACIER L, KRAIF O. Augmenting librispeech with French translations: A multimodal corpus for direct speech translation evaluation ［C］//Proceedings of the Eleventh International Conference on Language Resources and Evaluation. Miyazaki: ELRA, 2018.

［47］ GANGI M A D, CATTONI R, BENTIVOGLI L, et al. MuST-C: a multilingual speech translation corpus ［C］//Proceedings of the 2019 Conference of the North American Chapter of the Association for Computational Linguistics: Human Language Technologies. Minneapolis: NAACL-HLT, 2019: 2012-2017.

［48］ SALESKY E, WIESNER M, BREMERMAN J, et al. The multilingual TEDx corpus for speech recognition and translation ［C］//Proceedings of Interspeech. Ithaca: arXiv, 2021, arXiv: 2102. 01757.

［49］ HITOMI T, SHIGEKI M, KOICHIRO R, et al. CIAIR simultaneous interpretation corpus ［C］//Proceedings of Oriental COCOSDA. ［S.1］: ［s. n. ］,2004.

［50］ SHIMIZU H, NEUBIG G, SAKTI S, et al. Collection of a simultaneous translation corpus for comparative analysis ［C］//Proceedings of the Ninth International Conference on Language Resources and Evaluation. Reykjavik: ICLR, 2014: 670-673.

［51］ FEDERMANN C, LEWIS W D. The Microsoft speech language translation

（MSLT）corpus for Chinese and Japanese： conversational test data for machine translation and speech recognition ［C］//Proceedings of the 16th Machine Translation Summit. Nagoya： MTSUMMIT, 2017： 72-85.

[52] ZHANG R Q, WANG X Y, ZHANG C Q, et al. BSTC： A large-scale Chinese-English speech translation dataset ［C］//Proceedings of the Second Workshop on Automatic Simultaneous Translation. Stroudsburg： ACL, 2021： 28-35.

[53] PANAYOTOV V, CHEN G, POVEY D, et al. Librispeech： an ASR corpus based on public domain audio books ［C］//Proceedings of the International Conference on Acoustics, Speech and Signal Processing. Cambridge： IEEE, 2015： 5206-5210.

[54] KIKUO M. Corpus of spontaneous Japanese： its design and evaluation ［C］// Proceedings of ISCA/IEEE Workshop on Spontaneous Speech Proceesing and Recognition. Cambridge： IEEE, 2003.

[55] 王巍巍. 口译教学体系中的质量评估——广外口译专业教学体系理论与实践（之五）［J］. 中国翻译, 38（4）： 45-52.

[56] YAGI S. Studying style in simultaneous interpretation ［J］. Journal des traducteurs/Meta： translators' journal, 2000, 45（3）： 520-547.

[57] LEDERER M. Simultaneous interpretation： units of meaning and other features ［J］. Language interpretation and communication, 1978： 323-332.

[58] HAMON O, FÜGEN C, MOSTEFA D, et al. End-to-end evaluation in simultaneous translation ［C］//Proceedings of the 12th Conference of the European Chapter of the ACL. Athens： EACL, 2009： 345-353.

[59] ZHANG R Q, ZHANG C Q, HE Z J, et al. Findings of the second workshop on automatic simultaneous translation ［C］//Proceedings of the Second Workshop on Automatic Simultaneous Translation. Stroudsburg： ACL, 2021： 36-44.

[60] BIAGINI G. Glossario cartaceo e glossario elettronico durante l' interpretazione simultanea： uno studio comparative ［M］. Trieste： Università di Trieste , 2016.

[61] FANTINUOLI C. Computer-assisted interpreting： challenges and future perspectives ［J］. Trends in e-tools and resources for translators and interpreters, 2018： 153-174.

第 8 章

机器翻译产业化应用

当我们上网浏览外国资讯时，点击浏览器的翻译插件，机器翻译会将网站内容翻译为我们自己国家的语言，使得我们可以用母语阅读世界。

当我们漫步在异国他乡的街道，驻足一家餐馆，希望点上一桌当地美食大快朵颐时，满纸外文的菜单成为美食密码。此时，我们只需戴上载有翻译功能的 VR 眼镜或者使用其他带有拍照功能的智能设备，便会瞬间破译"密码"，轻松点餐。

当我们与世界各国的人们进行交流时，语言不再成为沟通的障碍，人们嘴里说的和耳朵听到的都是自己熟悉的语言，就如同与自己国家的同胞交流一样。仔细看会发现，人们耳朵里佩戴有同传耳机，可以实时地将讲话内容翻译成多种语言。

这些场景，都已经从科幻小说走到了现实生活。不知不觉间，机器翻译已经成为我们身边的"翻译助手"。

回想机器翻译刚刚诞生的情境，Georgetown-IBM 的实验系统仅有 6 条规则、250 个单词，翻译质量与今天不可同日而语。然而"风起于青萍之末，浪成于微澜之间"，机器翻译正是从此起步，在研究人员的不断努力下，翻译质量不断提高，而今成为人们跨语言沟通的有力帮手。现在的机器翻译系统可以翻译数百种语言，不知疲倦地为世界各地的人们提供全天候翻译服务。翻译场景不断拓展，在外语学习、跨境电商、文化交流，乃至军事、国防安全方面，机器翻译都大显身手。

当前，机器翻译产品和应用呈现如下趋势。

1）翻译模态多元化：从单一的文本翻译向语音翻译、拍照翻译、视频翻译等多模态发展。如结合语音处理技术的语音翻译，使得输入更加方便快捷，广泛用于出国旅游、日常会话、会议演讲等场景；结合图像处理技术的拍照翻译，可以用来翻译菜单、商品说明、科技文献等。

2）智能翻译硬件涌现：随着芯片和边缘计算等技术的发展，智能硬件不断推陈出新。主打翻译功能的翻译机、翻译笔、翻译耳机，甚至翻译台灯等硬件产品使得机器翻译的应用场景更加丰富。

3）垂直领域翻译需求旺盛：机器翻译从通用领域向领域定制化发展。在大规模预训练模型基础上，通过深入企业业务场景，利用优质垂类数据进行精细化训练，进一步提升了具体领域的翻译质量。

4）赋能传统语言服务行业：机器翻译技术在语言服务行业中的应用越来越广

泛，人机共译的模式得到市场普遍认同，有力推动了传统语言服务行业的智能化转型升级。

总体而言，随着机器翻译技术的不断进步和产品形态的创新发展，机器翻译已经成为跨语言交流不可或缺的工具，进入了大规模产业化应用阶段。本章将介绍机器翻译的产品形态和产业化应用。

8.1 面向产业应用的机器翻译系统

根据本书前面章节介绍的知识，读者可以利用现有的开源工具和开放数据集很快地搭建一个机器翻译系统。然而，面向产业应用的大规模机器翻译系统远比实验室机器翻译模型复杂的多。

图 8-1 展示了一个面向产业应用的机器翻译系统开发流程图，主要包含 4 大部分。

图 8-1　面向产业应用的机器翻译系统开发流程图

1）模型训练：收集大规模训练数据（包括双语平行语料、单语语料、词典等），并根据应用需求基于深度学习平台训练翻译模型，如多语言翻译模型、领域自适应模型、跨模态翻译模型等。

2）部署发布：部署发布包含两个子模块——质量评价与系统部署。在翻译模型训练完成后，开发者需要进行翻译质量评价，评估新版本模型的翻译质量是否优于上一版本、是否满足了用户的需求、是否解决了某一类问题等。如果达到要求，则进行系统部署。否则，还需要进一步迭代优化模型，直到满足要求。在系统部署阶段，需要考虑多种因素。一个成熟的机器翻译系统除了能够高效地完成翻译任务外，还应该具有动态调度能力，即根据流量变化实时地调整各个机器的负载，最大限度地提升机器利用率、响应海量翻译需求。对于突发情况如流量异常、重要内容翻译错误等，系统能够及时检测并预警，同时还应该具有实时干预能力，在不影响系统服务的前提下，迅速及时地修正问题，例如系统动态扩容、错误译文的实时修正等。

3）产品及应用：机器翻译最终通过丰富的产品形态为用户提供服务，常见的机器翻译产品有个人计算机（PC）上的网页端及客户端翻译引擎、浏览器插件、移动端（如智能手机）上的翻译 APP 以及小程序、智能翻译硬件，以及提供给第三方做二次开发的应用程序接口（API）、软件开发工具包（SDK）等。这些产品集成了文本翻译、文档翻译以及结合语音、图像处理的多模态翻译等丰富功能，极大地满足了人们生产生活中的翻译需求。

4）数据及系统安全：安全策略是人工智能系统的一个重要组成部分，机器翻译也不例外。一个实用的机器翻译系统应该构建全生命周期的安全策略，采用加密、私有化部署、权限控制等手段保护训练数据、翻译模型和用户数据，避免数据泄露。

在具体应用场景中，读者可以根据需求灵活设计和开发，例如针对不同硬件和系统环境要求进行模型适配、针对时空开销要求高的场景对模型进行压缩等。

8.2 机器翻译产品形态

机器翻译产品形态与技术发展以及市场需求密不可分。技术发展是内在驱动力，例如人工智能技术的融合发展促进了跨模态机器翻译产品的发展。市场则提供了丰富的应用场景，促使产品不断迭代升级以满足需求。

目前市场上的机器翻译产品形态丰富，并且还不断有新的产品面世。从功能上来看，这些产品的核心是提供翻译服务，进一步按照模态来分则主要有文本翻译、语音翻译、图像翻译等；从载体上来看，有计算机端（翻译引擎、翻译插件等）、移动端（APP、小程序等）以及多种形式的智能硬件产品；在部署方案上，有在线部署以及离线部署；此外，翻译技术开放平台集成了多种工具、接口和服务，方便企业、个人根据业务场景进行二次开发。

8.2.1 跨模态翻译

1）文本翻译： 文本翻译是最常用的一种翻译方式。在翻译页面的输入框中输入或者粘贴源语言文本，翻译结果就会呈现在译文区域。此外，还可以直接选择待翻译的文件，使用文档翻译功能，将整个文件一次性翻译完成，并且保留文件中相应的格式信息。

在浏览外语网页时，通过输入待翻译网页的网址或者浏览器插件，可以直接对整个网页进行翻译。网页翻译不仅翻译文字，还保持了网页的图片、链接等格式信息。使用这一功能，用户可以访问并用自己的母语阅读由世界上任何一种语言生成的网页。

此外，用户还可以进行跨语言检索。用户在搜索框中输入母语，检索系统首先调用机器翻译系统将用户的输入翻译为目标语言，然后再到目标语言网页库中检索相关信息并反馈结果，最后再次调用翻译引擎，将检索结果翻译为用户的母语并呈现。这个过程对用户来说是透明的，在用户看来，用母语输入查询内容，用母语阅读搜索结果，而实际上的检索范围则是来自世界各地多种语言的内容。

2）语音翻译： 语音翻译结合了语音处理和机器翻译技术。语音翻译有两种主要类型——交替翻译和同声传译。相比于文本翻译，语音翻译输入更加方便快捷，广泛用于出国旅游、日常会话等场景。近年来，随着技术的进步，机器同传已经广泛应用于国际会议。

3）图像翻译： 图像翻译结合了视觉处理和机器翻译技术，其首先利用光学字符识别（OCR）技术识别出图片中的文字，然后调用机器翻译系统进行翻译，最后将译文重新贴合到原始画面。从用户的角度来看，如同用母语来阅读内容，极大地提升了用户体验。图像翻译广泛用于菜单翻译、路牌翻译、商品名称、标签、景点说明等。

4）手语翻译：手语翻译结合了计算机视觉、语音处理和机器翻译等技术，极具挑战性。具体而言，有三大挑战：一是手语词汇受限，《国家通用手语词典》仅有 8000 多个词汇，远少于语言中的实际词汇，在翻译时需要做词义映射；二是说话的速度要比手的动作快，因此转换为手语时需要精炼语言，以保证实时性；三是手语中词语的顺序与正常语序不一致，需要做语序的调整。随着人工智能技术的综合发展，近年来涌现出手语数字人等产品形式，并在新闻播报、体育赛事等场景中崭露头角，为听障人士提供无障碍信息服务。

5）诗歌、对联生成：如前所述，机器翻译技术可以用来解决序列到序列的映射任务，基于此，可以使用机器翻译技术进行诗歌和对联的生成。以对联为例，其任务是根据上联写出对应的下联，将上联看作"源语言"字符串，下联看作"目标语言"字符串，则写对联就是把上联"翻译"为下联的过程。同样，可以顺序产生对仗工整的诗句，从而生成诗词。当饱览祖国大好河山之时，我们可以使用这一技术吟诗作赋，抒发胸臆。人工智能技术邂逅传统文化，两者融合彰显了科技与人文的魅力。

8.2.2 翻译硬件

翻译硬件使得机器翻译更加具象化，不仅看得见，而且摸得着。智能化、小型化的硬件设备具有携带方便、支持多种模态翻译的特点，极大拓展了机器翻译的应用场景。

1）翻译机。相比于集成在手机中的翻译 APP，翻译机的主要特点是功能聚焦，主打翻译功能。翻译机突破了手机的私有属性，是一种跨语言交流工具。除了语音翻译外，翻译机通常还集成了图像翻译功能。此外，有的翻译机集成了 WiFi 功能，既可以提供 WiFi 热点，也可以提供翻译服务，解决了用户在出境旅游场景中上网和跨语言交流两大痛点问题。

2）翻译耳机。正如电影《流浪地球》向我们展示的，主人公带上耳机就可以与国外的同事无障碍地交流，无论是说话还是接听都是实时同步进行的。如今，科幻电影中的场景已经开始走入现实。翻译耳机的原理并不复杂，传统的耳机已经具备收音、播放功能，只需要在此基础上加入翻译功能即可实现。如果集成了机器同传模型，则可以实现同传功能。

3）翻译笔。翻译笔集成了光学字符识别技术，当它在书本上划过时，通过笔头的一个小摄像头拾取图像信息，识别文字，然后调用翻译模型，返回翻译结果，显示在翻译笔的小屏幕上或者通过扬声器播放声音。此外，翻译笔通常还集成了高质量词典，提供方便快捷地查词功能。在外语学习、文献阅读等方面，翻译笔已经成为人们的得力助手。

此外，还有翻译台灯、翻译眼镜等产品不断面世。相信随着技术的不断发展，机器翻译会以更加丰富灵活的形态出现在用户面前。

8.2.3 机器翻译技术开放平台

除了通过上述产品直接使用翻译服务外，很多场景下人们希望能够基于已有的翻译技术进行二次开发，例如调用机器翻译引擎将企业网站翻译为多语言版本。机器翻译技术开放平台正可以满足这类需求，通过对机器翻译模型进行封装，提供了方便的接口和开发工具包，如 API、SDK 等，只需几十行代码就可以方便地接入机器翻译能力（如图 8-2 所示），而无须从头开发系统。通过 API 调用的一大优势是可以同步使用服务器端部署的最新版本的翻译模型，从而可以持续不断地使用高质量机器翻译服务。

除了提供机器翻译服务之外，技术开放平台通常还提供多种功能接口，例如语言识别 API 可以自动判断所输入的文本是哪一种语言，词语以及句子对齐 API 可以用来挖掘和整理双语语料，定制化训练 API 则可以根据用户提供的数据进行自动的领域自适应训练等。一般来说，这些接口都支持主流的程序语言（如 Python、Java、C#等）并提供详尽的代码示例，极大地降低了使用门槛。企业和个人开发者可以根据业务场景灵活使用这些接口。

随着近年来机器翻译技术在语言服务行业的广泛应用，机器翻译技术开放平台还推出了融合翻译记忆库、术语词典、自动纠错、动态拼写建议以及译后编辑等丰富功能的产品形式，使得用户可以更加方便地对机器翻译结果进行润色修改，进一步提升翻译质量。同时，经过人工修改和审校的数据又可以作为优质训练语

```
# -*- coding: utf-8 -*-

# This code shows an example of text translation from English to Simplified-Chinese.
# This code runs on Python 2.7.x and Python 3.x.
# You may install `requests` to run this code: pip install requests
# Please refer to `https://api.fanyi.baidu.com/doc/21` for complete api document

import requests
import random
import json
from hashlib import md5

# Set your own appid/appkey.
appid = 'INPUT_YOUR_APPID'
appkey = 'INPUT_YOUR_APPKEY'

# For list of language codes, please refer to `https://api.fanyi.baidu.com/doc/21`
from_lang = 'en'
to_lang =  'zh'

endpoint = 'http://api.fanyi.baidu.com'
path = '/api/trans/vip/translate'
url = endpoint + path

query = 'Hello World! This is 1st paragraph.\nThis is 2nd paragraph.'

# Generate salt and sign
def make_md5(s, encoding='utf-8'):
    return md5(s.encode(encoding)).hexdigest()

salt = random.randint(32768, 65536)
sign = make_md5(appid + query + str(salt) + appkey)

# Build request
headers = {'Content-Type': 'application/x-www-form-urlencoded'}
payload = {'appid': appid, 'q': query, 'from': from_lang, 'to': to_lang, 'salt': salt, 'sign': sign}

# Send request
r = requests.post(url, params=payload, headers=headers)
result = r.json()

# Show response
print(json.dumps(result, indent=4, ensure_ascii=False))
```

图 8-2　百度翻译 API 接入示例

料用于优化机器翻译模型,从而形成人机协作良性循环。

8.3 机器翻译产业应用

尽管机器翻译的产品形态丰富多样,应用场景也非常广泛,但总结起来,大致有 3 类。

1)信息获取:从国外获取多语言的信息并加以分析使用,如专利信息检索、新闻热点分析、多语言舆情分析等。从翻译方向上来看,这类需求主要用到的是

神经网络机器翻译技术及产业应用

外（语）到中（文）的翻译。

2）信息传播：将所要表达的内容翻译为其他语言并进行传播。这一需求的翻译方向与第一类正好相反，主要用到的是中（文）到外（语）的翻译。随着中国综合国力的提升，世界需要聆听中国声音。在加强国际传播能力建设方面，机器翻译将发挥重要作用。

3）跨语言交流：跨语言交流侧重信息传递的双向性，既获取信息，又表达自己的想法。典型的场景有跨境旅游、多语言客服、即时通信等。翻译方向是双向，甚至多语言互译。

不管哪种场景，对翻译的需求都是一致的：第一，翻译质量要高；第二，翻译速度要快；第三，翻译成本要低。相比人工翻译，机器翻译在速度和成本方面具有天然优势。随着机器翻译技术的进步，尤其是神经网络机器翻译带来了翻译质量的显著提升。很多场景下的机器翻译质量已经可以满足需求，被越来越广泛地接受和应用。

8.3.1 在语言服务行业的应用

翻译是语言服务行业的重要一环，传统语言服务行业以人工翻译为主，提供高质量翻译服务。随着机器翻译技术的进步，机器翻译在语言服务行业中的应用越来越普遍。据中国译协《2022 中国翻译及语言服务行业发展报告》，"机器翻译+译后编辑"的人机结合的服务模式得到市场普遍认同，超过90%的受访企业认可该模式可以提高翻译效率。

可以说，机器翻译赋能语言服务行业是技术进步和市场需求的必然结果。具体表现在以下几方面。

1）机器翻译技术的进步，大幅提升了译文质量，对语言服务行业降本增效起到了正面积极的作用。相比于普通用户使用机器翻译满足日常交流，语言服务行业对译文质量的要求更高，如合同翻译、产品手册翻译、技术标准翻译等，均需要达到交付级甚至出版级的要求。如果机器翻译的译文质量较差，对于翻译效率不仅起不到促进作用，还会带来负面影响。而随着近年来机器翻译质量的持续提升，很多场景下机器译文的质量能够满足要求，或者只需要专业译员做一些简单的译后编辑就可以使用。这使得语言服务行业有动力采纳新的技术对业务进行智能化升级。

2）市场对时效性的要求促使语言服务行业使用技术来提升翻译效率。在高速发展、互联互通的时代背景下，人们对于信息获取、信息传播以及跨语言交流的效率要求达到了一个前所未有的高度。这对传统语言服务行业依靠人工翻译为主的方式提出了极大的挑战。很多情况下，单靠人工无法完成大量内容的快速翻译，结合机器翻译技术则可以极大地提升效率。

3）搭载机器翻译技术的人机共译平台，从效率和质量两方面提供保障，如利用机器优势对文件进行格式解析，提供机器翻译结果并将译文回填，将译员从繁重的文件格式调整中解放出来，更多地将精力放在翻译内容上。此外，辅助翻译系统还会提供权威术语库、高质量记忆库等内容，使得译员可以便捷地利用已有的知识库，节省检索查证时间。

4）翻译人才队伍结构的变化使得译员对机器翻译技术有较高的接受程度。由中国译协发布的《2022 中国翻译人才发展报告》显示，我国翻译人才队伍以 45 岁以下中青年为主，呈现年轻化、高知化、梯队化等特征。同时，专业化翻译人才以及非通用语种的翻译人才依然匮乏。一方面，年轻译员对于机器翻译技术的接受程度更高，另一方面，机器翻译在专业领域以及多语言翻译方面，可以对专业译员的缺乏起到一定补充。

需要注意的是，机器翻译技术与语言服务行业的结合，并不意味着翻译质量的降低。恰恰相反，技术的应用可以使人工译员在提高效率的同时，更加关注翻译质量。在不同的场景和要求下，用户可以按需调整机器和人工的工作比重。对翻译质量要求不高的场合，比如日常口语交流、浏览新闻等，可以直接使用机器翻译的结果。而在对翻译质量有较高要求、时效性又很强的情况下，则可以采用机器翻译与人工相结合的方式，由人来进行质量把控。

此外，"机器翻译+译后编辑"的新模式也面临挑战。例如，如何界定机器的作用以及人工译员的工作产出。在实际应用中，很多时候人们认为不应当为机器翻译的结果付费，原因是这部分结果可以直接调用机器翻译系统产生，并不需要人工译员付出努力。因此在交付时，人们将机器译文从最终的交付结果中去除后再计算所应支付的费用。这就导致人工译员的报酬减少，从而降低了译员使用机器翻译的动力和热情。从整体和长远来看，这种行为不利于技术发展以及效率提升。实际上，在人机协同翻译的过程中，人是起关键作用的，只有经过专业译员校对认可的机器译文才能最终交付到客户手中。机器与人工结合的方式，将是语言服务行业的一大趋势。围绕新的服务模式，建议出台相关的标准、政策，引导市场和行业健康发展。

8.3.2 产业应用现状及趋势

如绪论中提到，机器翻译的产业化应用呈现高质量、多语言、跨模态、定制化等需求特点。通过前面章节的介绍，我们也看到了近年来机器翻译技术的蓬勃发展。据全球市场洞察公司（Global Maket Insights）发布的调研报告显示，2021年机器翻译的市场规模超过8亿美元，预计2022~2030年的年复合增长率将超过30%[⊖]。

机器翻译在促进跨语言交流中正发挥着越来越重要的作用。例如，在对外传播领域，使用机器翻译与人工译后编辑相结合的方式将我国各省份的风土人情、历史文化、旅游资讯等介绍给国外友人，在高质量翻译要求的前提下，项目周期比单靠人工翻译可以节省一半的时间。再比如，在网络文学领域，《2020网络文学出海发展白皮书》显示，截至2019年，中国向海外输出的网络文学作品有10 000多部，覆盖40多个"一带一路"沿线国家和地区。大量网络文学创作与较慢的翻译速度，构成了一个巨大矛盾，无法满足国外读者的巨大需求。近年来，机器翻译为网文出海插上了翅膀，突破了传统翻译效率低、成本高的限制。在学术文献翻译方面，机器翻译也发挥了巨大作用。一篇长达20多页的学术论文，使用机器翻译只需要2秒钟就能生成与原文格式一致、具有较高可懂度的译文，极大地提升了人们获取知识的效率。

可以说，机器翻译已经融入人们的生产生活，进入了大规模应用阶段，具体表现在如下方面。

1）机器翻译普及应用，惠及全球。如绪论中提到，机器翻译诞生之初服务于国防军事等，且由于其技术难度大、系统部署复杂等问题，普通用户难以使用机器翻译服务。随着机器翻译技术的发展以及互联网的普及，机器翻译逐渐作为互

⊖ https://www.gminsights.com/industry-analysis/machine-translation-market-size。

联网的应用之一为用户提供服务。而近年来神经网络机器翻译技术的发展，一方面使得翻译质量有了显著进步，另一方面降低了技术门槛。国内外各大互联网公司把机器翻译作为必备的服务，通过前述章节介绍的丰富多样的产品形式，服务全球用户。

2）机器翻译与传统行业相结合，助力企业降本增效。传统行业在国际化进程中，需要跨越语言鸿沟。单纯依靠人工翻译，将面临成本高、周期长、人才短缺等问题。相比人工翻译，机器翻译在效率和成本上具有无可比拟的优势，同时翻译质量又可以结合实际场景进行针对性优化以满足企业需求。在此情况下，机器翻译成为企业国际化进程中的重要一环。例如，企业可以将产品使用说明和企业网站翻译为多语言版本，也可以收集产品在全球市场的使用反馈，翻译为本国语言进行分析和改进等。

3）机器翻译成为译员的得力助手和有效补充。如上节介绍，机器翻译已经深入语言服务行业，成为译员的重要工具。传统上，译员使用纸质词典或者电子词典用来查词，辅助翻译。而随着机器翻译技术的进步，机器在帮助译员提升效率的方式上有了巨大进步。此外，翻译人才的培养有一定的滞后性和周期性。《2022中国翻译人才发展报告》指出，尽管近年来我国翻译人才队伍有较大幅度增长，但专业领域及非通用语种翻译人才仍然匮乏。在关注翻译人才培养的同时，机器翻译在专业领域以及非通用语言的翻译上可以作为有效的补充。

4）机器翻译拓宽了翻译市场。机器翻译不仅没有"抢"翻译的饭碗，反而进一步拓宽了翻译的应用场景。一方面，原本因人工翻译成本高而被压抑的需求，被机器翻译激发并满足。例如跨境电商，一些中小企业可能因为高昂的翻译成本而放弃海外市场，但借助机器翻译则可以低成本地快速扩展到多个国家和地区。另一方面，机器翻译技术的应用产生更多新的职业，例如译后编辑、质量控制等。很多培养翻译人才的高校现在也纷纷引入机器翻译课程，使得译员熟悉并掌握人机结合的工作模式，以进一步提升效率。

需要注意的是，机器翻译的大规模应用并不意味着机器翻译技术和翻译质量已经非常完美了。事实上，很多技术都是在应用中不断完善和发展的，机器翻译也不例外。更加紧密的全球化进程是大势所趋，机器翻译技术也必然不断发展，市场的需求和技术的进步将使得机器翻译应用更加普遍，创造更大价值。

第 9 章

总结与展望

迄今为止，地球是人们在宇宙中所发现的唯一一个孕育高级文明的星球。人们生于斯、长于斯，繁衍生息，合作共存，成就了今天灿烂的文明。在这个人类共同的家园中，人们必将更加紧密地团结协作，从"同一个世界，同一个梦想"到"一起向未来"。在这一进程中，跨越语言鸿沟，实现无障碍沟通，是人们一直以来的愿望，也是密切协作的基础和保障。

我国的翻译可以追溯到东汉年间，公元 148 年，西域名僧安世高在洛阳翻译了我国的第一部译著《安般守意经》。大家熟知的唐代高僧玄奘法师不仅翻译了印度佛经，还开启了把中文翻译到梵文的先河。及至近代，清朝成立了"同文馆"，培养了一大批翻译人才，在"师夷长技"的过程中起到重要作用。

三次工业革命的浪潮极大地推进了技术进步，世界各地的联系空前紧密并且越发密切，互联网的发明使得一条信息可以瞬间出现在全球的电脑屏幕上。在浩瀚的信息海洋中，单单依靠专业翻译人员进行语言翻译已经无法满足人们的交流需求。

早期的机器翻译受到算力、算法、数据等因素的制约，翻译质量不高，甚至可以说比较糟糕。即便如此，其仍然在军事领域起到了非常大的作用。随着冷战结束，机器翻译逐渐走向民用，翻译质量不断提高，翻译场景也不断扩展。机器翻译已经在人们的生产生活中起到了实实在在的作用。例如，交警利用翻译软件救助外国留学生，学生利用机器翻译帮助外语学习，商家使用机器翻译将货物卖到全球各地等。

总体来说，机器翻译经过 70 多年的发展，技术方法不断推陈出新。神经网络机器翻译开启了机器翻译的新时代，无论是学术界还是产业界，均在此领域投入巨大力量，推动相关技术和实用系统的发展。在研究领域，传统的重要国际会议及期刊已难以满足研究人员快速发表创新方法的需求，著名学术论文网站 arXiv [⊖] 上几乎每天都有新的文章发布。在产业界，无论是巨头公司还是创业公司，乃至传统的语言服务企业，也都加强投入，开发实用系统。不可否认，在翻译技术、翻译质量、应用场景等方面，机器翻译都达到了一个前所未有的高度。

需要认识到，目前的机器翻译仍然存在翻译不准确的问题，距离人们理想的

⊖ https://arxiv.org。

　　　　　　　　　　　　　　　　神经网络机器翻译技术及产业应用

目标还有差距。例如在 2018 年韩国平昌冬奥会期间，不会韩语的挪威队厨师利用机器翻译软件向一家商场订购 1500 个鸡蛋，结果由于数字翻译错误，商场送来了 15000 个鸡蛋，足足是原来的 10 倍。这个结果令人啼笑皆非。从乐观的角度想，队员们毕竟吃上了鸡蛋，厨师算是"超额"完成了任务。但如果是严肃场合，一个小的错误则有可能造成严重的后果。

作为一个快速发展的领域，机器翻译仍然任重而道远，面临诸多挑战，人们需要持续加强研究，促进技术进步。在本书即将结束之时，我们试列举一些开放性问题，与读者一起探讨。

1）机器翻译质量仍需持续提升。随着机器翻译的大规模应用，人们对于机器翻译的质量提升有更高的要求和期待。目前机器翻译系统主要还是以句子作为翻译单元，而较少考虑上下文以及篇章信息。在翻译整篇文档时，单看每一个句子似乎都还不错，但连起来读有时会前言不搭后语。此外，在翻译一些文学性较强的内容时，需要结合背景知识、历史文化知识等，甚至需要进行"二次创作"。在这一方面，目前的机器翻译技术还尚有较大差距。总体而言，当前机器翻译模型对语言的理解还不够深入，更好地结合上下文信息、融合丰富的知识将有助于进一步提升机器翻译质量。

2）加强机器翻译的鲁棒性和容错能力。机器翻译对于输入内容比较敏感，有时候在表达意思不变的情况下稍微改动一下原文（如一个字或者一个标点符号），都可能导致整个译文发生很大变化。此外，训练数据中的噪声、领域分布对于翻译模型都会产生较大影响。而人类具有很强的容错能力，能够灵活地处理各种不规范语言现象，有时甚至是无意识地就对错误进行了纠正。提升机器翻译的鲁棒性，将有助于其在实际应用中发挥更大的作用。

3）低资源语言翻译仍需突破。神经网络机器翻译是数据驱动的方法，依赖于大量高质量的训练数据。然而，多语言翻译、领域翻译常常面临数据稀缺的问题。尽管有多种方法提出并应用于实际系统，但是受到资源和目前技术限制，低资源语言翻译质量难以满足人们的需求。探索面向低资源、少样本的学习机制，是机器翻译未来发展方向之一。

4）进一步探索多种模态融合的机器翻译技术。人们在语言学习时，需要调动大脑视觉、听觉、语言等多个功能区，综合提升听、说、读、写等多种能力。近年来，机器翻译技术与语音、视觉处理技术的结合，取得了较大进步，如机器同传、图片翻译等已经开始广泛应用。此外，跨模态的统一建模也取得较大进展。多模态的深度融合，将有助于进一步提升机器翻译质量和应用场景。例如，在同声传译中，说话人的幻灯片材料、语音语调、肢体语言等都有助于提升同传质量。

5）加强机器翻译相关标准建设。例如对机器翻译质量的评价，目前仍主要基于 BLEU 等自动评价指标以及面向通用场景的流利度、可懂度等人工评价指标。在具体应用时，应当针对具体需求制定合适的评价流程和评价标准。除了评价机器翻译质量外，对系统性能、硬件要求等也都需要制定相应规范。对于人机结合的翻译模式，也亟需制定相关的行业标准，明确人在其中的作用，这有利于建立健康的行业生态，促进新技术的应用。

在本书与读者见面之时，神经网络机器翻译的发展也将近十年了。在神经网络机器翻译一路高歌猛进之后，革新性的方法是否已在孕育之中，等待合适的时机萌芽、爆发，超越神经网络机器翻译？新的技术能否解决困扰神经网络机器翻译的难题，能否将机器翻译带上一个新的高度？这些问题可能直到新方法出现那一刻才能有答案。

纵观人类发展史，没有哪一项技术是一蹴而就的，都需要在长期的应用中不断发展和完善。机器翻译也是如此，它必将在技术浪潮中不断发展前行，为帮助人们跨越语言鸿沟做出更大贡献。